JN023049

大学 **1・2** 年生 のための

すぐわかる

解析力学

吉田弘幸 著

東京図書

はじめに

大学生の皆さんは，高等学校の物理において力学を詳細に学んだと思います．高等学校で学ぶ力学は，ニュートン力学と呼ばれる，ニュートンの運動の法則に基づく理論体系です．そこで学ぶ概念や手法は，力学現象の解析に留まらず，熱，電磁気，波動，原子の分野の学習にも資するものだったと思います．力学は，物理学全体の基礎となる分野なのです．

しかし，ニュートンの力学の理論を具体的な現象に適用して運動方程式を書くときに，座標系の選び方を工夫したり，採用する座標系に応じて運動方程式の具体的な書き方を検討する必要が生じます．本書が扱う「解析力学」は，ニュートン力学の理論を数学的に緻密に整備した理論形式となっています．そして，その数学的な手順を精確に学べば，特別な工夫を要することなく，様々な力学現象をオートマティックに分析することができます．ただ，理論の形式がニュートン力学とは大きく異なるため，はじめて解析力学を学ぶときには戸惑いを感じるかも知れません．そのような戸惑いを持たずに解析力学を学んでもらうことが本書の大きな目的です．ニュートン力学が高等学校で学ぶ物理学全体の基礎になっていたのと同様に，解析力学の考え方は，現代の物理学の基礎となっています．解析力学をスムーズに学び始めることができれば，その他の分野の物理学の学習もスムーズに楽しく進めることができます．

ニュートンが，ニュートン力学の解説書である『自然哲学の数学的諸原理』を刊行したのが 1687 年です．1743 年のダランベールによる『動力学概論』の出版を経て，ラグランジュが解析力学の概説書となる『解析力学』を出版したのが，ニュートン力学の発表からおよそ 100 年後の 1788 年です．ラグランジュの導入した力学の理論体系をラグランジュ形式と呼びます．その後，ハミルトンにより，ハミルトン形式と呼ばれる新しい形式が導入されました．ハミルトン形式の解析力学は正準形式の力学とも呼ばれます．今日，力学だけではなく様々な物理学の理論が正準形式で表現されています．解析力学の理論の枠組みは，現代の物理学の 1 つの模範となっています．さらに，解析力学は，現

代物理学の柱である量子力学の礎にもなっています.

上述の目的を達成するために, 本書には以下の特徴があります.

1. 基本的に本書は演習書であるが, 解析力学に関する予備知識が無くても学べるように, 基礎理論を「基本事項」として紹介している.

2. また, およそ100題の「問題」と同じ数の「練習問題」を解くことにより, 基礎理論の理解を深めることができる.

3. 重要な手法は繰り返し扱い, 自然と身につくように構成してある.

4. 解析力学を学ぶのに必要な数学的手法を第1章にまとめてある.

5. さらに, 第2章では, ニュートン力学の理論体系を復習する.

6. 詳細な学習を始める前に, 解析力学の概観を第3章で体験してもらう.

このような本書の特長を活かして, 解析力学の学習を有効に進めるために, 読者には次のことをお願いします.

1. 「問題」と「練習問題」は, 飛ばさずに, 掲載されている順番にすべて解いてください. (数学とニュートン力学に心配のない読者は, 第1章と第2章は流し読みでも構わないかも知れません.)

2. 自力で解くのが難しい場合は, すぐに解説を読んでも構いませんが, 計算は必ず自分の手で再現してください.

3. まずは, Chapter10までに紹介した手法の習得を目標にしてください.

本書での学習により, 解析力学の基本的な手法を呼吸をするように使いこなせるようになっていただけることを筆者として切に願っています. 本書は, 理論の複雑な部分や, 数学的に複雑になる現象の分析は敢えて割愛していますので, さらに解析力学の理論を深く学びたい方や, より高度な演習問題にチャレンジしたい方のために, 巻末に参考文献を付しておきますので, 今後の学習の参考としてください. 各章末には, 力学の発展に貢献した人々の紹介をコラムとしてまとめました.

最後に, 本書執筆の機会を与えてくださった田邉 久先生には特別な謝意を表します. また, 筆の遅い筆者を粘り強く励ましてくださった東京図書の川上禎久氏に心より感謝申し上げます. 川上氏のサポートがなければ, 本書は完成していませんでした.

吉田弘幸

Chapter 2 ニュートン力学の復習   **25**

Chapter 3 　解析力学の概観   **49**

Chapter 4　ラグランジュ形式　　65

Chapter 5　対称性と保存則　　　**79**

Chapter 8　ラグランジュの未定乗数法 　　　　　　　　121

装幀　岡 孝治

Chapter 1

数学の準備

物理学の理論は数学の言葉で紡がれている.
新しい分野を学ぶには新しい言葉を覚える必要がある.
解析力学を学ぶのに必要であるが, 高校では学ばない内容を紹介する.

基本事項

1 ベクトル (問題1-①)

❶スカラーとベクトル

物理では，注目する系の状態を代表する数量を導入して，系の状態や状態変化を追跡する．系の状態を代表する観測可能な量を**物理量**という．

物理では，**スカラー**や**ベクトル**によって物理量を数学的に表示する．さらに学習が進むと，スカラーやベクトルを一般化したテンソルという概念が導入される．本書の範囲では，スカラーまたはベクトルにより表示できる物理量のみを扱う．

スカラーとベクトルの区別を論じるときに，「向きと大きさをもつ量がベクトルである」と言うことがある．間違いではないが，やや不正確な表現である．後に学ぶ座標変換に対して不変な量をスカラー，成分をもち，座標変換に対応して成分が変換される量がベクトルである．

❷ベクトルの外積

ベクトルどうしの積として，内積（スカラー積）は高校でも学ぶ．ベクトルどうしの積には，もう1つある．

2つのベクトル a, b に対して，**外積**（ベクトル積）$a \times b$ は次のように定義される．

a と b が1次従属であるとき：

$$a \times b = 0$$

a と b が1次独立であるとき：

a と b の両方に垂直で，$a, b, a \times b$ がこの順に右手系をなす向きで，

$$|a \times b| = \sqrt{|a|^2|b|^2 - (a \cdot b)^2} \quad (a \text{ と } b \text{ を2辺とする平行四辺形の面積})$$

外積の基本性質

任意のベクトル a, b, c および，スカラー k に対して，

$$a \times a = 0, \quad b \times a = -(a \times b)$$

$$a \times (b + c) = a \times b + a \times c$$

$$(a + b) \times c = a \times c + b \times c$$

$$(ka) \times b = a \times (kb) = k(a \times b)$$

外積の成分表示

a, b の直交成分表示が

$$a = (a_x,\ a_y,\ a_z)\ ,\quad b = (b_x,\ b_y,\ b_z)$$

のとき,

$$a \times b = (a_y b_z - a_z b_y,\ a_z b_x - a_x b_z,\ a_x b_y - a_y b_x)$$

となる.

2　行列（問題 1-2, 3）

❶行列

次のように縦横に数量を並べたものを**行列**と呼ぶ.

$$A = \begin{pmatrix} 1 & 2 & 3 \\ -2 & -1 & 0 \end{pmatrix} \quad B = \begin{pmatrix} a & b \\ c & d \end{pmatrix}$$

$$M = \begin{pmatrix} a_{11} & a_{12} & a_{13} \\ a_{21} & a_{22} & a_{23} \\ a_{31} & a_{32} & a_{33} \end{pmatrix}$$

横の並びを**行**, 縦の並びを**列**という. A のように行を 2 つ, 列を 3 つもつ行列を 2×3 行列と呼び, B のような行列を 2×2 行列, あるいは, 2 次正方行列と呼ぶ. M は 3 次正方行列（3×3 行列）である. 以下では主に 2 次または 3 次の正方行列を扱う.

M において, 例えば, 2 行目 1 列目の成分 a_{21} を $(2,1)$ 成分, a_{33} を $(3,3)$ 成分と呼ぶ.

❷行列の積

ベクトルの成分を縦に並べて

$$\vec{V} = \begin{pmatrix} V_1 \\ V_2 \\ V_3 \end{pmatrix}$$

のように表示したものを**列ベクトル**と呼ぶ. これに対して, これまで用いてきたような成分を横に並べて表示したものを**行ベクトル**と呼ぶ. 本書では, 原則として, 列ベクトルは矢印を付して $\vec{V}$ などと表し, 行ベクトルは太字の書体で $\boldsymbol{V}$ などと表すことにする.

3次正方行列 M と 3次列ベクトル $\vec{V}$ の積を次のように定義する.

$$M\vec{V} = \begin{pmatrix} a_{11} & a_{12} & a_{13} \\ a_{21} & a_{22} & a_{23} \\ a_{31} & a_{32} & a_{33} \end{pmatrix} \begin{pmatrix} V_1 \\ V_2 \\ V_3 \end{pmatrix} = \begin{pmatrix} a_{11}V_1 + a_{12}V_2 + a_{13}V_3 \\ a_{21}V_1 + a_{22}V_2 + a_{23}V_3 \\ a_{31}V_1 + a_{32}V_2 + a_{33}V_3 \end{pmatrix}$$

積の結果の各成分は, M を行ごとに分割して得られる 3つの行ベクトル

$$(a_{11},\ a_{12},\ a_{13}),\ \ (a_{21},\ a_{22},\ a_{23}),\ \ (a_{31},\ a_{32},\ a_{33})$$

と $\vec{V}$ の内積に対応している. 例えば, M の 1行目と $\vec{V}$ の内積が第 1成分になっている.

一般に, n 次正方行列と n 次列ベクトルの積も同様に定義する.

❸ 1次変換

平面上の点の移動を考える.

移動前の位置ベクトルと移動後の位置ベクトルの関係が, 行列の積で表示できる変換を **1次変換**あるいは**線形変換**と呼ぶ.

例えば, 平面上の点 P の位置ベクトルと移動後の位置ベクトルが, それぞれ,

$$\vec{r} = \begin{pmatrix} x \\ y \end{pmatrix},\ \ \vec{r}' = \begin{pmatrix} x' \\ y' \end{pmatrix}$$

と表され, これらが,

$$\begin{pmatrix} x' \\ y' \end{pmatrix} = \begin{pmatrix} a & b \\ c & d \end{pmatrix} \begin{pmatrix} x \\ y \end{pmatrix} = \begin{pmatrix} ax + by \\ cx + dy \end{pmatrix}$$

の関係で結びつくときに, xy 系から XY 系への座標変換は, 行列

$$A = \begin{pmatrix} a & b \\ c & d \end{pmatrix}$$

により表される1次変換である.

　平面上のある領域 D を行列 A の表す1次変換により移動した領域を D' とする. このとき, D の面積を S, D' の面積を S' とすると,

$$S' = |A|S \quad (\text{$|A|$ が符号をもつので, S' も符号をもつ.})$$

となる. ここで,

$$|A| = ad - bc$$

は, 行列 A の**行列式**である.

3 　微分と積分（問題1-④, ⑤, ⑥, ⑦, ⑧）

●多変数関数の微分

　2つの独立変数 x, y の関数 $z = f(x,y)$ の微分は

$$\mathrm{d}z = \frac{\partial z}{\partial x}\mathrm{d}x + \frac{\partial z}{\partial y}\mathrm{d}y$$

となる. これは, $y = f(x)$ のときに,

$$\mathrm{d}y = f'(x)\mathrm{d}x$$

となることを2変数の関数に拡張したものになっている.

$$\frac{\partial z}{\partial x} \equiv \lim_{\Delta x \to 0} \frac{f(x + \Delta x, y) - f(x, y)}{\Delta x}$$

$$\frac{\partial z}{\partial y} \equiv \lim_{\Delta y \to 0} \frac{f(x, y + \Delta y) - f(x, y)}{\Delta y}$$

をそれぞれ**偏導関数**と呼ぶ（記号:$\equiv$ により定義を示す）. また, $\frac{\partial z}{\partial x}\mathrm{d}x$, $\frac{\partial z}{\partial y}\mathrm{d}y$ が, それぞれ x または y についての z の**偏微分**であり, 上の関係式は, 2変数関数の微分（**全微分**）が偏微分の和で展開できることを表す. 変数の数が3以上の場合も同様である.

●場の微分

　数学では位置の関数を**場**と呼ぶ. 関数の値がスカラーであるものを**スカラー場**, ベクトルになるものを**ベクトル場**と呼ぶ.

直交座標を設定すれば，スカラー場

$$F = F(x, y, z)$$

の微分は，

$$dF = \frac{\partial F}{\partial x}dx + \frac{\partial F}{\partial y}dy + \frac{\partial F}{\partial z}dz$$

である．

$$\nabla F \equiv \left(\frac{\partial F}{\partial x}, \ \frac{\partial F}{\partial y}, \ \frac{\partial F}{\partial z} \right)$$

とすれば，位置の微分 $d\boldsymbol{r} = (dx, \ dy, \ dz)$ に対して

$$dF = (\nabla F) \cdot d\boldsymbol{r}$$

となる．∇（**ナブラ**）は位置についての微分を表す演算子であり，形式的には

$$\nabla = \left(\frac{\partial}{\partial x}, \ \frac{\partial}{\partial y}, \ \frac{\partial}{\partial z} \right)$$

なるベクトルとして扱える．

　ベクトル場 $\boldsymbol{V} = (V_x, \ V_y, \ V_z)$ の微分（の情報をもつ関数）としては

$$\nabla \cdot \boldsymbol{V} = \frac{\partial V_x}{\partial x} + \frac{\partial V_y}{\partial y} + \frac{\partial V_z}{\partial z}$$

$$\nabla \times \boldsymbol{V} = \left(\frac{\partial V_z}{\partial y} - \frac{\partial V_y}{\partial z}, \ \frac{\partial V_x}{\partial z} - \frac{\partial V_z}{\partial x}, \ \frac{\partial V_y}{\partial x} - \frac{\partial V_x}{\partial y} \right)$$

の 2 種類に注目する．

　なお，スカラー場 F に対して ∇F を F の**勾配**（gradient）と呼ぶ．また，ベクトル場 $\boldsymbol{V}$ に対して $\nabla \cdot \boldsymbol{V}$，$\nabla \times \boldsymbol{V}$ をそれぞれ，$\boldsymbol{V}$ の**発散**（divergence），**回転**（rotation）と呼ぶ．名称の短縮形を用いて，

$$\mathrm{grad} F = \nabla F, \ \ \mathrm{div} \boldsymbol{V} = \nabla \cdot \boldsymbol{V}, \ \ \mathrm{rot} \boldsymbol{V} = \nabla \times \boldsymbol{V}$$

と表記することがある．また，勾配は $\dfrac{\partial}{\partial \boldsymbol{r}}$ などの記号を用いて，$\boldsymbol{\nabla} F$ を $\dfrac{\partial F}{\partial \boldsymbol{r}}$ と表示することもある．

❸積分

高校では**定積分**を原始関数の値の差として学ぶが，本来は無限小量の和である．つまり，

$$\int_a^b f(x)\,\mathrm{d}x \equiv \lim_{\Delta x \to 0} \sum_{x=a}^{x=b} f(x)\Delta x$$

である．これが，$F'(x) = f(x)$ （$F(x)$ が $f(x)$ の原始関数）のときに，

$$\int_a^b f(x)\,\mathrm{d}x = F(b) - F(a)$$

となるのは，微分と積分の関係を結びつける基本**定理**である．

❹多重積分

多変数関数を複数の変数について積分することを**多重積分**という．

例えば，$\int_D f(x,y)\,\mathrm{d}x\mathrm{d}y$ は，

$$\int_D f(x,y)\,\mathrm{d}x\mathrm{d}y = \lim_{\left\{\begin{subarray}{l}\Delta x \to 0 \\ \Delta y \to 0\end{subarray}\right.} \sum_{(x,y)\in D} f(x,y)\Delta x \Delta y$$

を表す．

4　微分方程式（問題 1-⑩, ⑪, ⑫, ⑬）

❶常微分方程式

未知関数に対する，その関数の導関数を含む方程式を**微分方程式**と呼ぶ．特に，1変数の関数 $x = x(t)$ に対する微分方程式は，**常微分方程式**と呼ばれる．物理法則に基づく方程式の多くは，微分方程式の形式で表示されている．例えば，運動方程式は，時刻 t の関数としての物体の速度や位置に対する常微分方程式である．

微分方程式の一般的な解法の解説は他書に譲ることにするが，高校物理でも現れる基本的な方程式の解を確認しておく．

まず，λ を定数とする微分方程式

$$\dot{x} = \lambda x \quad \cdots ①$$

を考える．ドット（˙）は時間微分を示す．つまり，$\dot{x} = \dfrac{\mathrm{d}x}{\mathrm{d}t}$ である．

方程式①の一般解は，

$$x = Ae^{\lambda t} \quad （A \text{ は定数}）$$

である．定数 A は積分定数に相当し，初期条件から決定される．微分方程式を解いて，関数を決定する作業は形式的には積分である．方程式①は，導関数としては1次導関数のみを含む微分方程式（**1階微分方程式**）であり，1回積分が実行できれば解を得ることができる．そのため，解には1つの積分定数を含む．適当な個数の積分定数を含み，あらゆる初期条件に対応する解の形を**一般解**と呼ぶ．

次に，2次導関数を含む，次の形の**2階微分方程式**を考える．

$$\ddot{x} + a\dot{x} + bx = 0 \quad \cdots ②$$

ここで，a, b は定数とする．また，$\ddot{x} = \dfrac{\mathrm{d}^2 x}{\mathrm{d}t^2}$ である．

方程式②に対応して，λ の2次方程式

$$\lambda^2 + a\lambda + b = 0$$

を考える．この2次方程式が相異なる2解 λ_1, λ_2 をもつとき，方程式②の一般解は，

$$x = A_1 e^{\lambda_1 t} + A_2 e^{\lambda_2 t} \quad （A_1, A_2 \text{ は定数}）$$

となる．この解は，λ_1, λ_2 が虚数の場合にも有効である．しかし，そのためには指数関数の定義域を実数から複素数に拡張しておく必要がある．その際には，**オイラーの公式**

$$e^{i\theta} = \cos\theta + i\sin\theta \quad （i \text{ は虚数単位}）$$

を用いることになる．

❷偏微分方程式

未知の多変数関数に対する，その偏導関数を含む方程式を**偏微分方程式**と呼ぶ．例えば，x, y の関数 $z = z(x, y)$ が，偏微分方程式

$$\frac{\partial z}{\partial x} = 0 \quad \cdots ③$$

を満たすとき，z は陽には x に依存しないことを意味する．つまり，z は y のみの関数であることを示す．したがって，方程式③の一般解は，

$$z = f(y) \quad (f(y) \text{ は任意関数})$$

となる．偏微分方程式の一般解には，このように積分定数の代わりに任意関数が現れる．偏微分方程式は，常微分方程式とは異なり，関数の具体的な形を決定するのではなく，変数の現れ方を決めることになる．

5　座標系と座標変換（問題 1-⑨）

❶座標変換

ベクトルを成分表示するためには，座標系を設定する必要がある．座標系の選択肢は一意的ではなく，無数の可能性がある．1つの座標系から別の座標系への移行を**座標変換**と呼ぶ．

高校の数学では点やベクトルの移動を学ぶ．座標変換は，この操作と似ているが，逆の操作になるので注意を要する．例えば，点をベクトル $\boldsymbol{d}$ だけ平行移動するとき，もとの点の位置ベクトルを $\boldsymbol{p}$ とすれば，移動後の位置ベクトル $\boldsymbol{p}'$ は，

$$\boldsymbol{p}' = \boldsymbol{p} + \boldsymbol{d}$$

で与えられる．一方，座標系を $\boldsymbol{d}$ だけ平行移動すると，変換後の座標系における位置ベクトル $\boldsymbol{P}$ は，

$$\boldsymbol{P} = \boldsymbol{p} - \boldsymbol{d}$$

となる．座標変換では，点は動かずに，座標系が動くことになる．平行移動では座標系の原点が移動する．

座標変換（簡単のため，平面上の座標変換を考える）$(x, y) \rightarrow (X, Y)$ を行うと，(x, y) と (X, Y) は，それぞれ互いの関数となる．すなわち，

$$\begin{cases} X = X(x, y) \\ Y = Y(x, y) \end{cases} \Longleftrightarrow \begin{cases} x = x(X, Y) \\ y = y(X, Y) \end{cases}$$

である．座標変換は，座標変数についての変数変換であると見ることもできる．

❷ヤコビアン

座標変換（変数変換）に対応して，座標変数の無限小の変化 $(\mathrm{d}x, \mathrm{d}y)$ と $(\mathrm{d}X, \mathrm{d}Y)$ の間には

$$\begin{cases} \mathrm{d}x = \dfrac{\partial x}{\partial X}\mathrm{d}X + \dfrac{\partial x}{\partial Y}\mathrm{d}Y \\[2mm] \mathrm{d}y = \dfrac{\partial y}{\partial X}\mathrm{d}X + \dfrac{\partial y}{\partial Y}\mathrm{d}Y \end{cases}$$

の関係が成立する．これは，行列

$$\frac{\partial(x, y)}{\partial(X, Y)} \equiv \begin{pmatrix} \dfrac{\partial x}{\partial X} & \dfrac{\partial x}{\partial Y} \\[3mm] \dfrac{\partial y}{\partial X} & \dfrac{\partial y}{\partial Y} \end{pmatrix}$$

を用いて，

$$\begin{pmatrix} \mathrm{d}x \\ \mathrm{d}y \end{pmatrix} = \frac{\partial(x, y)}{\partial(X, Y)} \begin{pmatrix} \mathrm{d}X \\ \mathrm{d}Y \end{pmatrix}$$

と表すことができる．行列 $\dfrac{\partial(x, y)}{\partial(X, Y)}$ を変換の**ヤコビ行列**と呼ぶ．また，ヤコビ行列の行列式

$$J \equiv \left| \frac{\partial(x, y)}{\partial(X, Y)} \right| = \frac{\partial x}{\partial X}\frac{\partial y}{\partial Y} - \frac{\partial x}{\partial Y}\frac{\partial y}{\partial X}$$

を**ヤコビアン**と呼ぶ．ヤコビアンは，変換による面積（空間の場合は体積）の倍率を表す．すなわち，

$$\mathrm{d}x\mathrm{d}y = J \cdot \mathrm{d}X\mathrm{d}Y$$

である．

問題 1-①▼ベクトルの外積

ベクトルの外積の基本性質に基づいて，

$$\boldsymbol{a} = (a_x,\ a_y,\ a_z)\ ,\quad \boldsymbol{b} = (b_x,\ b_y,\ b_z)$$

のとき

$$\boldsymbol{a} \times \boldsymbol{b} = (a_y b_z - a_z b_y,\ a_z b_x - a_x b_z,\ a_x b_y - a_y b_x)$$

となることを示せ．

●考え方●

$\boldsymbol{e}_2 \times \boldsymbol{e}_1 = -(\boldsymbol{e}_1 \times \boldsymbol{e}_2)$, $\boldsymbol{e}_1 \times \boldsymbol{e}_1 = \boldsymbol{0}$ などを用いる．

解答

$\boldsymbol{e}_1 = (1,\ 0,\ 0),\ \boldsymbol{e}_2 = (0,\ 1,\ 0),\ \boldsymbol{e}_3 = (0,\ 0,\ 1)$ とおくと，

$$\boldsymbol{a} = a_x \boldsymbol{e}_1 + a_y \boldsymbol{e}_2 + a_z \boldsymbol{e}_3$$
$$\boldsymbol{b} = b_x \boldsymbol{e}_1 + b_y \boldsymbol{e}_2 + b_z \boldsymbol{e}_3$$

ポイント

スカラー k に対して
$$\boldsymbol{a} \times (k\boldsymbol{b}) = (k\boldsymbol{a}) \times \boldsymbol{b}$$
$$= k(\boldsymbol{a} \times \boldsymbol{b})$$

である．$\boldsymbol{e}_2 \times \boldsymbol{e}_1 = -(\boldsymbol{e}_1 \times \boldsymbol{e}_2), \boldsymbol{e}_3 \times \boldsymbol{e}_2 = -(\boldsymbol{e}_2 \times \boldsymbol{e}_3), \boldsymbol{e}_1 \times \boldsymbol{e}_3 = -(\boldsymbol{e}_3 \times \boldsymbol{e}_1)$,
および，$\boldsymbol{e}_1 \times \boldsymbol{e}_1 = \boldsymbol{e}_2 \times \boldsymbol{e}_2 = \boldsymbol{e}_3 \times \boldsymbol{e}_3 = \boldsymbol{0}$ に注意すれば，

$$\boldsymbol{a} \times \boldsymbol{b} = (a_x \boldsymbol{e}_1 + a_y \boldsymbol{e}_2 + a_z \boldsymbol{e}_3) \times (b_x \boldsymbol{e}_1 + b_y \boldsymbol{e}_2 + b_z \boldsymbol{e}_3)$$
$$= (a_x b_y - a_y b_x)(\boldsymbol{e}_1 \times \boldsymbol{e}_2) + (a_y b_z - a_z b_y)(\boldsymbol{e}_2 \times \boldsymbol{e}_3)$$
$$+ (a_z b_x - a_x b_z)(\boldsymbol{e}_3 \times \boldsymbol{e}_1)$$

となる．ここで，外積の定義より，

$$\boldsymbol{e}_1 \times \boldsymbol{e}_2 = \boldsymbol{e}_3\ ,\quad \boldsymbol{e}_2 \times \boldsymbol{e}_3 = \boldsymbol{e}_1\ ,\quad \boldsymbol{e}_3 \times \boldsymbol{e}_1 = \boldsymbol{e}_2$$

であるから，

$$\boldsymbol{a} \times \boldsymbol{b} = (a_x b_y - a_y b_x)\boldsymbol{e}_3 + (a_y b_z - a_z b_y)\boldsymbol{e}_1 + (a_z b_x - a_x b_z)\boldsymbol{e}_2$$
$$= (a_y b_z - a_z b_y,\ a_z b_x - a_x b_z,\ a_x b_y - a_y b_x)$$

練習問題 1-1 （ベクトルの外積）　　　　　　解答 p.186

$\boldsymbol{a} = (1,\ 2,\ 3)\ ,\quad \boldsymbol{b} = (2,\ -1,\ 1)\ ,\quad \boldsymbol{c} = (-4,\ 2,\ -2)$ について，

(1) $\boldsymbol{a} \times \boldsymbol{b}$　　　(2) $\boldsymbol{b} \times \boldsymbol{a}$　　　(3) $\boldsymbol{b} \times \boldsymbol{c}$

の成分表示をそれぞれ求めよ．

$$A = \begin{pmatrix} 1 & 2 \\ 3 & 4 \end{pmatrix}, \quad B = \begin{pmatrix} -1 & 2 \\ 1 & -3 \end{pmatrix}$$

に対して，次の行列を求めよ．

(1) AB　　　(2) BA

●考え方●

左の行列は行ごとに分解し，右側の行列は列ごとに分解して積を求めていく．

解答

(1)
$$AB = \begin{pmatrix} 1 \cdot (-1) + 2 \cdot 1 & 1 \cdot 2 + 2 \cdot (-3) \\ 3 \cdot (-1) + 4 \cdot 1 & 3 \cdot 2 + 4 \cdot (-3) \end{pmatrix}$$

$$= \begin{pmatrix} 1 & -4 \\ 1 & -6 \end{pmatrix} \quad 答$$

ポイント

行列の積は可換ではないので，それぞれ計算する必要がある．

(2)
$$BA = \begin{pmatrix} (-1) \cdot 1 + 2 \cdot 3 & (-1) \cdot 2 + 2 \cdot 4 \\ 1 \cdot 1 + (-3) \cdot 3 & 1 \cdot 2 + (-3) \cdot 4 \end{pmatrix}$$

$$= \begin{pmatrix} 5 & 6 \\ -8 & -10 \end{pmatrix} \quad 答$$

　上の計算結果より，$AB \neq BA$ であること，すなわち，A と B の積が交換規則に従わないことがわかる．

練習問題　1-2　（行列の積）　　　　　　　　　　解答 p.186

$$A = \begin{pmatrix} 1 & 2 \\ 3 & 4 \end{pmatrix}, \quad B = \begin{pmatrix} -1 & 2 \\ 1 & -3 \end{pmatrix}, \quad C = \begin{pmatrix} 0 & -1 \\ 2 & 5 \end{pmatrix}$$

に対して，次の行列を求めよ．

(1) $(AB)C$　　　(2) $A(BC)$

問題 1-③▼回転

直交座標系 O-xyz を, z 軸のまわりに $+z$ 軸の向きに向かって時計まわりに角度 θ だけ回転した座標系を O-$x'y'z'$ とする. このとき, O-xyz における成分表示が (V_1, V_2, V_3) であるベクトルの O-$x'y'z'$ 系における成分表示を求めよ.

●**考え方**●

x 成分, y 成分については, xy 平面に正射影して求めることができる.

解答

O-$x'y'z'$ 系における成分表示を $(V_1{}', V_2{}', V_3{}')$ とする.

z 成分は不変なので,

$$V_3{}' = V_3$$

ポイント

z 軸のまわりの回転において, z 成分は不変である.

である. 一方, xy 平面に正射影して考えれば,

$$\begin{pmatrix} V_1' \\ V_2' \end{pmatrix} = \begin{pmatrix} \cos\theta & \sin\theta \\ -\sin\theta & \cos\theta \end{pmatrix} \begin{pmatrix} V_1 \\ V_2 \end{pmatrix} = \begin{pmatrix} V_1\cos\theta + V_2\sin\theta \\ -V_1\sin\theta + V_2\cos\theta \end{pmatrix}$$

であることがわかる. 全体を行列を用いて表示すれば,

$$\begin{pmatrix} V_1' \\ V_2' \\ V_3' \end{pmatrix} = \begin{pmatrix} \cos\theta & \sin\theta & 0 \\ -\sin\theta & \cos\theta & 0 \\ 0 & 0 & 1 \end{pmatrix} \begin{pmatrix} V_1 \\ V_2 \\ V_3 \end{pmatrix} \quad 答$$

となる.

練習問題　1-3　（回転）　　　　　　　　　　　　　　　**解答 p.186**

直交座標系 O-xyz を, z 軸のまわりに $+z$ 軸の向きに向かって時計まわりに角度 θ だけ回転し, さらに回転後の y' 軸のまわりに $+y'$ 軸の向きに向かって時計まわりに角度 ϕ だけ回転した座標系を O-$x''y''z''$ とする. このとき, O-xyz における成分表示が (V_1, V_2, V_3) であるベクトルの O-$x''y''z''$ 系における成分表示を求めよ.

x, y の関数 $z = \sqrt{x^2 + y^2}$ について，次の関数を求めよ．

(1) $\dfrac{\partial z}{\partial x}$　　(2) $\dfrac{\partial z}{\partial y}$　　(3) $\dfrac{\partial}{\partial y}\left(\dfrac{\partial z}{\partial x}\right)$　　(4) $\dfrac{\partial}{\partial x}\left(\dfrac{\partial z}{\partial x}\right)$

●考え方●

$u = x^2 + y^2$ とおけば，$\dfrac{\partial z}{\partial x} = \dfrac{\partial z}{\partial u}\dfrac{\partial u}{\partial x}$ である．

解答

ポイント

x について偏微分するときには，y は定数とみなす．

(1) $\dfrac{\partial z}{\partial x} = \dfrac{\partial z}{\partial u}\dfrac{\partial u}{\partial x} = \dfrac{1}{2\sqrt{u}}\cdot 2x = \dfrac{x}{\sqrt{x^2 + y^2}}$　答

(2) $\dfrac{\partial z}{\partial y} = \dfrac{\partial z}{\partial u}\dfrac{\partial u}{\partial y} = \dfrac{1}{2\sqrt{u}}\cdot 2y = \dfrac{y}{\sqrt{x^2 + y^2}}$　答

(3) $\dfrac{\partial}{\partial y}\left(\dfrac{\partial z}{\partial x}\right) = \dfrac{\partial}{\partial y}\left(\dfrac{x}{\sqrt{x^2 + y^2}}\right) = x\left(-\dfrac{2y}{2\sqrt{(x^2 + y^2)^3}}\right)$

$\qquad\qquad\qquad = -\dfrac{xy}{\sqrt{(x^2 + y^2)^3}}$　答

(4) $\dfrac{\partial}{\partial x}\left(\dfrac{\partial z}{\partial y}\right) = \dfrac{\partial}{\partial x}\left(\dfrac{y}{\sqrt{x^2 + y^2}}\right) = y\left(-\dfrac{2x}{2\sqrt{(x^2 + y^2)^3}}\right)$

$\qquad\qquad\qquad = -\dfrac{xy}{\sqrt{(x^2 + y^2)^3}}$　答

(3) と (4) の結果を比べると $\dfrac{\partial}{\partial y}\left(\dfrac{\partial z}{\partial x}\right) = \dfrac{\partial}{\partial x}\left(\dfrac{\partial z}{\partial y}\right)$ である．物理で扱う多くの関数について，この関係が成立する．また，$\dfrac{\partial}{\partial y}\left(\dfrac{\partial z}{\partial x}\right)$ を $\dfrac{\partial^2 z}{\partial x \partial y}$ とか $\dfrac{\partial^2 z}{\partial y \partial x}$ と表記する．

練習問題　1-4　（偏微分）　　　　　　　　　解答 p.186

x, y の関数

$$z = \sin x \cdot \cos y$$

について，次の関数を求めよ．

(1) $\dfrac{\partial z}{\partial x}$　　(2) $\dfrac{\partial z}{\partial y}$　　(3) $\dfrac{\partial}{\partial y}\left(\dfrac{\partial z}{\partial x}\right)$　　(4) $\dfrac{\partial}{\partial x}\left(\dfrac{\partial z}{\partial y}\right)$

問題 1-⑤▼偏微分の性質

関数 $z = z(x, y)$ において，x, y が t の関数であるとき，

$$\frac{\mathrm{d}z}{\mathrm{d}t} = \frac{\partial z}{\partial x}\dot{x} + \frac{\partial z}{\partial y}\dot{y}$$

となることを示せ.

●考え方●

z の全微分を $\mathrm{d}t$ で割れば，$\dfrac{\mathrm{d}z}{\mathrm{d}t}$ が得られる.

解答

$z = z(x, y)$ の全微分は，

$$\mathrm{d}z = \frac{\partial z}{\partial x}\mathrm{d}x + \frac{\partial z}{\partial y}\mathrm{d}y$$

である. よって，

$$\frac{\mathrm{d}z}{\mathrm{d}t} = \frac{\partial z}{\partial x}\frac{\mathrm{d}x}{\mathrm{d}t} + \frac{\partial z}{\partial y}\frac{\mathrm{d}y}{\mathrm{d}t}$$

となる. $\dot{x} = \dfrac{\mathrm{d}x}{\mathrm{d}t}$, $\dot{y} = \dfrac{\mathrm{d}y}{\mathrm{d}t}$ と表記すれば，

$$\frac{\mathrm{d}z}{\mathrm{d}t} = \frac{\partial z}{\partial x}\dot{x} + \frac{\partial z}{\partial y}\dot{y}$$

となる.

ポ　イ　ン　ト

$x = x(t)$, $y = y(t)$ のとき，$z = z(x, y)$ も x, y を介して t の関数である.

練習問題　1-5　（偏微分の性質）　　　　　解答 p.187

関数 $z = z(x, y)$ において，(x, y) から (ξ, η) に変数変換したときに，

$$\frac{\partial z}{\partial \xi} = \frac{\partial z}{\partial x}\frac{\partial x}{\partial \xi} + \frac{\partial z}{\partial y}\frac{\partial y}{\partial \xi}, \quad \frac{\partial z}{\partial \eta} = \frac{\partial z}{\partial x}\frac{\partial x}{\partial \eta} + \frac{\partial z}{\partial y}\frac{\partial y}{\partial \eta}$$

であることを示せ.

ベクトル場 $V = \dfrac{K}{r^2}\dfrac{r}{r}$ に対して，次の各量を求めよ．

ただし，$r = (x,\ y,\ z)$，$r = |r|$，K は正定数である．

(1) $\mathrm{div}V$ (2) $\mathrm{rot}V$

●考え方●

発散（div）や回転（rot）の定義に従って計算する．

解答

V の x 成分は $V_x = \dfrac{Kx}{(x^2+y^2+z^2)^{3/2}}$ であり，

ポイント

例えば x について偏微分するとき，y と z は定数として扱う．

$$\frac{\partial V_x}{\partial x} = \frac{K(-2x^2+y^2+z^2)}{(x^2+y^2+z^2)^{5/2}}$$

$$\frac{\partial V_x}{\partial y} = -\frac{3Kxy}{(x^2+y^2+z^2)^{5/2}}, \quad \frac{\partial V_x}{\partial z} = -\frac{3Kxz}{(x^2+y^2+z^2)^{5/2}}$$

となる．y 成分 V_y，z 成分 V_z についても同様であり，

$$\frac{\partial V_y}{\partial y} = \frac{K(x^2-2y^2+z^2)}{(x^2+y^2+z^2)^{5/2}}, \quad \frac{\partial V_z}{\partial z} = \frac{K(x^2+y^2-2z^2)}{(x^2+y^2+z^2)^{5/2}}$$

$$\frac{\partial V_y}{\partial x} = -\frac{3Kyx}{(x^2+y^2+z^2)^{5/2}}, \quad \frac{\partial V_y}{\partial z} = -\frac{3Kyz}{(x^2+y^2+z^2)^{5/2}}$$

$$\frac{\partial V_z}{\partial x} = -\frac{3Kzx}{(x^2+y^2+z^2)^{5/2}}, \quad \frac{\partial V_z}{\partial y} = -\frac{3Kzy}{(x^2+y^2+z^2)^{5/2}}$$

(1) $\mathrm{div}V = \dfrac{\partial V_x}{\partial x} + \dfrac{\partial V_y}{\partial y} + \dfrac{\partial V_z}{\partial z} = 0$ 答

(2) $\mathrm{rot}V = \left(\dfrac{\partial V_z}{\partial y} - \dfrac{\partial V_y}{\partial z},\ \dfrac{\partial V_x}{\partial z} - \dfrac{\partial V_z}{\partial x},\ \dfrac{\partial V_y}{\partial x} - \dfrac{\partial V_x}{\partial y} \right) = (0,\ 0,\ 0)$ 答

練習問題 1-6 （場の微分）   解答 p.187

スカラー場 $\phi = \dfrac{K}{r}$ に対して $\mathrm{grad}\phi$ を求めよ．

問題 1-7 ▼積分

$F'(x) = f(x)$ であるとき,

$$\int_a^b f(x)\,\mathrm{d}x = F(b) - F(a)$$

が成り立つことを, 積分の定義に基づいて説明せよ.

●考え方●

$F'(x) = f(x)$ なので, 微分の定義より,

$$f(x) = \lim_{\Delta x \to 0} \frac{F(x + \Delta x) - F(x)}{\Delta x}$$

解答

定積分の定義より,

$$\begin{aligned}
\int_a^b f(x)\,\mathrm{d}x &= \lim_{\Delta x \to 0} \sum_{x=a}^{x=b} f(x)\Delta x \\
&= \lim_{\Delta x \to 0} \sum_{x=a}^{x=b} \frac{F(x + \Delta x) - F(x)}{\Delta x} \cdot \Delta x \\
&= \lim_{\Delta x \to 0} \sum_{x=a}^{x=b} \{F(x + \Delta x) - F(x)\} \\
&= \lim_{\Delta x \to 0} \{F(b + \Delta x) - F(a)\} \\
&= F(b) - F(a)
\end{aligned}$$

ポイント

$$\int_a^b f(x)\,\mathrm{d}x$$
$$= \lim_{\Delta x \to 0} \sum_{x=a}^{x=b} f(x)\Delta x$$

練習問題 1-7 （積分）　　　　　解答 p.187

次の定積分を積分の定義に基づいて求めよ.

(1) $\displaystyle\int_0^1 x\,\mathrm{d}x$ 　　　 (2) $\displaystyle\int_0^1 x^2\,\mathrm{d}x$

xy 平面上の円板 $x^2 + y^2 \leqq 1$ を D とする．このとき，次の積分を求めよ．

$$A = \int_D \mathrm{d}x\mathrm{d}y$$

●考え方●

積分の定義に基づいて，$\displaystyle\int_D \mathrm{d}x\mathrm{d}y$ の意味を考える．

解答

$$A = \int_D \mathrm{d}x\mathrm{d}y = \lim \sum_D \varDelta x \varDelta y$$

ポ イ ン ト

$\mathrm{d}x\mathrm{d}y$ は，xy 平面上の微小面積を表す．

であるが（極限は $\varDelta x \to 0$，$\varDelta y \to 0$ を意味する），$\varDelta x \varDelta y$ は xy 平面上の微小面積を表すので，これの D 上での総和を求めることは，要するに D の面積を求めることを意味する．

D は半径 1 の円であるので，

$$A = (D \text{の面積}) = \pi \quad \text{答}$$

となる．

練習問題 1-8 （多重積分） 解答 p.187

xyz 空間内の球 $x^2 + y^2 + z^2 \leqq 1$ を B とする．このとき，次の積分を求めよ．

$$V = \int_B \mathrm{d}x\mathrm{d}y\mathrm{d}z$$

問題 1-⑨▼ヤコビアン

直交座標系 (x, y) から $x = x(X, Y)$, $y = y(X, Y)$ により与えられる座標系 (X, Y) への座標変換を考える．このとき，(x, y) 系での領域 γ に対応する (X, Y) 系での領域を Γ とすれば，次の関係式が成立することを示せ．

$$\int_\gamma f(x, y)\mathrm{d}x\mathrm{d}y = \int_\Gamma f(x(X, Y), y(X, Y)) \left| \frac{\partial(x, y)}{\partial(X, Y)} \right| \mathrm{d}X\mathrm{d}Y$$

●考え方●

(x, y) から (X, Y) への座標変換は $x = x(X, Y)$, $y = y(X, Y)$ による変数変換である．

■ 解答 ■

$x = x(X, Y)$, $y = y(X, Y)$ のとき，$\mathrm{d}x$, $\mathrm{d}y$ と $\mathrm{d}X$, $\mathrm{d}Y$ は，

$$\begin{pmatrix} \mathrm{d}x \\ \mathrm{d}y \end{pmatrix} = \begin{pmatrix} \dfrac{\partial x}{\partial X} & \dfrac{\partial x}{\partial Y} \\ \dfrac{\partial y}{\partial X} & \dfrac{\partial y}{\partial Y} \end{pmatrix} \begin{pmatrix} \mathrm{d}X \\ \mathrm{d}Y \end{pmatrix}$$

により結びつく．これは，行列

$$\frac{\partial(x, y)}{\partial(X, Y)} = \begin{pmatrix} \dfrac{\partial x}{\partial X} & \dfrac{\partial x}{\partial Y} \\ \dfrac{\partial y}{\partial X} & \dfrac{\partial y}{\partial Y} \end{pmatrix}$$

の表す 1 次変換と見ることができる．したがって，

$$\mathrm{d}x\mathrm{d}y = \left| \frac{\partial(x, y)}{\partial(X, Y)} \right| \mathrm{d}X\mathrm{d}Y$$

である．よって，任意の関数に乗じて，対応する領域にわたり積分した値も等しくなる．

ポ イ ン ト
行列 M の表す 1 次変換により，体積（2 次元の場合は面積）は $|M|$ 倍に変換される．

練習問題 1-9 （ヤコビアン）   解答 p.187

問題 1-⑨の結論を用いて，xy 平面上の領域 $\gamma : x^2 + y^2 \leqq 1$ に対して，次の積分を求めよ．

$$A = \int_D \mathrm{d}x\mathrm{d}y$$

$x(t)$ についての微分方程式 $\dot{x} = \lambda x$ （λ は定数）の一般解が

$$x = Ae^{\lambda t} \quad （A \text{ は定数}）$$

と表せることを示せ.

●考え方●

$F'(x) = f(x)$, $G'(t) = g(t)$ とすれば, $f(x)\,\mathrm{d}x = g(t)\,\mathrm{d}t$ のとき,

$$\int f(x)\,\mathrm{d}x = \int g(t)\,\mathrm{d}t \quad \therefore F(x) = G(t) + 定数$$

解答

$\dot{x} = \dfrac{\mathrm{d}x}{\mathrm{d}t}$ なので, 与えられた微分方程式は
$x(0) \neq 0$ のとき $x \neq 0$ の範囲で,

ポ　イ　ン　ト
変数を分離すれば, 積分が実行できる.

$$\frac{\mathrm{d}x}{\mathrm{d}t} = \lambda x \quad \therefore \frac{\mathrm{d}x}{x} = \lambda\mathrm{d}t$$

と変形できる. よって,

$$\int \frac{\mathrm{d}x}{x} = \int \lambda\mathrm{d}t \quad \therefore \log|x| = \lambda t + C \quad （C \text{ は定数}）$$

となる. したがって, $A = \pm e^{C}$ として,

$$x = Ae^{\lambda t} \quad \cdots ①$$

となる. この x は任意の t に対して $x \neq 0$ である.

$x(0)$ の場合には $x(t) = 0$ となるが, これは, ①において $A = 0$ とおくことにより再現できる. したがって, あらゆる初期条件に対して, 与えられた微分方程式の解は①の形で表すことができる. つまり, ①の関数が与えられた微分方程式の一般解である.

練習問題　1-10　（常微分方程式①）　　　　解答 p.188

括弧内の初期条件の下で, $x(t)$ についての以下の微分方程式の解を求めよ.

(1) $\dot{x} + 2x - 4 = 0 \quad （x(0) = 0）$

(2) $(1 + t^2)\dot{x} + 2tx = 0 \quad （x(0) = 1）$

問題 1-⑪▼常微分方程式②

λ の 2 次方程式 $\lambda^2 + a\lambda + b = 0$ が異なる 2 解 λ_1, λ_2 をもつとき，$x(t)$ についての微分方程式 $\ddot{x} + a\dot{x} + bx = 0$ の一般解を

$$x = A_1 e^{\lambda_1 t} + A_2 e^{\lambda_2 t} \quad (A_1, A_2 \text{ は定数})$$

と表せることを示せ.

●考え方●

与えられた微分方程式を問題 1-⑩で調べた形の微分方程式に読み換える.

解答

$a = -(\lambda_1 + \lambda_2)$, $b = \lambda_1 \lambda_2$ なので，与えられた微分方程式は，

$$\ddot{x} - (\lambda_1 + \lambda_2)\dot{x} + \lambda_1 \lambda_2 = 0$$

ポイント

2 次方程式の解と係数の関係より，

$$a = -(\lambda_1 + \lambda_2), \ b = \lambda_1 \lambda_2$$

であり，これは，$X_1 = \dot{x} - \lambda_2 x$ に対して，$\dot{X}_1 = \lambda_1 X$ と変形できるので，定数 C_1 を用いて，

$$X_1 = C_1 e^{\lambda_1 t} \qquad \therefore \ \dot{x} - \lambda_2 x = C_1 e^{\lambda_1 t}$$

と表せる. 同様にして，定数 C_2 を用いて，

$$\dot{x} - \lambda_1 x = C_2 e^{\lambda_2 t}$$

と表せる. $\lambda_1 \neq \lambda_2$ なので，$A_1 = \dfrac{C_1}{\lambda_1 - \lambda_2}$, $A_2 = -\dfrac{C_2}{\lambda_1 - \lambda_2}$ として，$x(t)$ を

$$x = A_1 e^{\lambda_1 t} + A_2 e^{\lambda_2 t}$$

と表せる. これが，与えられた微分方程式の一般解である.

練習問題 1-11 （常微分方程式②）　　　　解答 p.188

$x(t)$ についての微分方程式 $\ddot{x} = -\omega^2 x$ （ω は正定数）の一般解が

$$x = A \sin \omega t + B \cos \omega t \quad (A, B \text{ は定数})$$

と表されることを示せ.

$u = u(x, y)$ についての偏微分方程式

$$\frac{\partial u}{\partial x} + \frac{\partial u}{\partial y} = 0$$

の一般解を求めよ.

●考え方●

$\dfrac{\partial u}{\partial \xi} = 0$ の形に変形できる変数変換を試みる.

解答

$\xi = x + y$, $\eta = x - y$ とおくと,

$$\frac{\partial u}{\partial x} = \frac{\partial u}{\partial \xi}\frac{\partial \xi}{\partial x} + \frac{\partial u}{\partial \eta}\frac{\partial \eta}{\partial x} = \frac{\partial u}{\partial \xi} + \frac{\partial u}{\partial \eta}$$

$$\frac{\partial u}{\partial y} = \frac{\partial u}{\partial \xi}\frac{\partial \xi}{\partial y} + \frac{\partial u}{\partial \eta}\frac{\partial \eta}{\partial y} = \frac{\partial u}{\partial \xi} - \frac{\partial u}{\partial \eta}$$

となるので,

$$\frac{\partial u}{\partial x} + \frac{\partial u}{\partial y} = 0 \iff \frac{\partial u}{\partial \xi} = 0$$

これは, $u(\xi, \eta)$ が ξ には依存しないこと, すなわち, η のみの関数であることを意味するので, ϕ を任意関数として,

$$u = \phi(\eta) = \phi(x - y) \quad \boxed{答}$$

となる. これが, 求める一般解である.

ポイント

$u = u(x, y)$ に対する偏微分方程式 $\dfrac{\partial u}{\partial x} = 0$ の一般解は, $\phi(y)$ を任意関数として,

$$u(x, y) = \phi(y)$$

練習問題 1-12 （偏微分方程式①） 解答 p.188

$u = u(x, y)$ についての偏微分方程式

$$\frac{\partial u}{\partial x} - \frac{\partial u}{\partial y} = 0$$

の一般解を求めよ.

問題 1-⑬▼偏微分方程式②

$u = u(x, y)$ についての偏微分方程式

$$\frac{\partial^2 u}{\partial x \partial y} = 0$$

の一般解を求めよ.

●考え方●

まずは,方程式を $\dfrac{\partial}{\partial x}\left(\dfrac{\partial u}{\partial y}\right) = 0$ と読み換える.

解答

$\dfrac{\partial^2 u}{\partial x \partial y} = \dfrac{\partial}{\partial x}\left(\dfrac{\partial u}{\partial y}\right)$ なので,方程式

$$\frac{\partial}{\partial x}\left(\frac{\partial u}{\partial y}\right) = 0 \quad \cdots ①$$

の一般解を求めればよい.

①は,$\dfrac{\partial u}{\partial y}$ が x に依存しないこと,すなわち,y のみの関数であることを表すので,$\phi(y)$ を y のみの任意関数として,

$$\frac{\partial u}{\partial y} = \phi(y)$$

である.したがって,$\phi(y)$ の原始関数を $\varphi(y)$ とすれば,$\dfrac{\partial \psi}{\partial y} = 0$ となる ψ を用いて,

$$u = \varphi(y) + \psi$$

となる.ψ は y の関数としては定数なので,x のみの関数である.

結局,方程式①の一般解は,2つの任意関数 $\psi(x)$,$\varphi(y)$ を用いて,

$$u(x, y) = \psi(x) + \varphi(y) \quad 答$$

と表される.

> **ポイント**
>
> $v = v(x, y)$ に対する偏微分方程式 $\dfrac{\partial v}{\partial x} = 0$ の一般解は,$\phi(y)$ を任意関数として,
> $$v(x, y) = \phi(y)$$

練習問題　1-13　（偏微分方程式②） 解答 p.189

$u = u(x, y)$ についての偏微分方程式

$$\frac{\partial^2 u}{\partial x \partial y} = xy$$

の一般解を求めよ.

　ガリレオ・ガリレイ（Galileo Galilei, 1564-1642）は，イタリアの自然哲学者，天文学者，数学者であり，「近代科学の父」と呼ばれています．「宇宙という書物は数学の言葉で書かれている」とは，彼の残した有名な言葉の一つです．数学を使うことにより，人類が宇宙の仕組みを理解できるということです．

　ガリレオは天文学において革新的な貢献をしました．1609 年，彼は倍率が 20 倍の天体望遠鏡を発明し，これによって太陽系の惑星や月の表面などを観察することが可能になりました．特に，木星の周りに 4 つの大きな衛星（ガリレオ衛星と呼ばれています）があることを発見し，これは地動説を支持する重要な証拠となりました．

　また，ガリレオは地動説を支持し，太陽が中心にあり地球がまわることを提唱しました．これは当時の教会が採用していた天動説とは異なり，当時の宗教的権威と対立することとなりました．1632 年に発表した『天文対話』では，地動説を強く主張し，その結果，異端審問にかけられました．

　物理学においても，ガリレオは重要な発見を行いました．彼は斜面上を転がる物体の運動について研究し，等速直線運動という法則を示しました．また，振り子の運動に関する研究も行い，振り子の振動の規則性を示しました．これらの研究は後のニュートンの運動の法則に繋がる重要な先駆的業績となりました．

　さらに，ガリレオは実験的手法を導入し，観察と実験を通じて物理現象を理解する手法を確立しました．これは科学的方法論の確立に寄与し，近代科学の基盤を築くこととなりました．

　ガリレオ・ガリレイの業績は当時の世界観に大きな変革をもたらし，科学と宗教の対立を象徴する出来事の一つとなりました．その後の時代において，彼の業績は重要な遺産として位置づけられ，近代科学の発展に大きな影響を与えました．

Chapter 2

ニュートン力学の復習

解析力学は高校で学ぶ力学と形式は異なるが，
原理の部分ではシームレスにつながっている．
力学における基礎概念を確認しながら，
高校で学んだ力学―ニュートン力学―の基礎を復習する．

基本事項

1 　運動の自由度と座標

❶力学変数

力学系の運動状態を指定する変数を**力学変数**と呼ぶ．ニュートン力学では位置や速度を力学変数として採用している．運動方程式は，それらについての微分方程式となっている．運動方程式とは，運動を決定する方程式を意味する．ある時刻の位置と速度が指定されれば，運動方程式に従って時刻の関数として位置と速度が決定される．運動とは力学変数の時間変化である．

力学変数のうち，位置を指定する変数を**座標変数**と呼ぶことにする．速度は位置（座標変数）の時間微分なので，座標変数のみを力学変数として採用することもできる．

このような立場では，3次元空間における N 質点系の運動の力学変数は，各質点 m_i の座標 (x_i, y_i, z_i) の組み合わせ $(x_1, y_1, z_1, x_2, \cdots, z_N)$ となる．表現を整理するために，座標変数 x_1, y_1, z_1, x_2, $\cdots$, z_N に通し番号を付けて

$$x^1,\ x^2,\ x^3,\ x^4,\ \cdots,\ x^{3N}$$

と表示し直すことがある．添字を上に付けるのは，取り敢えずは便宜的なものと考えておけばよい．例えば，もとの x_2 が x^4 であり，x^{3N} がもとの z_N を表している．$(x^1,\ x^2,\ x^3,\ x^4,\ \cdots,\ x^{3N})$ を座標とする $3N$ 次元の直交座標系を，この力学系の**配位空間**と呼ぶ．

添え字を上に付けていると指数と紛らわしいので以下では添え字を下に付けて $(x_1,\ x_2,\ x_3,\ x_4, \cdots,\ x_{3N})$ と記すことにする．

ニュートン力学では，配位空間の1つの点が1つの運動状態と対応する．この点は運動方程式に従って，配位空間内を移動することになる．

❷運動の自由度

自由に変化できる座標変数の個数を，その力学系の**運動の自由度**と呼ぶ．基本的には，N 質点系の運動の自由度は $3N$ であるが，束縛条件（拘束条件）がある場合には，その条件の個数だけ自由度が減少する．例えば，1

質点系の運動の自由度は 3 であるが，定平面内に運動が制限されている場合には運動の自由度は 2 に減少する．運動の実現する平面が xy 平面になるように直交座標系を設定すれば，

$$z = 一定$$

という 1 つの方程式で表される束縛条件が課される．したがって，実現する運動は 2 つの座標変数 (x, y) により記述される．

　束縛条件がなくても実質的な運動の自由度が低減する場合もある．例えば，中心力による質点の運動を考える．質点の位置を r，運動量を p として，この運動には角運動量保存則

$$r \times p = 一定 \ (\equiv l_0)$$

が成立する．したがって，運動は原点 O を通り定ベクトル l_0 に垂直な平面内で実現する．この平面内の運動は 2 つの座標変数により完全に記述できるので，実質的な運動の自由度は 2 となる．

❸運動方程式

　（実質的な）運動の自由度が n の力学系の運動は，n 個の座標変数により記述できる．その n 個の変数の時間変化が系の運動を表現する．したがって，その n 個の変数の時間変化を説明する方程式の組を，系の運動方程式と呼ぶことができる．つまり，n 個の座標変数に対する独立な n 個の方程式の組が得られれば，これが系の運動方程式となる．

２ 運動方程式 （問題 2-②, ③）

❶運動の法則

　ニュートンの力学の理論は，以下の 3 法則（**運動の 3 法則**）を原理としている．

　I 物体は外力の作用を受けない限り，静止していれば静止したまま，ある速度を持てば，その速度のままの等速直線運動を行う．

　II 物体の加速度は，物体の受ける外力の向きに，その大きさに比例し，物体の質量に反比例する大きさで生じる．

III 作用と反作用は，作用線を共通として，互いに逆向きに等しい大きさと
　　なる．

第1法則は**慣性の法則**，第3法則は**作用・反作用の法則**と呼ばれる．本書の
メインのテーマとなるのは第2法則（あるいは，その数学的な表現である運
動方程式）の扱いである．

❷ニュートンの運動方程式

物体（質点）の位置を r とすれば，

$$\text{速度：} v = \dot{r}, \quad \text{加速度：} a = \dot{v} = \ddot{r}$$

であるから，運動方程式は，物体の受ける外力を f として，位置 $r = r(t)$
についての2階微分方程式

$$m\ddot{r} = f$$

である．ここに現れるベクトル r, f は3元ベクトルなので，成分ごとに方
程式を書けば3つの方程式の組となる．束縛のない質点の運動の自由度3を
カバーすることができる．

❸平面内の運動

物体の運動が一定の平面内で実現するならば，運動の自由度は 2 である．
運動が実現する平面に**直交座標系（デカルト座標系）**を設定することによ
り，加速度 a と外力 f の成分表示をそれぞれ $a = \begin{pmatrix} a_x \\ a_y \end{pmatrix}$, $f = \begin{pmatrix} f_x \\ f_y \end{pmatrix}$
とすれば，運動方程式を成分ごとに書くことができ，

$$\begin{cases} ma_x = f_x \\ ma_y = f_y \end{cases} \quad \text{すなわち,} \quad \begin{cases} m\ddot{x} = f_x \\ m\ddot{y} = f_y \end{cases}$$

となる．運動方程式は，座標変数についての2階の微分方程式となる．

極座標 (r, θ) を用いると，外力 f の動径方向成分を $f_\parallel$，動径と垂直な
成分を $f_\perp$ として，

$$\begin{cases} m(\ddot{r} - r\dot{\theta}^2) = f_\parallel \\ m(r\ddot{\theta} + 2\dot{r}\dot{\theta}) = f_\perp \end{cases}$$

となる．座標変数は直交座標に限定されないが，必要な変数の個数は変わら
ない．運動の自由度と等しい個数の変数を導入する．また，採用する変数に

応じて，加速度の表現や外力の成分分解の方法を確かめる必要がある.

❹多体系の運動方程式

　一般の力学系（力学の議論の対象となる系）は，質点の集合体と見ることができる. N 個の質点 $m_{(1)}$, $m_{(2)}$, $\cdots$, $m_{(N)}$ （質点を区別する番号であることを強調する場合は括弧 ( ) を付けて表すことにする）から成る系の運動を考える.

　ところで，物体の速度 $\boldsymbol{v}$ に対して，**運動量**

$$\boldsymbol{p} \equiv m\boldsymbol{v} = m\dot{\boldsymbol{r}}$$

を定義すれば，1 質点系の運動方程式を

$$\frac{\mathrm{d}\boldsymbol{p}}{\mathrm{d}t} = \boldsymbol{f}$$

と表現できる. この形式の運動方程式は，あらゆる物体系のあらゆる運動に対して普遍的に有効である. このとき，$\boldsymbol{p}$ は系の全運動量

$$\boldsymbol{p} \equiv \sum_{i=1}^{N} m_{(i)}\dot{\boldsymbol{r}}_{(i)}$$

であり，$\boldsymbol{f}$ は系の受ける外力の総和である. 系を構成する質点間の相互作用は含まない.

　しかし，力学系の運動を精密に追跡するには，系を構成する各質点ごとの運動方程式

$$m_{(i)}\ddot{\boldsymbol{r}}_{(i)} = \boldsymbol{f}_{(i)} \qquad (i = 1, 2, \cdots, N)$$

を書いて，これらを連立して解く必要がある. これは，一般には手間のかかる作業であり，困難な場合もある. $\boldsymbol{f}_{(i)}$ は質点 $m_{(i)}$ の受ける外力であり，系を構成する他の質点からの作用も含む.

3　運動方程式の積分　(問題 2-④, ⑤, ⑥, ⑦)

❶運動の第 1 積分

　運動方程式は座標変数 x についての 2 階の微分方程式である. したがって，運動方程式を解く作業は積分を実行することを意味する. その過程にお

いて

$$I(\boldsymbol{r}, \dot{\boldsymbol{r}}) = 一定$$

という形式の方程式が得られたときに，座標変数 $\boldsymbol{r}$ とその1階微分 $\dot{\boldsymbol{r}}$ の関数 $I(\boldsymbol{r}, \dot{\boldsymbol{r}})$ を，運動方程式の1回目の積分により得られる関数なので，**第1積分**と呼ぶ．また，上の方程式は運動の**保存則**を表す．

　高校で学んだ，運動量保存則における運動量，力学的エネルギー保存則における力学的エネルギーも運動方程式の第1積分である．力学において典型的な運動の第1積分には，もう1つ角運動量がある．高校では角運動量は学ばないが，角運動量保存則は面積速度一定の法則の形で扱っている．

❷運動量

　外力の作用のない（$\boldsymbol{f} = 0$）系の運動方程式は

$$\frac{\mathrm{d}\boldsymbol{p}}{\mathrm{d}t} = 0$$

なので，この系の運動は

$$\boldsymbol{p} = 一定 \quad すなわち, \quad \sum_{i=1}^{N} m_{(i)}\dot{\boldsymbol{r}}_{(i)} = 一定$$

を満たす．これは**運動量保存則**である．このとき，運動量

$$\boldsymbol{p} = \sum_{i=1}^{N} m_{(i)}\dot{\boldsymbol{r}}_{(i)}$$

が運動の第1積分になっている．

❸力学的エネルギー

　1質点系の運動を考える．運動方程式

$$m\ddot{\boldsymbol{r}} = \boldsymbol{f}$$

は，一般に

$$\frac{\mathrm{d}}{\mathrm{d}t}\left(\frac{1}{2}m\dot{\boldsymbol{r}}^2\right) = \boldsymbol{f} \cdot \dot{\boldsymbol{r}}$$

と変形できる．これは，運動エネルギーの時間変化率が外力の仕事率によって説明されることを示す．$\dot{\boldsymbol{r}}^2$ は，高校流に表記すれば $|\dot{\boldsymbol{r}}|^2$ である．

特に,

$$\boldsymbol{f} \cdot \dot{\boldsymbol{r}} = -\frac{\mathrm{d}U}{\mathrm{d}t}$$

となる,位置 $\boldsymbol{r}$ のみの関数 $U = U(\boldsymbol{r})$ が存在する場合には,上の方程式は

$$\frac{\mathrm{d}}{\mathrm{d}t}\left(\frac{1}{2}m\dot{r}^2 + U(\boldsymbol{r})\right) = 0$$

となるので,この系の運動は

$$\frac{1}{2}m\dot{r}^2 + U(\boldsymbol{r}) = \text{一定}$$

を満たす.これは**力学的エネルギー保存則**である.このとき,力学的エネルギー

$$E = \frac{1}{2}m\dot{r}^2 + U(\boldsymbol{r})$$

が運動の第1積分になっている.

❹角運動量

1質点系の運動を考える.運動方程式

$$m\ddot{\boldsymbol{r}} = \boldsymbol{f}$$

は,一般に

$$\frac{\mathrm{d}}{\mathrm{d}t}\left(\boldsymbol{r} \times (m\dot{\boldsymbol{r}})\right) = \boldsymbol{r} \times \boldsymbol{f}$$

と変形できる.これは,**角運動量 $\boldsymbol{l} \equiv m\dot{\boldsymbol{r}}$** の時間変化率が外力のモーメント $\boldsymbol{N} \equiv \boldsymbol{r} \times \boldsymbol{f}$ によって説明されることを示す.

特に,$\boldsymbol{N} = \boldsymbol{0}$ である中心力による運動では,

$$\frac{\mathrm{d}}{\mathrm{d}t}\left(\boldsymbol{r} \times (m\dot{\boldsymbol{r}})\right) = \boldsymbol{0} \qquad \text{すなわち,} \quad \boldsymbol{r} \times (m\dot{\boldsymbol{r}}) = \text{一定}$$

となる.これは**角運動量保存則**である.このとき,角運動量

$$\boldsymbol{l} \equiv \boldsymbol{r} \times (m\dot{\boldsymbol{r}})$$

が運動の第1積分になっている.

ポテンシャルと力 (問題2-⑧)

❶保存力

仕事の値が移動の途中経路によらず，始点と終点のみで予め確定するような力を**保存力**と呼ぶ．仕事をする外力が保存力 f_C のみの場合の1質点系の運動は力学的エネルギー保存則

$$\frac{1}{2}m\dot{r}^2 + U(r) = 一定$$

を満たす．このとき，位置の関数 $U(r)$ は**位置エネルギー**あるいは**ポテンシャルエネルギー**（あるいは，省略して**ポテンシャル**）と呼ぶ．位置エネルギー $U = U(r)$ と保存力 f の間には

$$f_x = -\frac{\partial U}{\partial x}, \quad f_y = -\frac{\partial U}{\partial y}, \quad f_z = -\frac{\partial U}{\partial z}$$

の関係がある．これは，ベクトル微分演算子 ∇ を用いて

$$f = -\nabla U$$

と表記できる．

多質点系の運動を考える場合に，i 番目の質点の座標についての微分を表すナブラは $\nabla_{(i)}$ で表すことにする．

❷ポテンシャル

多体系の運動を扱う場合には，系を構成する物体間の相互作用も考慮する必要がある．相互作用のポテンシャルエネルギーは，一方の物体の位置のみの関数とはならないので位置エネルギーと解釈することが適さない．以下では，位置エネルギーと解釈できる外力のポテンシャルエネルギーも相互作用のポテンシャルエネルギーも，省略してポテンシャルと呼ぶことにする．

束縛のない N 質点系の運動を考える．系の全運動エネルギー

$$T \equiv \sum_{i=1}^{3N} \frac{1}{2}m_{(i)}\dot{r}_{(i)}^2$$

と，質点の位置の関数

$$U = U(r_1, r_2, \cdots, r_N)$$

について，

$$T + U = 一定$$

が成り立つとき，これは系の力学的エネルギー保存則を示す．U は系の運動についてのポテンシャルである．このとき，各質点の運動方程式は，

$$m_{(i)}\ddot{r}_{(i)} = -\nabla_{(i)}U \quad (i = 1, 2, \cdots, N)$$

すなわち

$$m_i\ddot{x}_i = -\frac{\partial U}{\partial x_i} \quad (i = 1,\ 2,\ \cdots,\ 3N)$$

となる．つまり，

$$f_i \equiv -\frac{\partial U}{\partial x_i}$$

が，x_i の運動に対する力となる．今後は，ポテンシャルに対して，このような形で与えられる力を**保存力**と呼ぶことにする．

❸束縛条件がある系の運動方程式

運動の形に対する条件を**束縛条件**と呼ぶ．束縛条件がある場合には，束縛を維持するために作用する，エネルギーの保存には関与しない力の作用がある．このような力を**なめらかな束縛力**と呼ぶことにする．具体的には垂直抗力や糸の張力などである．摩擦力や抵抗力などが作用する場合は力学的エネルギー保存則が成立しない．ここでは，保存力となめらかな束縛力のみが作用する系の運動を考える．

束縛条件により系の運動の自由度が n であり，ちょうど n 個の直交座標 $x_1, x_2, \cdots, x_n$ が自由に変化できる場合には，これらの座標変数に対する運動方程式は，束縛のない場合と同様に，系の運動のポテンシャルを $U = U(x_1, x_2, \cdots, x_n)$ として，

$$m_i\ddot{x}_i = -\frac{\partial U}{\partial x_i} \quad (i = 1,\ 2,\ \cdots,\ n)$$

となる．直交座標以外の座標変数を採用した場合には，必ずしもこの形の方程式は成り立たない．

束縛力を求めるには別の議論が必要になる．ニュートン力学では，束縛条件を保つための力のつり合いから求めることになる．

5 具体例 (問題 2 - 9, 11, 12, 13)

❶単振動

x 軸上で実現し，

$$x = x_0 + A\sin(\omega t + \delta)$$

の形の関数で表される運動を**単振動**と呼ぶ．

単振動の具体的な典型例は，**ばね振り子**である．**単振り子**の運動も，その振れ角が十分に小さいときは単振動に近似できる．

上の関数は，微分方程式

$$\ddot{x} = -\omega^2(x - x_0)$$

の一般解である．

❷ケプラー運動

ケプラーの法則

第1法則 惑星の公転軌道は太陽をひとつの焦点とする楕円である．

第2法則 単位時間に動径（太陽と惑星を結ぶ線分）が掃く面積は一定である．

第3法則 惑星の軌道楕円の長半径の3乗と公転周期の2乗の比の値は一定である．

に従う運動を**ケプラー運動**と呼ぶ．

ニュートンは，ケプラー運動を万有引力による運動として，運動の法則に基づいて説明することに成功した．

❸剛体の運動

剛体の運動の自由度は6であるから，6つの方程式により，剛体の運動が記述できる．

具体的には，重心の運動と，重心まわりの回転運動に注目することにより，見通しのよい議論ができる．

問題 2-①▼運動の自由度

以下の系の運動の自由度を求めよ．また，その自由度に対応する適切な座標変数を導入せよ．

(1) ばねで結ばれた2質点の直線上での運動

(2) 伸び縮みのない糸で結ばれた2質点の直線上での運動

●考え方●

多質点系の運動の自由度は，質点間の束縛条件がなければ各質点の運動の自由度の和である．束縛条件がある場合は，その個数分だけ運動の自由度が減少する．

解答

(1) 直線上での運動なので，各質点の運動の自由度は 1 である．ばねの長さは（ある程度の範囲で）自由に変化するので，2つの質点の運動は独立である．よって，系の運動の自由度は $1+1=2$ となる．

運動の実現する直線に沿って x 軸を設定し，各質点の位置を x_1, x_2 とすれば，(x_1, x_2) を系の座標変数として採用できる．

(2) 糸がたるんでいる状態では2つの質点の運動は独立なので，(1) と同様に運動の自由度は 2 となる．(x_1, x_2) を系の座標変数として採用できる．糸がたるんでいない状態では

$$x_1 - x_2 = \text{一定}$$

なる束縛条件が課されるので，運動の自由度は 1 となる．例えば，x_1 のみ，あるいは，x_2 のみを系の座標変数として採用できる．

ポ イ ン ト

直線上の質点の運動の自由度は 1 である．直線に沿って x 軸を設定して質点の位置 x を与えれば，これを座標変数として採用できる．

練習問題　2-1　（万有引力による運動）　　　　　　　　解答 p.189

太陽系の1つの惑星の公転運動について，運動の自由度を求めよ．また，その自由度に対応する適切な座標変数を導入せよ．

問題 2-[2]▼極座標

平面内の質点の運動の座標変数として極座標
(r, θ) を採用する.

このとき, 質点の加速度の動径方向成分 $a_\parallel$, 動
径と垂直な成分 $a_\perp$ がそれぞれ

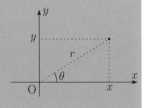

$$a_\parallel = \ddot{r} - r\dot{\theta}^2 , \quad a_\perp = r\ddot{\theta} + 2\dot{r}\dot{\theta}$$

となることを示せ.

●考え方●

直交座標系の座標変数と極座標の関係に基づいて, 加速度を (r, θ) を用いて
表示する.

解答

極を原点, 始線を x 軸とする直交座標系を設
定すれば, 直交座標 (x, y) と極座標 (r, θ) は,

$$\begin{cases} x = r\cos\theta \\ y = r\sin\theta \end{cases}$$

の関係で結びつく. 微分の計算を繰り返し実行すれば,

$$\begin{cases} \ddot{x} = \ddot{r}\cos\theta - 2\dot{r}\dot{\theta}\sin\theta - r\ddot{\theta}\sin\theta - r\dot{\theta}^2\cos\theta \\ \ddot{y} = \ddot{r}\sin\theta + 2\dot{r}\dot{\theta}\cos\theta + r\ddot{\theta}\cos\theta - r\dot{\theta}^2\sin\theta \end{cases}$$

となる. これは, 加速度 $\boldsymbol{a}$ の xy 成分表示が

$$\boldsymbol{a} = (\ddot{r} - r\dot{\theta}^2)\begin{pmatrix} \cos\theta \\ \sin\theta \end{pmatrix} + (r\ddot{\theta} + 2\dot{r}\dot{\theta})\begin{pmatrix} -\sin\theta \\ \cos\theta \end{pmatrix}$$

と表示できることを示す. ここで, $\begin{pmatrix} \cos\theta \\ \sin\theta \end{pmatrix}, \begin{pmatrix} -\sin\theta \\ \cos\theta \end{pmatrix}$ はそれぞれ, 動
径方向および動径と垂直な方向の単位ベクトルなので, 題意は示された.

ポイント

直交座標の変数を座標変数 x
として採用する場合, $\dot{x}, \ddot{x}$ が
それぞれ, その方向の速度の成
分, 加速度の成分となる.

練習問題 2-2 (運動方向の加速度)   解答 p.189

半径 r の円周に沿って運動する質点の加速度の, 半径方向成分と接線方向成分
を求めよ. ただし, 質点の速さを v とする.

問題 2-③▼運動方程式

系の運動量を p，系の受ける外力を f とすれば，一般に運動方程式は

$$\frac{\mathrm{d}p}{\mathrm{d}t} = f$$

である．特に，質点の運動方程式は，質点の質量を m，加速度を a として，

$$ma = f$$

と表示されることを説明せよ．

●考え方●

1 質点系の運動量は，$p = mv$ である．

解答

1 質点系の運動量は，その質点の速度 v に対して $p = mv$ であるから，運動方程式は

$$\frac{\mathrm{d}}{\mathrm{d}t}(mv) = f$$

となる．m は時間変化しないので，

$$m\frac{\mathrm{d}v}{\mathrm{d}t} = f$$

となり，$a = \dfrac{\mathrm{d}v}{\mathrm{d}t}$ なので，結局，質点の運動方程式は，

$$ma = f$$

と表示できる．

なお，質点の位置 r についての方程式として表示すれば，

$$m\ddot{r} = f$$

となる．

ポイント

質点の位置 r，速度 v，加速度 a は，

$$v = \frac{\mathrm{d}r}{\mathrm{d}t}, \quad a = \frac{\mathrm{d}v}{\mathrm{d}t}$$

練習問題　2-3　（ばね振り子の運動方程式）　　　　解答 p.189

質量 m の小物体をばね定数 k の軽いばねで鉛直に吊り下げる．つり合いの位置からの変位を x として，この小物体の運動方程式を書け．ただし，小物体の運動は 1 つの鉛直線上に実現する．

N 個の質点 $m_1, m_2, \cdots, m_N$ からなる系について，系の運動量 $\boldsymbol{p}$ を $\boldsymbol{p} = \displaystyle\sum_{i=1}^{N} m_i \boldsymbol{v}_i$ により定義するとき，この質点系が受ける外力の和 $\boldsymbol{f}$ に対して $\dfrac{\mathrm{d}\boldsymbol{p}}{\mathrm{d}t} = \boldsymbol{f}$ が成り立つことを示せ．ただし，問題 2-3 で導いた質点についての運動方程式と作用・反作用の法則を前提とする．

●考え方●

系を構成する質点間にはたらく力は作用・反作用の法則に従う．つまり，m_i が m_j に及ぼす力を $\boldsymbol{f}_{ij}$ で表せば $\boldsymbol{f}_{ij} + \boldsymbol{f}_{ji} = \boldsymbol{0}$ の関係がある．

解答

系を構成する質点間の相互作用を $\{\boldsymbol{f}_{ij}\}$ で表し，その他に質点 m_i の受ける力を $\boldsymbol{s}_i$ で表せば，各質点ごとの運動方程式は，

$$\frac{\mathrm{d}}{\mathrm{d}t}(m_i \boldsymbol{v}_i) = \boldsymbol{s}_i + \sum_{j(\neq i)} \boldsymbol{f}_{ji}$$

ポイント

質点 m_i の受ける力の和を $\boldsymbol{F}_i$ とすれば，運動方程式は

$$m_i \frac{\mathrm{d}\boldsymbol{v}_i}{\mathrm{d}t} = \boldsymbol{F}_i$$

である．

となる．これをすべての質点について足し合わせれば，

$$\frac{\mathrm{d}}{\mathrm{d}t}\left(\sum_{i=1}^{N} m_i \boldsymbol{v}_i\right) = \sum_{i=1}^{N} \boldsymbol{s}_i + \sum_{i \neq j} \boldsymbol{f}_{ij}$$

となる．ここで，

$$\sum_{i=1}^{N} \boldsymbol{s}_i = \boldsymbol{f} : 系の受ける外力の和 \ , \quad \sum_{i \neq j} \boldsymbol{f}_{ij} = \sum_{i > j}(\boldsymbol{f}_{ij} + \boldsymbol{f}_{ji}) = \boldsymbol{0}$$

であるから，結局，

$$\frac{\mathrm{d}\boldsymbol{p}}{\mathrm{d}t} = \boldsymbol{f}$$

を得る．

練習問題 2-4 （重心運動の方程式）　　　　　解答 p.189

問題 2-4 の質点系について，$\boldsymbol{r}_\mathrm{C} \equiv \left(\displaystyle\sum_{i=1}^{N} m_i \boldsymbol{r}_i\right) \Big/ \left(\displaystyle\sum_{i=1}^{N} m_i\right)$（$\boldsymbol{r}_i$ は質点 m_i の位置）により定義される重心（質量中心）は，系の全質量を M として，運動方程式 $M\ddot{\boldsymbol{r}}_\mathrm{C} = \boldsymbol{f}$ に従うことを示せ．

問題 2–⑤▼エネルギーの保存

外力 $\boldsymbol{f}$ を受ける1質点の運動について，方程式

$$\frac{\mathrm{d}}{\mathrm{d}t}\left(\frac{1}{2}m\dot{\boldsymbol{r}}^2\right) = \boldsymbol{f}\cdot\dot{\boldsymbol{r}}$$

が成り立つことを示せ．

●考え方●

$\dfrac{\mathrm{d}}{\mathrm{d}t}\left(\dfrac{1}{2}m\dot{\boldsymbol{r}}^2\right)$ の微分を実行して，運動方程式を反映させる．

解答

微分を実行すれば，

$$\frac{\mathrm{d}}{\mathrm{d}t}\left(\frac{1}{2}m\dot{\boldsymbol{r}}^2\right) = m\dot{\boldsymbol{r}}\cdot\ddot{\boldsymbol{r}}$$

である．ここで，運動方程式

$$m\ddot{\boldsymbol{r}} = \boldsymbol{f}$$

より，

$$m\dot{\boldsymbol{r}}\cdot\ddot{\boldsymbol{r}} = (m\ddot{\boldsymbol{r}})\cdot\dot{\boldsymbol{r}} = \boldsymbol{f}\cdot\dot{\boldsymbol{r}}$$

である．したがって，外力 $\boldsymbol{f}$ を受ける1質点の運動について，方程式

$$\frac{\mathrm{d}}{\mathrm{d}t}\left(\frac{1}{2}m\dot{\boldsymbol{r}}^2\right) = \boldsymbol{f}\cdot\dot{\boldsymbol{r}}$$

が成り立つ．

$\boldsymbol{f}\cdot\dot{\boldsymbol{r}}$ は，$\boldsymbol{f}$ の仕事率であり，その時間積分

$$W = \int_{時間経過}(\boldsymbol{f}\cdot\dot{\boldsymbol{r}})\,\mathrm{d}t = \int_{移動経路}\boldsymbol{f}\cdot\mathrm{d}\boldsymbol{r}$$

が仕事になる．

ポイント

1質点系の運動方程式は，

$$m\ddot{\boldsymbol{r}} = \boldsymbol{f}$$

練習問題　2–5　（相互作用の仕事）　　　　解答 p.190

2体系の運動を考える．2体間の相互作用と2物体の相対速度と直交するとき，相互作用は系の力学的エネルギーの変化には影響しないことを示せ．

問題 2-⑥▼角運動量の保存

運動方程式

$$m\ddot{r} = f$$

に従う質点の運動において,

$$l \equiv r \times (m\dot{r})$$

が従う運動方程式を導け.

●考え方●

運動方程式の両辺に左から外積として r を乗ずる.

解答

運動方程式

$$m\ddot{r} = f$$

の両辺と r の外積を比べると,

$$r \times (m\ddot{r}) = r \times f \quad \cdots ①$$

となる. ここで,

$$\frac{\mathrm{d}l}{\mathrm{d}t} = \frac{\mathrm{d}}{\mathrm{d}t}(r \times (m\dot{r})) = \dot{r} \times (m\dot{r}) + r \times (m\ddot{r})$$

となるが, $\dot{r} \times \dot{r} = 0$ なので,

$$\frac{\mathrm{d}l}{\mathrm{d}t} = r \times (m\ddot{r})$$

となる. したがって. ①式は,

$$\frac{\mathrm{d}l}{\mathrm{d}t} = r \times f \quad 答$$

を意味する. ここで, $l = m\dot{r}$ は質点の角運動量, $N \equiv r \times f$ は力 f による力のモーメントである.

ポイント

ベクトルの外積もライプニッツ則に従う.

練習問題 2-6 （中心力による運動） 解答 p.190

中心力（力のモーメントがゼロである力）による運動は, 一定の平面内で実現することを示せ.

問題 2-⁷▼多体系の角運動量

N 質点系について，各質点の角運動量の総和

$$L \equiv \sum_{i=1}^{N} \{ \boldsymbol{r}_i \times (m_i \dot{\boldsymbol{r}}_i) \}$$

により，系の角運動量を定義する．$\boldsymbol{L}$ が従う運動方程式を導け．

●考え方●

各質点の角運動量についての方程式を合算する．

解答

問題2-⁴と同様に，質点間の相互作用を $\boldsymbol{f}_{ij}$ で表し，その他の外力を $\boldsymbol{s}_i$ とすれば，質点 m_i の運動方程式は，

$$\frac{\mathrm{d}}{\mathrm{d}t}(m_i \dot{\boldsymbol{r}}_i) = \boldsymbol{s}_i + \sum_{j(\neq i)} \boldsymbol{f}_{ji}$$

となる．両辺に左から $\boldsymbol{r}_i$ を外積として乗ずれば，

$$\frac{\mathrm{d}}{\mathrm{d}t}(\boldsymbol{r}_i \times (m_i \dot{\boldsymbol{r}}_i)) = \boldsymbol{r}_i \times \boldsymbol{s}_i + \sum_{j(\neq i)} (\boldsymbol{r}_i \times \boldsymbol{f}_{ji})$$

となる．すべての質点について，辺々加えれば，

$$\frac{\mathrm{d}}{\mathrm{d}t}\left(\sum_{i=1}^{N} \{ \boldsymbol{r}_i \times (m_i \dot{\boldsymbol{r}}_i) \} \right) = \sum_{i=1}^{N} (\boldsymbol{r}_i \times \boldsymbol{s}_i) + \sum_{i>j} \{ (\boldsymbol{r}_j - \boldsymbol{r}_i) \times \boldsymbol{f}_{ij} \}$$

となるが，$\boldsymbol{f}_{ij}$ は $\boldsymbol{r}_j - \boldsymbol{r}_i$ と平行なので，$(\boldsymbol{r}_j - \boldsymbol{r}_i) \times \boldsymbol{f}_{ij} = \boldsymbol{0}$ であり，

$$\frac{\mathrm{d}\boldsymbol{L}}{\mathrm{d}t} = \sum_{i=1}^{N} (\boldsymbol{r}_i \times \boldsymbol{s}_i) \quad 答$$

を得る．つまり，系の角運動量の変化は，その系に作用する外力の力のモーメントの和により説明される．

> **ポ イ ン ト**
> 質点間の相互作用は中心力である．

練習問題 2-7 （多体系の角運動量） 解答 p.190

N 質点系の角運動量は，重心の角運動量と重心まわりの角運動量とに分解できることを示せ．

運動方程式 $m\ddot{x} = -kx$ に従う1次元**ばね振り子**の運動について,ポテンシャルを定義し,力学的エネルギー保存則が使えることを示せ.

●考え方●

運動方程式をエネルギー保存の方程式に書き換える.

解答

運動方程式

$$m\ddot{x} = -kx$$

の両辺に $\dot{x}$ を乗ずれば,

$$m\ddot{x}\dot{x} = -kx\dot{x}$$

となるが,

$$m\ddot{x}\dot{x} = \frac{\mathrm{d}}{\mathrm{d}t}\left(\frac{1}{2}m\dot{x}^2\right) \ , \ \ kx\dot{x} = \frac{\mathrm{d}}{\mathrm{d}t}\left(\frac{1}{2}kx^2\right)$$

であるから,

$$\frac{\mathrm{d}}{\mathrm{d}t}\left(\frac{1}{2}m\dot{x}^2\right) = -\frac{\mathrm{d}}{\mathrm{d}t}\left(\frac{1}{2}kx^2\right) \qquad \therefore \ \frac{\mathrm{d}}{\mathrm{d}t}\left(\frac{1}{2}m\dot{x}^2 + \frac{1}{2}kx^2\right) = 0$$

となる.これは,$U(x) = \dfrac{1}{2}kx^2$ をポテンシャルとして,力学的エネルギー

$$E = \frac{1}{2}m\dot{x}^2 + \frac{1}{2}kx^2$$

が一定に保たれることを示す.

ポ イ ン ト

運動方程式 $m\ddot{x} = f$ に従う1次元の運動についてのエネルギー保存の方程式は,

$$\frac{\mathrm{d}}{\mathrm{d}t}\left(\frac{1}{2}m\dot{x}^2\right) = f \cdot \dot{x}$$

練習問題　2-8　（単振動）　　　　　　　　解答 p.191

問題2-⑧の結論に基づいて,運動方程式の解 $x(t)$ を求めよ.

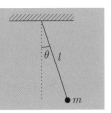

問題 2-⑨▼単振り子の運動

長さ l の軽い糸で吊り下げた質量 m の小物体が一定の
鉛直面内で運動している．その平面内に極座標 (r, θ)
を導入して運動方程式を書け．重力加速度の大きさを
g とする．

●考え方●

問題2-②の結論を利用する．ただし，本問では $r = l$（一定）の束縛条件が
ある．

解答

糸の固定端を極として，鉛直下向きを始線と
する極座標 (r, θ) を用いる．糸の伸びが無視で
きるとすれば，

$$r = l \ （一定） \quad \therefore \dot{r} = 0$$

なので，糸と垂直な方向の加速度は

$$a_\perp = l\ddot{\theta}$$

である．一方，小物体が受ける外力の，糸と垂直な方向成分は重力の成分
$-mg\sin\theta$ のみなので，運動方程式は，

$$ml\ddot{\theta} = -mg\sin\theta \quad \therefore \ddot{\theta} = -\frac{g}{l}\sin\theta \quad \cdots ① \quad 答$$

となる．

なお，糸の張力（束縛力）を T とすれば，糸の方向には

$$m(-l\dot{\theta}^2) = mg\cos\theta + (-T) \quad \cdots ②$$

が成り立つ．①より $\theta(t)$ を求めれば，②により T が定まる．

ポイント

極座標 (r, θ) を用いると，加
速度の動径方向成分 $a_\parallel$，動径
と垂直な成分 $a_\perp$ は，それぞれ

$$a_\parallel = \ddot{r} - r\dot{\theta}^2$$
$$a_\perp = r\ddot{\theta} + 2\dot{r}\dot{\theta}$$

となる．

練習問題 2-9 （単振動への近似）　　　　解答 p.191

問題2-⑨において，糸の伸びやたるみがなく，振れ角が十分に小さい場合に，
振り子の周期を求めよ．

問題 2-⑩▼重心運動と内部運動

2体問題（孤立した2体系の運動）では，重心系が慣性系であることを説明し，さらに，重心系における2体の運動（内部運動）の特徴を説明せよ．

●考え方●

孤立2体系の運動量は一定に保たれるので，重心速度は一定である．

■解答

孤立2体系の全運動量 p は，

$$\frac{\mathrm{d}p}{\mathrm{d}t} = 0 \quad \therefore \ p = \text{一定}$$

> **ポイント**
>
> 慣性系に対して一定の速度で平行移動する座標系も慣性系である．

である（問題2-④参照）．これは，2体系の重心速度が一定であることを意味し（**練習問題**2-4参照），したがって，系の重心系は慣性系である．

2体の質量を m_1, m_2，重心系における位置を r_1, r_2 とすれば，

$$\frac{m_1 r_1 + m_2 r_2}{m_1 + m_2} = 0 \quad \therefore \ r_2 = -\frac{m_1}{m_2} r_1 \quad \cdots ①$$

となる（重心系において重心は原点に静止している）．

これは，2物体が，常に原点（重心）に関して反対側にあり，距離は質量の逆比であることを意味する．2体間の相互作用のうち m_1 の受ける力を f とする．f は相対位置

$$r_1 - r_2 = \left(1 + \frac{m_1}{m_2}\right) r_1$$

の関数であり，重心系における m_1 の運動方程式は，

$$m_1 \ddot{r}_1 = f\left(\left(1 + \frac{m_1}{m_2}\right) r_1\right)$$

となる．これを r_1 についての方程式として解けば，m_1 の運動が決定する．さらに，①式から m_2 の運動もわかる．

練習問題 2-10 （2体系のエネルギー保存） 解答 p.191

問題2-⑩において，2体間にはたらく相互作用が保存力であるとき，力学的エネルギー保存則を構成せよ．

問題 2-11 ▼惑星の運動

太陽系の1つの惑星の公転運動を，太陽（質量 M）と惑星（質量 m）の2体問題とみなす．このとき，太陽と惑星の運動は一つの平面内で実現する．さらに，$M \gg m$ なので，太陽と惑星の重心は太陽と一致すると考えてよい．運動が実現する平面内に，太陽を極とする極座標 (r, θ) を導入して，惑星の運動方程式を書け．ただし，重力定数を G とする．さらに，ケプラーの第2法則（面積速度一定の法則）を導け．

●考え方●

惑星の受ける力（太陽からの万有引力）は，動径方向で極（太陽）の向きに $G\dfrac{mM}{r^2}$ である．

解答

問題 2-2 で調べたように，極座標 (r, θ) を用いると，加速度の動径方向成分 $a_\parallel$，動径と垂直な成分 $a_\perp$ が，それぞれ

$$a_\parallel = \ddot{r} - r\dot{\theta}^2 \ , \quad a_\perp = r\ddot{\theta} + 2\dot{r}\dot{\theta}$$

となる．したがって，惑星の運動方程式は，

$$\begin{cases} m(\ddot{r} - r\dot{\theta}^2) = -\dfrac{GmM}{r^2} & \cdots ① \\ m(r\ddot{\theta} + 2\dot{r}\dot{\theta}) = 0 & \cdots ② \end{cases}$$

答

である．
　さて，②の両辺に r をかけると，

$$m(r^2 \cdot \ddot{\theta} + 2r\dot{r} \cdot \dot{\theta}) = 0$$

となるが，これは，

$$\frac{\mathrm{d}}{\mathrm{d}t}(mr^2\dot{\theta}) = 0 \quad \therefore \ mr^2\dot{\theta} = \text{一定}$$

となり，角運動量保存則を表すが，さらに，

$$\frac{1}{2}r^2\dot{\theta} = \text{一定}$$

と読み換えることができる．これは，ケプラーの第2法則を表している．

> ### ポイント
> 極座標による加速度の動径方向成分，動径と垂直な成分はそれぞれ，
> $$a_\parallel = \ddot{r} - r\dot{\theta}^2$$
> $$a_\perp = r\ddot{\theta} + 2\dot{r}\dot{\theta}$$

太陽　θ　●惑星

練習問題　2-11　（角運動量保存則）　　解答 p.192

問題 2-11 において，運動が一つの平面内で実現することを説明せよ．

問題 2-⑫▼惑星の運動の保存則

問題 2-⑪における惑星の運動について成立する保存則を導け.

●考え方●

惑星の運動方程式は,

$$
\begin{cases}
m(\ddot{r} - r\dot{\theta}^2) = -\dfrac{GmM}{r^2} & \cdots ① \\
m(r\ddot{\theta} + 2\dot{r}\dot{\theta}) = 0 & \cdots ②
\end{cases}
$$

解答

極（太陽）のまわりの面積速度が一定に保たれることは, 既に問題 2-⑪で導いた.

①の両辺に $\dot{r}$ をかけると,

$$
m(\dot{r}\ddot{r} - r\dot{r}\dot{\theta}^2) = -\frac{GmM}{r^2}\dot{r}
$$

となる. 右辺は即座に

$$
-\frac{GmM}{r^2}\dot{r} = -\frac{\mathrm{d}}{\mathrm{d}t}\left(-\frac{GmM}{r}\right)
$$

と読み換えられるので, 万有引力のポテンシャルを導入する. ところで,

$$
\frac{\mathrm{d}}{\mathrm{d}t}\left(\frac{1}{2}mv^2\right) = \frac{\mathrm{d}}{\mathrm{d}t}\left(\frac{1}{2}m\left\{\dot{r}^2 + (r\dot{\theta})^2\right\}\right) = m(\dot{r}\ddot{r} + r\dot{r}\dot{\theta}^2 + r^2\dot{\theta}\ddot{\theta})
$$

である. ここで, ②より, $r\ddot{\theta} = -2\dot{r}\dot{\theta}$ なので,

$$
r\dot{r}\dot{\theta}^2 + r^2\dot{\theta}\ddot{\theta} = r\dot{r}\dot{\theta}^2 - 2\dot{r}\dot{\theta}\cdot r\dot{\theta} = -r\dot{r}\dot{\theta}^2
$$

となるから, 結局,

$$
\frac{\mathrm{d}}{\mathrm{d}t}\left(\frac{1}{2}mv^2\right) = m(\dot{r}\ddot{r} - r\dot{r}\dot{\theta}^2)
$$

であり,

$$
\frac{\mathrm{d}}{\mathrm{d}t}\left(\frac{1}{2}mv^2 + \left(-\frac{GmM}{r}\right)\right) = 0 \quad \therefore \frac{1}{2}mv^2 + \left(-G\frac{mM}{r}\right) = 一定
$$

となる. これは, 力学的エネルギー保存則である.

> ### ポ イ ン ト
>
> 運動方程式から,
> $$
> \frac{\mathrm{d}I(\boldsymbol{r},\dot{\boldsymbol{r}})}{\mathrm{d}t} = 0
> $$
> なる方程式が導かれれば, $I(\boldsymbol{r},\dot{\boldsymbol{r}})$ は, 運動の保存量である.

練習問題 2-12 （ケプラーの法則）　　　　　解答 p.192

問題 2-⑪, 問題 2-⑫の議論に基づいて, 惑星の公転運動についてのケプラーの法則を導け.

問題 2-13 ▼剛体の運動

束縛のない剛体の運動の自由度が6であることを示し，その運動についての方程式を導け．

●考え方●

剛体の運動は，代表点の運動と，その点まわりの回転運動に分解して追跡できる．

解答

剛体の運動は，1つの代表点の運動と，その点を原点として剛体に固定した座標系Gの回転により完全に指定できる．代表点の運動の自由度は3である．Gの回転の自由度は，すなわち，Gの基底（正規直交基底）

(e_1, e_2, e_3) の空間（慣性系）に対する向きの変化の自由度である．e_1 の向きの取り方の自由度は2であり，それに対して e_2 の向きの決め方の自由度は1である．e_1, e_2 が決まれば e_3 は自然に決定されるので，結局，Gの回転の自由度は $2+1=3$ となる．したがって，剛体の運動の自由度は 6 である．

代表点として重心を採用すれば，その運動は，重心運動の方程式

$$M\ddot{r}_C = f$$

によって記述される（問題2-4参照）．

このとき，Gの回転は重心まわりの角運動量の運動方程式

$$\frac{dL'}{dt} = \sum_{i=1}^{n}(R_i \times s_i)$$

によって記述される（問題2-7参照）．

練習問題 2-13 （固定軸をもつ剛体） 解答 p.193

長さ l，質量 M の一様な剛体棒の一端をなめらかな固定軸のまわりで回転できるように吊り下げる．この剛体棒が十分に小さい振れ角で振動するときの，振動の周期を求めよ．重力加速度の大きさを g とする．

アイザック・ニュートン（Isaac Newton, 1642-1727）は，イギリスの物理学者，数学者，天文学者であり，その業績は科学史において偉大なものとされています．

彼の最も著名な業績の一つは，重力の法則と運動の法則をまとめた『自然哲学の数学的諸法則』（通称：プリンキピア）の発表です．この著作は1687年に初版が出版され，物理学と数学の基本的な法則を示すものであり，ニュートンはそこで万有引力の法則や運動の法則を提唱しました．これによって，物体の運動や地球上での重力の挙動を数学的に説明する手法が確立され，近代物理学の基盤が築かれました．

万有引力の法則は，物体同士の引力が質量と距離によって定まる法則であり，これによって惑星が太陽のまわりを周回する運動や，地球上での物体の自由落下など，様々な現象が説明されました．また，運動の法則は物体の運動状態に関する法則であり，加速度と力の関係を示すものでした．

ニュートンは微積分学の創始者としても知られており，彼が提唱した微積分学は物理学や数学の発展に大きな影響を与えました．微積分学は連続的な変化を数学的に精密に取り扱うものであり，物理学や天文学などの多くの分野で応用され，現代の数学と科学において欠かせないものとなりました．

また，色彩に関する研究も行っており，プリズムを使用して光を分解し，白色光が様々な色に分かれることを発見しました．この研究は光学の発展に寄与し，後の光の波動説や粒子説の基礎となりました．

アイザック・ニュートンの業績は科学革命の中で特筆され，彼の提唱した法則は長らく広く受け入れられ，現代の物理学や天文学の基盤を形成しました．

Chapter 3

解析力学の概観

本章では，解析力学の概観を紹介し，
ニュートン力学との形式の違いに慣れてもらう．
次章以降で解析力学の理論を順番に学んでいく．

基本事項

1 ラグランジアン （問題3-①）

❶ 1質点系の直線上の運動

x 軸上の質量 m の質点の運動を考える．運動エネルギー $T = \dfrac{1}{2}m\dot{x}^2$ とポテンシャル $U = U(x)$ に対して，

$$L(x, \dot{x}) \equiv T - U = \frac{1}{2}m\dot{x}^2 - U(x)$$

を，この系の**ラグランジアン**（**ラグランジュ関数**）と呼ぶ．

ラグランジアンにおいては，座標変数 x とその時間微分（速度）$\dot{x}$ の現れ方に意味がある．x と $\dot{x}$ を独立な変数と扱い，ラグランジアン L は，その2変数の関数として捉える．ポテンシャルが時刻 t に陽に依存しても構わないが，本章では $\dfrac{\partial U}{\partial t} = 0$ であり，したがって，$\dfrac{\partial L}{\partial t} = 0$ の場合のみを考える．

❷ 1質点系の平面運動

xy 平面内での質点の運動を考える．この場合の質点の運動エネルギーは $T = \dfrac{1}{2}m\left(\dot{x}^2 + \dot{y}^2\right)$ であり，ポテンシャルは x, y の関数 $U = U(x, y)$ となる．この系のラグランジアンは，

$$L(x, y, \dot{x}, \dot{y}) = T - U = \frac{1}{2}m\left(\dot{x}^2 + \dot{y}^2\right) - U(x, y)$$

により定義される．

直交座標 (x, y) の代わりに極座標 (r, θ) を使うとラグランジアンは，

$$L(r, \theta, \dot{r}, \dot{\theta}) = \frac{1}{2}m\left\{\dot{r}^2 + (r\dot{\theta})^2\right\} - U(r, \theta)$$

となる．

❸ 2質点系の運動

xy 平面上での2質点の運動を考える．各質点の質量を m_1, m_2，それぞれの座標を (x_1, y_1), (x_2, y_2) とすれば，この系のラグランジアンは，

$$L = \frac{1}{2}m_1(\dot{x}_1^2 + \dot{y}_1^2) + \frac{1}{2}m_2(\dot{x}_2^2 + \dot{y}_2^2) - U(x_1, y_1, x_2, y_2)$$

である（煩雑になるので，L の変数は省略した）.

❹多体系の運動

空間内の N 質点系の運動を 3 次元直交座標系から観測することを考える.

多体系の場合は，表現を整理するために，座標変数 x_1, y_1, z_1, x_2, $\cdots$, z_N に通し番号を付けて

$$x_1,\ x_2,\ x_3,\ x_4,\ \cdots,\ x_{3N}$$

と表示し直すことにする. また，質量も新しい座標変数の添字と統一して，変数 $x_i\ (i = 1, 2, 3, \cdots, 3N)$ に対応する質量を m_i で表すことにする. 実際には

$$m_1 = m_2 = m_3,\ m_4 = m_5 = m_6,\ \cdots,\ m_{3N-2} = m_{3N-1} = m_{3N}$$

となっている.

関数の変数として表示する場合には，x_1, x_2, $\cdots$, x_{3N} をまとめて x で表し，$\dot{x}_1$, $\dot{x}_2$, $\cdots$, $\dot{x}_{3N}$ をまとめて $\dot{x}$ で表す.

以上の表記を用いれば，N 質点系のラグランジアン $L = L(x, \dot{x})$ は，

$$L(x, \dot{x}) = \sum_{i=1}^{3N} \frac{1}{2} m_i \dot{x}_i^2 - U(x)$$

と表される. ポテンシャル U は，各質点の位置エネルギーや各質点間の相互作用のポテンシャルの和で与えられる，系の全ポテンシャルである.

2　オイラー・ラグランジュの方程式（問題3-②, ③, ④）

❶運動方程式

ラグランジアン

$$L(x, \dot{x}) = \frac{1}{2} m \dot{x}^2 - U(x)$$

を持つ1質点系について，

$$\frac{\mathrm{d}}{\mathrm{d}t}\left(\frac{\partial L}{\partial \dot{x}}\right) - \frac{\partial L}{\partial x} = 0$$

という形の方程式を**オイラー・ラグランジュの方程式**と呼ぶ（以下では，省略して「**ラグランジュ方程式**」と呼ぶことにする）．ラグランジアン $L(x, \dot{x})$ において，x と $\dot{x}$ は独立変数と扱うので，わかりやすく表示すれば，オイラー・ラグランジュ方程式は，ラグランジアンを $L(\alpha, \beta)$ として，

$$\frac{\mathrm{d}}{\mathrm{d}t}\left(\left.\frac{\partial L}{\partial \beta}\right|_{\beta=\dot{x}}\right) - \left.\frac{\partial L}{\partial \alpha}\right|_{\alpha=x} = 0$$

である．習慣的に，これを上のように略記している．

オイラー・ラグランジュ方程式は，ニュートンの運動方程式

$$m\ddot{x} = -\frac{\mathrm{d}U}{\mathrm{d}x}$$

と一致する．したがって，ラグランジュ方程式をこの系の運動方程式として採用できる．

N 質点系についてのラグランジュ方程式は，

$$\frac{\mathrm{d}}{\mathrm{d}t}\left(\frac{\partial L}{\partial \dot{x}^i}\right) - \frac{\partial L}{\partial x^i} = 0 \qquad (i = 1, 2, \cdots, 3N)$$

であり，これを系の運動方程式として採用できる．ラグランジュ方程式を系の運動方程式として採用する力学の形式を**ラグランジュ形式**という．

ラグランジュ形式では，座標変数は直交座標に限定されない．例えば，1質点系の平面運動について極座標 (r, θ) を採用した場合，ラグランジュ方程式は，

$$\frac{\mathrm{d}}{\mathrm{d}t}\left(\frac{\partial L}{\partial \dot{r}}\right) - \frac{\partial L}{\partial r} = 0, \quad \frac{\mathrm{d}}{\mathrm{d}t}\left(\frac{\partial L}{\partial \dot{\theta}}\right) - \frac{\partial L}{\partial \theta} = 0$$

であり，これが系の運動方程式となる．

詳しくはChapter4で扱うが，ラグランジュ形式では座標変数の選択肢に自由度が高い．座標変数として採用した変数を**一般化座標（一般座標）**と呼ぶ．一般化座標 $q_1, q_2, \cdots, q_{3N}$ を用いてラグランジアンを与えれば，ラグランジュ方程式は直交座標を使った場合と形が変わらず

$$\frac{\mathrm{d}}{\mathrm{d}t}\left(\frac{\partial L}{\partial \dot{q}_i}\right) - \frac{\partial L}{\partial q_i} = 0 \qquad (i = 1, 2, \cdots, 3N)$$

となる．そして，これを系の運動方程式として採用できる．

　束縛条件があり，系の運動の自由度が n の場合，n 個の独立な座標変数 $q_1, q_2, \cdots, q_n$ を導入することによりラグランジアンを与えれば，

$$\frac{\mathrm{d}}{\mathrm{d}t}\left(\frac{\partial L}{\partial \dot{q}_i}\right) - \frac{\partial L}{\partial q_i} = 0 \quad (i = 1, 2, \cdots, n)$$

が，系の運動方程式となる．

❷一般化運動量と一般化力

　一般化座標を用いた場合のラグランジュ方程式をニュートンの運動方程式

$$\frac{\mathrm{d}p_i}{\mathrm{d}t} = F_i \quad (i = 1, 2, \cdots, 3N)$$

と比べると，

$$p_i \equiv \frac{\partial L}{\partial \dot{q}_i} \,, \quad F_i \equiv \frac{\partial L}{\partial q_i}$$

が，それぞれ，運動量，力の役割を果たしている（直交座標の場合には，ニュートン力学の運動量，力と一致する）．p_i を q_i に**正準共役**な **一般化運動量（一般運動量）**，F_i を**一般化力（一般力）**と呼ぶ．

3　ハミルトニアン（問題 3-⑤, ⑥）

❶ラグランジュ形式のエネルギー

　ラグランジアン $L(q, \dot{q})$ に対して，系のエネルギー H を

$$H \equiv \sum_{i=1}^{3N} p_i \dot{q}_i - L$$

により定義する．これはニュートン力学のエネルギー（力学的エネルギー）$T + U$ と一致する．

　本章で考えているように，ラグランジアン L が時刻 t に陽には依存しない場合には，

$$\frac{\mathrm{d}H}{\mathrm{d}t} = 0$$

となり，エネルギー H 一定に保たれる．

❷ルジャンドル変換

$$p_i = \frac{\partial L}{\partial \dot{q}_i}$$

を $\dot{q}_i$ について解いて，$\dot{q}_i$ を (q, p) の関数として表すことにより，

$$H = H(q,p) = \sum_{i=1}^{3N} p_i \dot{q}_i(q,p) - L$$

を (q, p) の関数として表示したものを**ハミルトニアン（ハミルトン関数）**と
呼ぶ．これは，系の力学変数を $(q, \dot{q})$ から (q, p)（これを**正準変数**と呼ぶ）
に取り替え，その力学を支配する関数をラグランジアン L からハミルトニ
アン H に乗り換えたことを意味する．この変換 $(q, \dot{q}, L) \rightarrow (q, p, H)$
を**ルジャンドル変換**という．

4 ｜ **ハミルトンの正準方程式**（問題3−**7**，**8**）

❶正準方程式

　ラグランジアンからルジャンドル変換によりハミルトニアンが得られたと
き，系の運動方程式は，

$$\begin{cases} \dot{q}^i = \dfrac{\partial H}{\partial p_i} \\[2mm] \dot{p}_i = -\dfrac{\partial H}{\partial q^i} \end{cases} \quad (i = 1, 2, \cdots, 3N)$$

により与えられる．これを**ハミルトンの正準方程式**と呼ぶ．

❷相空間

　N 質点系に対して，$(q, p) = (q_1, q_2, \cdots, q_{3N}, p_1, p_2, \cdots, p_{3N})$ を座
標とする $6N$ 次元の空間を**相空間**あるいは**位相空間**と呼ぶ．これは，phase
space の訳語であるが topological space（位相空間）と紛らわしいので，以
下では相空間で統一する．

　相空間における点 (q, p) は系の1つの運動状態と対応する．この点を**代
表点**と呼ぶ．系の運動に伴い代表点は相空間上を移動する．その軌跡を**軌
道**，あるいは，**トラジェクトリ**（trajectory）と呼ぶ．$(\dot{q}, \dot{p})$ は，相空間に

おける代表点の速度を与える．ハミルトンの正準方程式は，相空間における系のトラジェクトリの走り方を与える方程式である．

5　それぞれの立場

❶ニュートンの立場

　ニュートンの力学の形式は素朴であり，直接に観測できる運動を対象にしている．運動の表現として座標変数を導入し，それらが従う方程式として運動方程式を書く．そのために，物体ごとに受ける力を読み取る（設定する）．

　座標変数は基本的に直交座標であり，他の変数を用いる場合には，それに応じて方程式の形を確かめる必要がある．

　運動方程式の解は，3次元空間における各物体の運動の軌跡を与える．

❷ラグランジュの立場

　ラグランジュ形式では，系のラグランジアンを導入する．この関数に，系の運動の情報が集約されている．物体ごとに受ける力を読み取る必要はない．

　運動方程式はラグランジュ方程式である．一般化座標に対して同じ形式で方程式を書くことができる．運動状態は配位空間における点と対応し，運動方程式の解は，配位空間における運動状態の点の軌跡を与える．

❸ハミルトンの立場

　ハミルトンの形式では，一般化座標と一般化運動量を独立な変数と扱い，系の運動状態は相空間の代表点と対応する．ラグランジアンからルジャンドル変換によりハミルトニアンが得られれば，その関数に系の運動の情報が集約される．

　運動方程式は，ハミルトンの正準方程式である．その解は相空間における代表点の軌道を与える．

　ハミルトンの立場で構成する力学理論を**正準形式**の力学と呼ぶ．

ばね振り子のラグランジアンを求めよ.

振り子の質量を m, ばねの質量は無視でき, ばね定数は k とする. また, ばねに沿って x 軸を設定し, ばねが自然長のときの振り子の位置を $x = 0$ とする. 振り子の受ける力はばねの弾性力のみとする.

また, この運動についてのラグランジュ方程式を書け.

●考え方●

$x = 0$ を基準として, ばねの弾性力のポテンシャル (位置エネルギー) は $U = \dfrac{1}{2}kx^2$ である.

解答

系の運動エネルギーは $T = \dfrac{1}{2}m\dot{x}^2$ であり, ポテンシャルが $U = \dfrac{1}{2}kx^2$ であるから, ラグランジアン L は,

$$\underset{\text{⑦}}{\underline{L = T - U}} = \frac{m}{2}\dot{x}^2 - \frac{k}{2}x^2 \quad \text{答}$$

である. このとき,

$$\frac{\partial L}{\partial \dot{x}} = m\dot{x}, \quad \frac{\partial L}{\partial x} = -kx$$

であるから, この系の運動についてのラグランジュ方程式は,

$$\underset{\text{④}}{\underline{\frac{\mathrm{d}}{\mathrm{d}t}(m\dot{x}) - (-kx) = 0}}$$

すなわち,

$$m\ddot{x} = -kx \quad \text{答}$$

となる. これは, ばね振り子についてのニュートンの運動方程式と一致する.

ポイント

⑦ ラグランジアンは
$$L = T - U$$
④ ラグランジュ方程式は
$$\frac{\mathrm{d}}{\mathrm{d}t}\left(\frac{\partial L}{\partial \dot{x}_i}\right) - \frac{\partial L}{\partial x_i} = 0$$

練習問題 3-1 (1次元運動)　　　　　　　　　解答 p.193

ポテンシャルが $U = U_0 \cos(kx)$ で与えられる x 軸上の運動について, ラグランジアンを与え, ラグランジュ方程式を書け. U_0, k はそれぞれ一定値である.

問題 3-②▼重力場中の1質点系

地上における質量 m の質点の運動を考える．物体は重力のみを受けるものとし，重力加速度の大きさを g とする．また，空気抵抗など，重力以外の外力は無視する．

(1) 適当な座標系を設定して，この系のラグランジアンを書け．ただし，一つの鉛直面内の運動であることを前提としてよい．

(2) (1) のラグランジアンに基づいてラグランジュ方程式を書き，ニュートンの運動方程式と一致することを確認せよ．

●考え方●

運動が実現する鉛直面上に，鉛直上向きに y 軸を設定すれば $U(y) = mgy$ をポテンシャルとして採用できる．

解答

ポイント

平面運動の運動エネルギーは，
$$T = \frac{m}{2}(\dot{x}^2 + \dot{y}^2)$$

(1) y 軸が鉛直上向きとなるように，運動が実現する鉛直面に直交座標系を設定する．

$$U(y) = mgy$$

はポテンシャルを表すので，ラグランジアンは

$$L = T - U = \frac{m}{2}(\dot{x}^2 + \dot{y}^2) - U(y) = \frac{m}{2}(\dot{x}^2 + \dot{y}^2) - mgy \quad \text{答}$$

(2) (1) のラグランジアンを採用すれば，

$$\frac{\partial L}{\partial x} = 0 , \quad \frac{\partial L}{\partial y} = -mg , \quad \frac{\partial L}{\partial \dot{x}} = m\dot{x} , \quad \frac{\partial L}{\partial \dot{y}} = m\dot{y}$$

である．したがって，オイラー・ラグランジュの方程式は

$$m\ddot{x} = 0 , \quad m\ddot{y} - (-mg) = 0 \quad \text{答}$$

となる．

質点の受ける力（重力）は，y 方向に $-mg$ なので，これはニュートンの運動方程式と一致する．

練習問題　3-2　(2次元運動)　　　　　　　　　　解答 p.194

ポテンシャルが $U = k(x^2 + y^2)$ で与えられる xy 平面上の質点の運動について，ラグランジアンを与え，ラグランジュ方程式を書け．k は正の一定値である．

問題 3–③ ▼極座標によるラグランジアン

平面上の１質点系のラグランジアン L は，極座標 (r, θ) を用いると

$$L = \frac{1}{2}m\left\{\dot{r}^2 + (r\dot{\theta})^2\right\} - U(r, \theta)$$

と表されることを示せ．

●考え方●

直交座標 (x, y) と極座標 (r, θ) の関係に従って，ラグランジアン $L = L(x, \dot{x})$ を $r, \theta, \dot{r}, \dot{\theta}$ の関数に書き換える．

▌解答

直交座標 (x, y) と極座標 (r, θ) は，

$$\begin{cases} x = r\cos\theta \\ y = r\sin\theta \end{cases}$$

により結びつくので，

$$\begin{cases} \dot{x} = \dot{r}\cos\theta - r\dot{\theta}\sin\theta \\ \dot{y} = \dot{r}\sin\theta + r\dot{\theta}\cos\theta \end{cases}$$

よって，運動エネルギーは $r, \theta, \dot{r}, \dot{\theta}$ の関数として

$$T = \frac{1}{2}m(\dot{x}^2 + \dot{y}^2) = \frac{1}{2}m\left\{\dot{r}^2 + (r\dot{\theta})^2\right\}$$

となる．したがって，ポテンシャルが $U = U(r, \theta)$ であれば，ラグランジアンは，

$$L(r, \theta, \dot{r}, \dot{\theta}) = T - U = \frac{1}{2}m\left\{\dot{r}^2 + (r\dot{\theta})^2\right\} - U(r, \theta)$$

となる．

> **ポイント**
>
> 直交座標系では
> $$T = \frac{1}{2}m(\dot{x}^2 + \dot{y}^2)$$

練習問題　3–3　（一般化運動量）　　　　　　解答 p.194

問題3–③において，r, θ に共役な一般化運動量をそれぞれ導け．

問題 3-④▼単振り子のラグランジアン
単振り子では振れ角 θ を座標変数とする1自由度の系として扱うことができる.
質量 m の質点を長さ l の糸で吊り下げた振り子の運動について, ラグランジアンを与え, ラグランジュ方程式を書け. ただし, 重力加速度の大きさを g とする.

●考え方●

単振り子では, $r = l = $ 一定 なので, 運動エネルギーを $\dot{\theta}$ のみの関数として与えられる.

解答

単振り子の運動は一定の平面内（鉛直面内）で実現する. その平面上に糸の固定点を極とする極座標 (r, θ) を導入した場合に

$$r = l = \text{一定} \quad \therefore \dot{r} = 0$$

となるので, θ のみを座標変数とする1自由度の系となる. このとき, 運動エネルギーは

$$T = \frac{1}{2}m(l\dot{\theta})^2$$

である. 鉛直下向きに始線をとれば,

$$U(\theta) = mgl(1 - \cos\theta)$$

をポテンシャルとして採用できるので, ラグランジアンは,

$$L(\theta, \dot{\theta}) = T - U = \frac{1}{2}m(l\dot{\theta})^2 - mgl(1 - \cos\theta) \quad \boxed{答}$$

となる. これに基づいてラグランジュ方程式を書けば,

$$\frac{\mathrm{d}}{\mathrm{d}t}\left(\frac{\partial L}{\partial \dot{\theta}}\right) - \frac{\partial L}{\partial \theta} = 0 \quad \text{すなわち,} \quad \frac{\mathrm{d}}{\mathrm{d}t}\left(ml^2\dot{\theta}\right) + mgl\sin\theta = 0 \quad \boxed{答}$$

ポ イ ン ト

極座標を用いた平面運動のラグランジアンは,
$$L = \frac{1}{2}m\left\{\dot{r}^2 + (r\dot{\theta})^2\right\} - U(r, \theta)$$

練習問題　3-4　（ケプラー運動のラグランジアン）　　　解答 p.194

運動が実現する平面上に極座標 (r, θ) を導入することにより, ケプラー運動のラグランジアンを与え, ラグランジュ方程式を書け.

自由度 n の系のラグランジアン $L(q, \dot{q})$ に対して，エネルギー関数 H は一般に

$$H = \sum_{i=1}^{n} \frac{\partial L}{\partial \dot{q}_i} \dot{q}_i - L$$

により定義される．次の各場合について，オイラー・ラグランジュ方程式を書け．また，H を $x, \dot{x}$ の関数として求めよ．

(1) $L = \dfrac{m}{2} \dot{x}^2 + mgx$

(2) $L = \dfrac{m}{2} \dot{x}^2 - \dfrac{k}{2} x^2$

●考え方●

関数 H の定義に基づいて関数を作ればよい．設問では自由度 $n = 1$ の場合を考えている．

解答

(1) $\dfrac{\partial L}{\partial x} = mg$, $\dfrac{\partial L}{\partial \dot{x}} = m\dot{x}$ なので，オイラー・ラグランジュ方程式は，

$$\frac{\mathrm{d}}{\mathrm{d}t}(m\dot{x}) - mg = 0 \quad \therefore \ m\ddot{x} = mg \quad \text{答}$$

また，エネルギー関数は，

$$H = \frac{\partial L}{\partial \dot{x}} \dot{x} - L = \frac{m}{2} \dot{x}^2 - mgx \quad \text{答}$$

(2) $\dfrac{\partial L}{\partial x} = -kx$, $\dfrac{\partial L}{\partial \dot{x}} = m\dot{x}$ なので，オイラー・ラグランジュ方程式は，

$$\frac{\mathrm{d}}{\mathrm{d}t}(m\dot{x}) - (-kx) = 0 \quad \therefore \ m\ddot{x} = -kx \quad \text{答}$$

また，エネルギー関数は，

$$H = \frac{\partial L}{\partial \dot{x}} \dot{x} - L = \frac{m}{2} \dot{x}^2 + \frac{k}{2} x^2 \quad \text{答}$$

ポイント

エネルギー関数は，$q, \dot{q}$ の関数として与えればよい．

練習問題 3-5 （エネルギー保存則）　　　　　　　　解答 p.195

ラグランジアン L が時刻 t に陽に依存しない場合，エネルギー H は一定に保たれることを示せ．

問題 3-6 ▼ルジャンドル変換
問題3-5の各系について, ハミルトニアンを与えよ.

●考え方●

$p = \dfrac{\partial L}{\partial \dot{x}}$ を $\dot{x}$ について解き, エネルギー関数を x, p の関数として表示する.

解答

ポ イ ン ト

ハミルトニアンは, 一般化座標 q と一般化運動量 p を独立変数とする関数である.

(1) $p = \dfrac{\partial L}{\partial \dot{x}} = m\dot{x}$ を $\dot{x}$ について解くと,

$$\dot{x} = \frac{p}{m}$$

となるので, エネルギー関数

$$H = \frac{m}{2}\dot{x}^2 - mgx$$

を x, p の関数として与えれば,

$$H(x, p) = \frac{m}{2}\left(\frac{p}{m}\right)^2 - mgx = \frac{p^2}{2m} - mgx \quad 答$$

(2) $p = \dfrac{\partial L}{\partial \dot{x}} = m\dot{x}$ を $\dot{x}$ について解くと,

$$\dot{x} = \frac{p}{m}$$

となるので, エネルギー関数

$$H = \frac{m}{2}\dot{x}^2 + \frac{k}{2}x^2$$

を x, p の関数として与えれば,

$$H(x, p) = \frac{m}{2}\left(\frac{p}{m}\right)^2 + \frac{k}{2}x^2 = \frac{p^2}{2m} + \frac{k}{2}x^2 \quad 答$$

練習問題　3-6　（正準方程式）　　　　　　　　　　解答 p.195

問題3-5の各系について, 正準方程式を書け.

問題 3-7 ▼単振り子の正準方程式

問題 3-4 の系について，ハミルトニアンを与え，正準方程式を書け．

●考え方●

まずは，ラグランジアン

$$L(\theta, \dot{\theta}) = \frac{1}{2}m(l\dot{\theta})^2 - mgl(1 - \cos\theta)$$

に基づいてハミルトニアン $H(\theta, p_\theta)$ を構成する．

解答

θ に共役な一般化運動量は，

$$p_\theta = \frac{\partial H}{\partial \dot{\theta}} = ml^2\dot{\theta}$$

である．これを $\dot{\theta}$ について解けば，

$$\dot{\theta} = \frac{p_\theta}{ml^2}$$

となる．したがって，この系のハミルトニアンは，

$$H(\theta, p_\theta) = p_\theta\dot{\theta}(p_\theta) - L(\theta, \dot{\theta}(p_\theta)) = \frac{p_\theta{}^2}{2ml^2} + mgl(1 - \cos\theta) \quad \text{答}$$

となる．これに対して，

$$\frac{\partial H}{\partial \theta} = mgl\sin\theta \ , \ \ \frac{\partial H}{\partial p_\theta} = \frac{p_\theta}{ml^2}$$

であるから，正準方程式は，

$$\begin{cases} \dot{\theta} = \dfrac{p_\theta}{ml^2} \\ \dot{p}_\theta = -mgl\sin\theta \end{cases} \quad \text{答}$$

となる．2 式より p_θ を消去すれば，

$$\frac{\mathrm{d}}{\mathrm{d}t}(ml^2\dot{\theta}) = -mgl\sin\theta$$

となり，オイラー・ラグランジュ方程式と一致する．

ポイント

ハミルトニアン $H = H(\theta, p_\theta)$ に対する正準方程式は，

$$\dot{\theta} = \frac{\partial H}{\partial p_\theta} \ , \ \ \dot{p}_\theta = -\frac{\partial H}{\partial \theta}$$

練習問題 3-7 （ケプラー運動の正準方程式）　　　　解答 p.195

練習問題 3-4 の系について，ハミルトニアンを与え，正準方程式を書け．

62

問題3–⑧▼ばね振り子の正準方程式
問題3–①のばね振り子について，ハミルトニアンを与え，正準方程式を書け．

●考え方●

まずは，ラグランジアン

$$L(x, \dot{x}) = \frac{m}{2}\dot{x}^2 - \frac{k}{2}x^2$$

に基づいてハミルトニアン $H(x, p)$ を構成する．

解答

x に共役な運動量は，

$$p = \frac{\partial H}{\partial \dot{x}} = m\dot{x}$$

である．これを $\dot{x}$ について解けば，

$$\dot{x} = \frac{p}{m}$$

となる．したがって，この系のハミルトニアンは，

$$H(x, p) = p\dot{x}(p) - L(x, \dot{x}(p)) = \frac{p^2}{2m} + \frac{k}{2}x^2 \quad 答$$

となる．これに対して，

$$\frac{\partial H}{\partial x} = kx , \quad \frac{\partial H}{\partial p} = \frac{p}{m}$$

であるから，正準方程式は，

$$\begin{cases} \dot{x} = \dfrac{p}{m} \\ \dot{p} = -kx \end{cases} \quad 答$$

となる．2式より p を消去すれば，

$$\frac{\mathrm{d}}{\mathrm{d}t}(m\dot{x}) = -kx$$

となり，オイラー・ラグランジュ方程式と一致する．

ポイント

ハミルトニアン $H = H(x, p)$ に対する正準方程式は，

$$\dot{x} = \frac{\partial H}{\partial p} , \quad \dot{p} = -\frac{\partial H}{\partial x}$$

練習問題　3–8　（ばね振り子の軌道）　　解答 p.196

問題3–⑧の系について，相空間における軌道を描け．また，系の時間発展に伴って，代表点が相空間内をどのように移動するか論ぜよ．

◆レオンハルト・オイラー

　レオンハルト・オイラー（Leonhard Euler, 1707-1783）は，スイス生まれの数学者であり，彼の業績の影響は数学や物理学，工学，天文学など広範な分野に及びます．

　オイラーは1735年に「コニッヒスベルクの七つの橋問題」を解決し，この問題を解くためにグラフ理論の基礎を築きました．彼はオイラーの道（Eulerian Path）と呼ばれる，グラフ上の特定の条件を満たす経路に関する理論を発展させ，これが現代のグラフ理論の発展に寄与しました．

　オイラーの公式

$$e^{i\theta} = \cos\theta + i\sin\theta$$

の名称も，勿論，レオンハルト・オイラーに因んだものです．20世紀の偉大な物理学者リチャード・P・ファインマンは，この公式を「我々の至宝」かつ「すべての数学のなかでもっとも素晴らしい公式」だと述べています．

　オイラーは変分法においても先駆的な業績を残しました．変分法は関数の極値を求めるための手法で，オイラーはラグランジュの形式において変分法を体系化しました．この理論は，物理学の最小作用の原理などに応用され，オイラー・ラグランジュ方程式として知られています．

　オイラーは流体力学の分野でも重要な貢献をし，連立偏微分方程式の理論を発展させました．特に，オイラー方程式は非粘性流体の運動を記述するための基本的な方程式となりました．

　レオンハルト・オイラーの業績は非常に多岐にわたり，彼の数学と物理学への偉大な貢献は現代の科学の基盤を築く重要な一翼を担っています．

Chapter 4

ラグランジュ形式

本章から，Chapter3で概観を紹介した，
解析力学の理論を詳細に学んでいく．
まずは，ラグランジュ形式について紹介する．
用語の定義なども，改めて紹介する．

基本事項

1 一般化座標

❶配位空間

束縛のない N 質点系の運動を考える.

直交座標

$$x = (x_1, x_2, \cdots, x_{3N})$$

は系の運動状態と対応する. $(x_1, x_2, \cdots, x_{3N})$ を座標とする $3N$ 次元の
空間を,この系の**配位空間**と呼ぶ.

$$x_i = x_i(q_1, q_2, \cdots, q_3) \qquad (i = 1, 2, \cdots, 3N)$$

と,x が $3N$ 個の変数の組

$$q = (q_1, q_2, \cdots q_{3N})$$

の関数として表され,x と q が $1:1$ に対応するとき,配位空間の位置を指
定する変数として,q を x に代用することができ,系の**一般化座標**と呼ぶ.
このとき,上の関係は

$$q_i = q_i(x_1, x_2, \cdots, x_{3N}) \qquad (i = 1, 2, \cdots, 3N)$$

と逆に解くことができる.一般化座標も,配位空間の座標として採用で
きる.

配位空間上の点は,時間経過に伴って移動することになる.その動き方を
記述する方程式が系の運動方程式である.つまり,$x = (x_1, x_2, \cdots, x_{3N})$
あるいは,$q = (q_1, q_2, \cdots q_{3N})$ の時間発展を記述する方程式の組(束縛
のない場合には,座標変数についての $3N$ 本の独立な方程式の組)が運動方
程式となる.

❷極座標

1質点系について,直交座標 (x, y, z) と

$$\begin{cases} x = r \sin\theta \cos\phi \\ y = r \sin\theta \sin\phi \\ z = r \cos\theta \end{cases}$$

の関係にある変数の組 (r, ϕ, θ) を**極座標**と呼ぶ．極座標は，この系の一般化座標として採用できる．

上の関係を逆に解くと，

$$\begin{cases} r = \sqrt{x^2 + y^2 + z^2} \\ \theta = \arccos(z/\sqrt{x^2 + y^2 + z^2}) \\ \phi = \arctan(y/x) \end{cases}$$

となる．arccos や arctan は，逆三角関数である．

❸重心と相対座標

2 質点系の座標としては，各質点の位置 $\boldsymbol{x}_1$, $\boldsymbol{x}_2$ の組 $(\boldsymbol{x}_1, \boldsymbol{x}_2)$ が素朴な選択肢であるが，$\boldsymbol{x}_1$, $\boldsymbol{x}_2$ と

$$\begin{cases} \boldsymbol{\xi} = \dfrac{m_1 \boldsymbol{x}_1 + m_2 \boldsymbol{x}_1}{m_1 + m_2} \\ \boldsymbol{\eta} = \boldsymbol{x}_1 - \boldsymbol{x}_2 \end{cases}$$

の関係にある変数の組 $(\boldsymbol{\xi}, \boldsymbol{\eta})$ も一般化座標として採用できる．m_1, m_2 は各質点の質量，$\boldsymbol{\xi}$ は系の重心，$\boldsymbol{\eta}$ は相対座標である．

2 ラグランジュの立場（問題4-①, ②, ③, ④, ⑤, ⑥）

❶ラグランジアン

力学系のラグランジアンは，系の運動エネルギー T，および，ポテンシャル U に対して

$$L = T - U$$

を，座標変数と速度の関数として与えたものである．N 質点系の力学変数として直交座標 $x = (x_1, x_2, \cdots, x_{3N})$ を採用すれば，

$$L(x, \dot{x}) = \sum_{i=1}^{3N} \frac{1}{2} m_i \dot{x}_i^2 - U(x)$$

となる．時刻 t が，座標 x や速度 $\dot{x}$ の変数としてのみでなく，直接に現れる（ラグランジアンが陽に時刻に依存する）場合もある．そのような場合には $L(x, \dot{x}, t)$ と表示することにする．

一般化座標 $q = (q_1, q_2, \cdots, q_{3N})$ が導入されている場合，直交座標との関数関係

$$x_i = x_i(q_1, q_2, \cdots, q_3) \quad (i = 1, 2, \cdots, 3N)$$

を用いて，$L = L(x, \dot{x})$ を一般化座標 q と一般化速度 $\dot{q}$ の関数 $L = L(q, \dot{q})$ として書き換えることができる．これも系のラグランジアンと呼び，系の力学についての情報を与える関数として，もとのラグランジアンと等価である．$L(x, \dot{x})$ と $L(q, \dot{q})$ は異なる関数であるが，習慣上，同じ文字を使う．

q を座標とする $3N$ 次元の空間をこの力学系の**配位空間**と呼ぶ．ラグランジュの立場では，配位空間の1つの点が力学系の1つの状態と対応させて，運動の様子を追跡する．

❷オイラー・ラグランジュ方程式

束縛がなく，保存力のみがはたらく力学系を考える．

ラグランジアン L が直交座標 x と速度 $\dot{x}$ を与えられているとき，方程式

$$\frac{\mathrm{d}}{\mathrm{d}t}\left(\frac{\partial L}{\partial \dot{x}_i}\right) - \frac{\partial L}{\partial x_i} = 0 \quad (i = 1, 2, \cdots, 3N) \quad \cdots (1)$$

は，ニュートンの運動方程式

$$m_i \ddot{x}_i = -\frac{\partial U}{\partial x_i} \quad (i = 1, 2, \cdots, 3N)$$

と等価である．

ラグランジアンを一般化座標 q と一般化速度（一般化座標の速度）$\dot{q}$ の関数として書き直したとき，方程式

$$\frac{\mathrm{d}}{\mathrm{d}t}\left(\frac{\partial L}{\partial \dot{q}_i}\right) - \frac{\partial L}{\partial q_i} = 0 \quad (i = 1, 2, \cdots, 3N) \quad \cdots (2)$$

は，方程式 (1) と等価である．

(1) 式や (2) 式の形式の運動方程式を**オイラー・ラグランジュ方程式**（あるいは，単に**ラグランジュ方程式**）と呼ぶ．ラグランジュ方程式は，座標変数の選び方によらず同じ形の方程式となる．

力学系の状態を表す配位空間の点は，ラグランジュ方程式に従って配位空間内を移動することになる．一般化速度は，その移動の速度を表すことになる．

3　束縛条件がある場合

❶束縛条件

束縛条件がある場合，力学系の運動は束縛条件を満たしながら実現する．
束縛条件が座標（と時刻）のみのスカラー関数 $C_a(x)$ を用いて，

$$C_a(x^1, x^2, \cdots, x^{3N}, t) = 0 \quad (a = 1, 2, \cdots, K)$$

という形で表される場合を**ホロノミックな束縛**という．

❷配位空間

束縛条件のある場合は系の運動の自由度が減少する．N 質点系では，
束縛条件がなければ運動の自由度は $3N$ であるが，束縛条件が K 個あ
れば，自由度は $n = 3N - K$ となる．つまり，$3N$ 個の座標変数 $x = (x_1, x_2, \cdots, x_{3N})$ は独立には変化できない．このとき，n 個の独立な変
数 $q = (q_1, q_2, \cdots, q_n)$ をうまく選ぶことにより，

$$x_i = x_i(q) = x_i(q_1, q_2, \cdots, q_n) \quad (i = 1, 2, \cdots, 3N)$$

とパラメトライズできる．

この場合には，$(x_1, x_2, \cdots, x_{3N})$ を座標とする $3N$ 次元の直交座標空間
の，すべての束縛条件を満たす部分空間（超曲面と呼ぶ）上で運動が実現し，
この超曲面が系の配位空間となる．n 個の変数の組 $q = (q_1, q_2, \cdots, q_n)$
は，この超曲面（配位空間）上の位置を指定する座標であり，これが一般化
座標として導入されることになる．

❸運動方程式

前項の場合，系のラグランジアンは一般化座標 q と一般化速度 $\dot{q}$ の関数
$L = L(q, \dot{q})$ として与えることができる．そして，$q = (q_1, q_2, \cdots, q_n)$
は，ラグランジュ方程式

$$\frac{\mathrm{d}}{\mathrm{d}t}\left(\frac{\partial L}{\partial \dot{q}_i}\right) - \frac{\partial L}{\partial q_i} = 0 \quad (i = 1, 2, \cdots, n)$$

に従って時間発展する．それは，点 $(x_1, x_2, \cdots, x_{3N})$ の配位空間上での
動き方も説明する．つまり，この場合も，ラグランジュ方程式が系の運動方
程式となり，運動を決定する．

なお,

$$p_i \equiv \frac{\partial L}{\partial \dot{q}_i}, \quad F_i \equiv \frac{\partial L}{\partial q_i}$$

をそれぞれ**一般化運動量**, **一般化力**と呼ぶ.

❹ラグランジュの未定乗数法

系の状態をうまくパラメトライズする変数が導入できていない場合には, ラグランジュの未定乗数法を用いて解決することができる.

未定の乗数 λ_a $(a = 1, 2, \cdots, K)$ を用いて, 直交座標系におけるラグランジュ方程式は

$$\frac{\mathrm{d}}{\mathrm{d}t}\left(\frac{\partial L}{\partial \dot{x}_i}\right) - \frac{\partial L}{\partial x_i} = \sum_{a=1}^{K} \lambda_a A_{a,i} \quad (i = 1, 2, \cdots, 3N)$$

となる. ここで,

$$A_{a,i} = \frac{\partial C_a}{\partial x_i}$$

である. $\displaystyle\sum_{a=1}^{K} \lambda_a A_{a,i}$ が束縛力を表す. $\{\lambda_a\}$ を**未定乗数**と呼ぶ.

一般化座標 q を導入すると,

$$\frac{\mathrm{d}}{\mathrm{d}t}\left(\frac{\partial L}{\partial \dot{q}_i}\right) - \frac{\partial L}{\partial q_i} = \sum_{a=1}^{K} \lambda_a B_{a,i} \quad (i = 1, 2, \cdots, 3N)$$

となる. 元来は, 束縛のない場合をオイラー・ラグランジュ方程式と呼ぶのに対して, この方程式をラグランジュ方程式と呼んでいた. なお,

$$B_{a,i} = \sum_{j=1}^{3N} A_{a,j} \frac{\partial x_j}{\partial q_i}$$

である.

このようにして運動方程式を書くことにより解を求めていく手法を**ラグランジュの未定乗数法**と呼ぶ. ラグランジュの未定乗数法については, Chapter8 で詳しく学習する.

問題 4-①▼ 1自由度の系

x 軸上の質点 m の運動を考える. ポテンシャル $U(x)$ が次の各場合について, ラグランジアンを求めよ.

(1) $U(x) = mgx$　　(2) $U(x) = \dfrac{1}{2}kx^2$　　(3) $U(x) = -\dfrac{C}{|x|}$

●考え方●

定義に従ってラグランジアンを書く.

解答

x 軸上の運動についてのラグランジアンは,

$$L(x, \dot{x}) = \frac{1}{2}m\dot{x}^2 - U(x)$$

である.

(1) $U(x) = mgx$ なので,

$$L(x, \dot{x}) = \frac{1}{2}m\dot{x}^2 - mgx \quad \text{答}$$

(2) $U(x) = \dfrac{1}{2}kx^2$ なので,

$$L(x, \dot{x}) = \frac{1}{2}m\dot{x}^2 - \frac{1}{2}kx^2 \quad \text{答}$$

(3) $U(x) = -\dfrac{C}{|x|}$ なので,

$$L(x, \dot{x}) = \frac{1}{2}m\dot{x}^2 - \left(-\frac{C}{|x|}\right) = \frac{1}{2}m\dot{x}^2 + \frac{C}{|x|} \quad \text{答}$$

> **ポイント**
>
> ラグランジアンは, 系の運動エネルギー T, ポテンシャル U に対して
>
> $$L = T - U$$
>
> により与えられる.

(1) は地球上での鉛直方向の運動, (2) はばね振り子(調和振動子)の運動, (3) は万有引力やクーロン力による運動に対応する.

練習問題　4-1　(1自由度の系)　　　解答 p.196

以下のような力 $f(x)$ を受けての x 軸上での質点 m の運動についてのラグランジアンを求めよ. ただし, それぞれ k は一定値である.

(1) $f(x) = k$

(2) $f(x) = kx$

(3) $f(x) = kx^2$

次のようなラグランジアンをもつ系の，オイラー・ラグランジュ方程式を書け.

(1) $L(x, \dot{x}) = \dfrac{1}{2}m\dot{x}^2 - mgx$

(2) $L(x, \dot{x}) = \dfrac{1}{2}m\dot{x}^2 - \dfrac{1}{2}kx^2$

●考え方●

オイラー・ラグランジュ方程式の形式通りに書けばよい.

解答

(1) ラグランジアンが,

$$L(x, \dot{x}) = \frac{1}{2}m\dot{x}^2 - mgx$$

なので,

$$\frac{\partial L}{\partial x} = -mg, \quad \frac{\partial L}{\partial \dot{x}} = m\dot{x}$$

である. よって, この系のオイラー・ラグランジュ方程式は

$$\frac{\mathrm{d}}{\mathrm{d}t}(m\dot{x}) - (-mg) = 0 \quad 答 \quad \text{すなわち, } m\ddot{x} = -mg$$

(2) ラグランジアンが,

$$L(x, \dot{x}) = \frac{1}{2}m\dot{x}^2 - \frac{1}{2}kx^2$$

なので,

$$\frac{\partial L}{\partial x} = -kx, \quad \frac{\partial L}{\partial \dot{x}} = m\dot{x}$$

である. よって, この系のオイラー・ラグランジュ方程式は

$$\frac{\mathrm{d}}{\mathrm{d}t}(m\dot{x}) - (-kx) = 0 \quad 答 \quad \text{すなわち, } m\ddot{x} = -kx$$

(1), (2) ともにニュートンの運動方程式を再現していることがわかる.

ポイント

オイラー・ラグランジュ方程式は,

$$\frac{\mathrm{d}}{\mathrm{d}t}\left(\frac{\partial L}{\partial \dot{x}}\right) - \frac{\partial L}{\partial x} = 0$$

である.

練習問題 4-2 （オイラー・ラグランジュ方程式①）　　解答 p.197

ラグランジアンが $L(x, \dot{x}) = \dfrac{1}{2}m\dot{x}^2 + \dfrac{C}{|x|}$ である系の，オイラー・ラグランジュ方程式を書け.

問題 4-③▼2自由度の系

xy 平面上の質点 m の束縛のない運動を考える. ポテンシャル $U(x)$ が次の各場合について, ラグランジアンを求めよ.

(1) $U(x, y) = mgx$

(2) $U(x, y) = \dfrac{1}{2}k(x^2 + y^2)$

(3) $U(x, y) = -\dfrac{C}{\sqrt{x^2 + y^2}}$

●考え方●

xy 平面内の質点の運動エネルギーは $\dfrac{1}{2}m(\dot{x}^2 + \dot{y}^2)$ である.

解答

xy 平面上の束縛のない運動についてのラグランジアンは, x, y, $\dot{x}$, $\dot{y}$ の関数

$$L(x, y, \dot{x}, \dot{y}) = \frac{1}{2}(\dot{x}^2 + \dot{y}^2) - U(x, y)$$

である.

ポイント

運動の形態によらずラグランジアンは $L = T - U$ により与えられる.

(1) $U(x) = mgx$ なので,

$$L(x, y, \dot{x}, \dot{y}) = \frac{1}{2}(\dot{x}^2 + \dot{y}^2) - mgx \quad \text{答}$$

(2) $U(x) = \dfrac{1}{2}k(x^2 + y^2)$ なので,

$$L(x, y, \dot{x}, \dot{y}) = \frac{1}{2}(\dot{x}^2 + \dot{y}^2) - \frac{1}{2}k(x^2 + y^2) \quad \text{答}$$

(3) $U(x, y) = -\dfrac{C}{\sqrt{x^2 + y^2}}$ なので,

$$L(x, y, \dot{x}, \dot{y}) = \frac{1}{2}(\dot{x}^2 + \dot{y}^2) + \frac{C}{\sqrt{x^2 + y^2}} \quad \text{答}$$

練習問題 4-3 (2自由度の系)   解答 p.197

xy 平面上の質点 m の束縛のない運動を考える. 質点の受ける力の x 成分 f_x, および, y 成分 f_y が

$$f_x = Ax , \quad f_y = By \quad (A,\ B は一定値)$$

と与えられる場合について, この運動のラグランジアンを求めよ.

次のようなラグランジアンをもつ系の，オイラー・ラグランジュ方程式を書け．

$$L(x, y, \dot{x}, \dot{y}) = \frac{1}{2}m(\dot{x}^2 + \dot{y}^2) - mgx$$

●考え方●

x, y それぞれについて方程式を書く．

解答

$L(x, y, \dot{x}, \dot{y}) = \frac{1}{2}m(\dot{x}^2 + \dot{y}^2) - mgx$ なので，

$$\frac{\partial L}{\partial \dot{x}} = m\dot{x} , \quad \frac{\partial L}{\partial \dot{y}} = m\dot{y}$$

$$\frac{\partial L}{\partial x} = -mg , \quad \frac{\partial L}{\partial y} = 0$$

である．よって，この系のオイラー・ラグランジュ方程式は，

$$\frac{\mathrm{d}}{\mathrm{d}t}(m\dot{x}) - (-mg) = 0 , \quad \frac{\mathrm{d}}{\mathrm{d}t}(m\dot{y}) - 0 = 0 \quad 答$$

すなわち，

$$m\ddot{x} = -mg , \quad m\ddot{y} = 0$$

この系は，鉛直上向きに x 軸を設定した場合の鉛直面内での質点の運動に対応している．上で導いたオイラー・ラグランジュ方程式は，ニュートンの運動方程式を再現している．

ポイント

関数 $L(x, y, \dot{x}, \dot{y})$ を x について偏微分するときに，x 以外の変数 y, $\dot{x}$, $\dot{y}$ は定数とみなす．

練習問題 4-4 （オイラー・ラグランジュ方程式②） 解答 p.197

次のようなラグランジアンをもつ系の，オイラー・ラグランジュ方程式を書け．

(1) $L(x, y, \dot{x}, \dot{y}) = \frac{1}{2}m(\dot{x}^2 + \dot{y}^2) - \frac{1}{2}k(x^2 + y^2)$

(2) $L(x, y, \dot{x}, \dot{y}) = \frac{1}{2}m(\dot{x}^2 + \dot{y}^2) + \frac{C}{\sqrt{x^2 + y^2}}$ （C は一定値）

問題 4-⑤▼極座標

ラグランジアン $L(x, y, \dot{x}, \dot{y}) = \dfrac{1}{2}m(\dot{x}^2 + \dot{y}^2) + \dfrac{C}{\sqrt{x^2 + y^2}}$ をもつ xy 平面内の質点系がある. xy 平面上に原点を極とする極座標 (r, θ) を導入して, ラグランジアンを r, θ, $\dot{r}$, $\dot{\theta}$ の関数として与えよ.

●考え方●

x, y を r, θ で表して書き換えていく.

解答

x, y は r, θ により, それぞれ

$$x = r\cos\theta , \quad y = r\sin\theta$$

と表され,

$$\dot{x} = \dot{r}\cos\theta - r\dot{\theta}\sin\theta , \quad \dot{y} = \dot{r}\sin\theta + r\dot{\theta}\cos\theta$$

となる. よって,

$$\dot{x}^2 + \dot{y}^2 = (\dot{r}\cos\theta - r\dot{\theta}\sin\theta)^2 + (\dot{r}\sin\theta + r\dot{\theta}\cos\theta)^2$$
$$= \dot{r}^2 + (r\dot{\theta})^2$$

となる. また, $\sqrt{x^2 + y^2} = r$ であるから, ラグランジアン L は

$$L = \frac{1}{2}m(\dot{x}^2 + \dot{y}^2) + \frac{C}{\sqrt{x^2 + y^2}} = \frac{1}{2}m\left\{\dot{r}^2 + (r\dot{\theta})^2\right\} + \frac{C}{r} \quad 答$$

と, r, θ, $\dot{r}$, θ の関数として表示できる. なお, 最終結果には θ が陽には現れない.

$C = GmM$ とおいてみると分かるが, このラグランジアンはケプラー運動のラグランジアンに相当する.

> **ポ イ ン ト**
>
> 題意のように極座標を導入すれば,
> $$\begin{cases} x = r\cos\theta \\ y = r\sin\theta \end{cases}$$
> となる.

練習問題　4-5　（極座標）　　　　　　　　　　　解答 p.198

ラグランジアン $L(x, y, \dot{x}, \dot{y}) = \dfrac{1}{2}m(\dot{x}^2 + \dot{y}^2) - \dfrac{1}{2}k(x^2 + y^2)$ をもつ xy 平面内の質点系がある. xy 平面上に原点を極とする極座標 (r, θ) を導入して r, θ, $\dot{r}$, $\dot{\theta}$ の関数として与えよ.

▼極座標によるオイラー・ラグランジュ方程式

平面上の極座標 (r, θ) を用いてラグランジアンが

$$L(r, \theta, \dot{r}, \dot{\theta}) = \frac{1}{2}m\left\{\dot{r}^2 + (r\dot{\theta})^2\right\} + \frac{C}{r}$$

と与えられる系の，オイラー・ラグランジュ方程式を書け．

●考え方●

一般化座標変数 q_i についてのオイラー・ラグランジュ方程式は，

$$\frac{\mathrm{d}}{\mathrm{d}t}\left(\frac{\partial L}{\partial \dot{q}_i}\right) - \frac{\partial L}{\partial q_i} = 0$$

解答

$L(r, \theta, \dot{r}, \dot{\theta}) = \frac{1}{2}m\left\{\dot{r}^2 + (r\dot{\theta})^2\right\} + \frac{C}{r}$ なので，

$$\frac{\partial L}{\partial \dot{r}} = m\dot{r}, \quad \frac{\partial L}{\partial \dot{\theta}} = mr^2\dot{\theta}$$

$$\frac{\partial L}{\partial r} = mr\dot{\theta}^2 - \frac{C}{r^2}, \quad \frac{\partial L}{\partial \theta} = 0$$

ポイント

オイラー・ラグランジュ方程式は，座標変数の選び方によらず同じ形で成立する．

である．よって，この系のオイラー・ラグランジュ方程式は，

$$\frac{\mathrm{d}}{\mathrm{d}t}(m\dot{r}) - \left(mr\dot{\theta}^2 - \frac{C}{r^2}\right) = 0, \quad \frac{\mathrm{d}}{\mathrm{d}t}(mr^2\dot{\theta}) - 0 = 0 \quad \boxed{答}$$

すなわち，

$$m(\ddot{r} - r\dot{\theta}^2) = -\frac{C}{r^2}, \quad \frac{\mathrm{d}}{\mathrm{d}t}(mr^2\dot{\theta}) = 0$$

これは，$C = GmM$ の場合に，極座標を用いて書いたケプラー運動についてのニュートンの運動方程式と一致する．

練習問題 4-6 （オイラー・ラグランジュ方程式③）　　　解答 p.198

平面上の極座標 (r, θ) を用いてラグランジアンが

$$L(r, \theta, \dot{r}, \dot{\theta}) = \frac{1}{2}m\left\{\dot{r}^2 + (r\dot{\theta})^2\right\} - \frac{1}{2}kr^2$$

と与えられる系の，オイラー・ラグランジュ方程式を書け．

問題 4-7▼並進加速度系

慣性系 K における位置が x である質点 m が自由運動するときのラグランジアンは

$$L_{\mathrm{K}}(x, \dot{x}) = \frac{1}{2}m\dot{x}^2$$

である．この質点を，慣性系 K に対して一定の加速度 a をもち平行移動する座標系 A から観測したときのオイラー・ラグランジュ方程式を書け．

●考え方●

慣性系 K から座標系 A への座標変換に基づいてラグランジアンを書き換える．

解答

　時刻 t における座標系 A における質点の位置 X は，定ベクトル v_0 を用いて

$$X = x - \left(v_0 t + \frac{1}{2}at^2\right)$$

と表すことができるので，

$$\dot{X} = \dot{x} - v_0 - at \quad \therefore \dot{x} = \dot{X} + v_0 + at$$

ポイント

時刻 $t = 0$ において，慣性系 K と座標系 A の原点は一致していて，座標系 A の速度が v_0 であるとすれば，座標系 A における質点の位置は

$$X = x - \left(v_0 t + \frac{1}{2}at^2\right)$$

である．

となる．よって，X を座標変数としてラグランジアンを与えれば，

$$L_{\mathrm{A}}(X, \dot{X}, t) = \frac{1}{2}m(\dot{X} + v_0 + at)^2$$

となる．このとき，

$$\frac{\partial L_{\mathrm{A}}}{\partial \dot{X}} = m(\dot{X} + v_0 + at)，\quad \frac{\partial L_{\mathrm{A}}}{\partial X} = 0$$

であるから，オイラー・ラグランジュ方程式は，

$$\frac{\mathrm{d}}{\mathrm{d}t}\left(m(\dot{X} + v_0 + at)\right) = 0 \quad \text{答} \quad \text{すなわち，} m\ddot{X} = -ma$$

となる．$-ma$ は慣性力である．

練習問題　4-7　（回転座標系）　　　　　　　　　　　　　解答 p.198

慣性系において自由運動する質点を，z 軸のまわりに一定の角速度 ω で回転する座標系から観測したときのオイラー・ラグランジュ方程式を書け．

　ジョゼフ＝ルイ・ラグランジュ（Joseph-Louis Lagrange, 1736-1813）は，イタリア出身のフランスの数学者・物理学者で，その業績は数学や力学，解析力学など幅広い分野に及びます．

　ラグランジュは古典力学の進化に大きく寄与し，ラグランジュ形式の力学の基礎を築きました．彼はニュートン力学を超える形式で物体の運動を記述する方法を提案し，ラグランジュ方程式を導入しました．この方程式は，物体の運動経路が，与えられたポテンシャルエネルギーに従って決まるという原理を表現しています．そして，一般化座標を使用し，様々な座標系における力学の法則を統一的に記述する手法を提案しました．これにより，複雑な力学系に対する一般的なアプローチが可能になり，物体の運動方程式が座標系に依存しない形で表現されるようになりました．ラグランジュは，これらの成果を著作『解析力学』として，1788 年に出版しました．

　ラグランジュは代数学や解析学にも貢献し，代数方程式や数学的分野における新たな手法を提案しました．特に彼の「ラグランジュの四平方定理」やラグランジュの補間多項式などは，数学の分野で広く利用されています．

　彼は，物理学や数学の基本的な問題に対する深い洞察を持ち，様々な分野で問題を新しい視点から解決しました．彼の研究は当時の科学の進化に大いに寄与し，多くの後続の研究者に影響を与えました．

　ジョゼフ＝ルイ・ラグランジュの業績は数学や力学，数値解析の分野において非常に広範かつ深遠であり，その成果は今日でも様々な分野で応用され，尊重されています．

Chapter 5

対称性と保存則

ニュートン力学においても様々な保存則を利用した．
ラグランジュ形式の力学では，保存則の有効性を
ラグランジアンの対称性から理解することができる．
それを一般化した法則がネーターの定理である．

基本事項

1   **単純な例（問題5-⑧, ⑨）**

❶循環座標

自由度 n の力学系を考える．一般化座標 $q = (q_1,\ q_2,\ \cdots,\ q_n)$ が導入されていて，ラグランジアン $L = L(q, \dot{q}, t)$ が与えられていれば，この力学系の運動方程式はラグランジュ方程式

$$\frac{\mathrm{d}}{\mathrm{d}t}\left(\frac{\partial L}{\partial \dot{q}_i}\right) - \frac{\partial L}{\partial q_i} = 0 \quad (i = 1, 2, \cdots, n)$$

である．特定の座標変数 q_k がラグランジアンに含まれていなかったとすれば，

$$F_k \equiv \frac{\partial L}{\partial q_k} = 0$$

であるから，

$$\frac{\mathrm{d}}{\mathrm{d}t}\left(\frac{\partial L}{\partial \dot{q}_k}\right) = 0 \quad \therefore\ p_k \equiv \frac{\partial L}{\partial \dot{q}_k} = \text{一定}$$

となる．

このように，ラグランジアンに含まれていない座標変数を**循環座標**と呼ぶ．循環座標に正準共役な運動量は一定に保たれる．

2   **ネーターの定理（問題5-①, ②）**

❶対称性と保存則

前項で見たように，ラグランジアンの特徴が保存則として現れる．循環座標の場合には，q_k がラグランジアンに含まれないという特徴が $p_k = \dfrac{\partial L}{\partial \dot{q}_k}$ の保存則（運動方程式の第1積分の存在）として現れた．この特徴は次のように言い換えることができる．

すなわち，ラグランジアン L が q_k を含まないとき，q_k の原点のずらし

$$q_k\ \rightarrow\ Q_k = q_k + \lambda \quad (\lambda \text{は任意の定数})$$

に対して不変である（q_k を含まないので当然不変に保たれる）．このように，ある座標変換に対してラグランジアンが不変であるとき，系はその変換に関して対称であるという．

変換に対するラグランジアンの不変性，すなわち，系の対称性と保存則との関係を一般的に説明する定理を**ネーターの定理**と呼ぶ．

❷ネーターの定理

ε を任意の微小定数として，座標変数の無限小変換

$$q_i \ \rightarrow \ Q_i = q_i + \varepsilon X_i(q, \dot{q}, t)$$

に対してラグランジアンが不変に保たれるとき，

$$Y(q, \dot{q}, t) \equiv \sum_{i=1}^{n} \frac{\partial L}{\partial \dot{q}_i} X_i(q, \dot{q}, t)$$

は一定に保たれる．

循環座標の例は，

$$X_i = \begin{cases} 1 & (i = k) \\ 0 & (i \neq k) \end{cases}$$

の場合に相当する．

3　具体例（問題 5-3, 4, 5, 6, 7）

❶エネルギー保存則

時間の並進変換

$$q_i(t) \ \rightarrow \ Q_i = q_i(t + \varepsilon)$$

に対してラグランジアンが不変に保たれる系について

$$E \equiv \frac{\partial L}{\partial \dot{q}_i} \dot{q}_i - L$$

が一定に保たれる．E は系のエネルギーである．

❷運動量保存則

ラグランジアン $L = L(\boldsymbol{r}, \dot{\boldsymbol{r}}, t)$ が，**空間の並進変換**

$$\boldsymbol{r}_{(i)} \ \rightarrow \ \boldsymbol{R}_{(i)} = \boldsymbol{r}_{(i)} + \varepsilon \boldsymbol{d} \quad （\boldsymbol{d} \text{ は任意の定ベクトル}, \varepsilon \text{ は微小な定数}）$$

に対して不変ならば，系の運動量

$$\boldsymbol{P} \equiv \sum_{i=1}^{N} m_{(i)} \dot{\boldsymbol{r}}_{(i)}$$

は一定に保たれる.

❸角運動量保存則

空間における原点のまわりの回転移動は，向きが回転軸の向きであり，大きさが回転角（軸の向きに向かって右回りを正の向きとする）であるベクトル $\delta \boldsymbol{\varphi}$ を用いて，

$$\boldsymbol{r}_{(i)} \ \rightarrow \ \boldsymbol{R}_{(i)} = \boldsymbol{r}_{(i)} + \delta \boldsymbol{\varphi} \times \boldsymbol{r}_{(i)}$$

と表される.

原点まわりの任意の**空間回転**に対してラグランジアンが不変に保たれる系について

$$\boldsymbol{M} \equiv \sum_{i=1}^{N} \boldsymbol{r}_{(i)} \times \boldsymbol{p}_{(i)} \qquad (\boldsymbol{p}_{(i)} \equiv \nabla_{(i)} L : \text{運動量})$$

が一定に保たれる. ここで，$\boldsymbol{r}_{(i)} \times \boldsymbol{p}_{(i)}$ は各質点の角運動量であり，$\boldsymbol{M}$ は系の全角運動量である.

なお，ラグランジアンが，特定の軸のまわりの回転に対してのみ不変に保たれる場合には，角運動量の，その軸方向の成分が不変に保たれる.

---

4 不連続変換と対称性

ここまで扱ってきたのは，連続的な変換に対する対称性と，そこから導かれる保存則である. 本章の目的からは逸脱するが，不連続変換の例と，それに対する対称性・不変性について紹介する.

❶空間反転変換

座標軸の向きを逆向きにする変換，すなわち，

$$\boldsymbol{r}_{(i)} \ \rightarrow \ \boldsymbol{R}_{(i)} = -\boldsymbol{r}_{(i)}$$

なる変換を空間反転変換という.

　ラグランジアンが，空間反転変換に対する不変性をもっているとき，その系には空間反転対称性がある，という.

❷時間反転変換

　時間の向きを逆転する変換，すなわち，

$$t \;\to\; T = -t$$

なる変換を時間反転変換（T 変換）という.

　ラグランジアンが，時間反転変換に対する不変性をもっているとき，その系には時間反転対称性がある，という．その場合に実現する現象を**可逆過程**という.

❸電荷共役変換

　すべての荷電粒子の電荷の符号を逆転する変換を電荷共役変換（C 変換）という.

　ラグランジアンが，電荷共役変換に対する不変性をもっているとき，その系には電荷共役対称性がある，という.

問題 5-①▼座標変換によるラグランジアンの変分

座標変数の微小変換

$$q_i \rightarrow q_i + \delta q_i$$

に伴うラグランジアン $L(q, \dot{q}, t)$ の変分は

$$\delta L = \sum_i \left(\frac{\partial L}{\partial q_i} \delta q_i + \frac{\partial L}{\partial \dot{q}_i} \delta \dot{q}_i \right)$$

と展開されることを示せ.

●考え方●

微小変換に対する変分は，変化分を変数の変化について 2 次以上の項を無視して 1 次式として展開する．基本的な考え方は微分と同様である.

多変数関数の変分は，各変数についての変分の和で展開される.

解答

ラグランジアン $L(q, \dot{q}, t)$ において，q と $\dot{q}$ は独立変数とみなすので，q の変換に伴って $\dot{q}$ も変換されれば，$\dot{q}$ についての変分も加える必要がある．すなわち,

$$\delta L = L(q + \delta q, \dot{q} + \delta \dot{q}, t) - L(q, \dot{q}, t)$$

$$= \sum_i \left(\frac{\partial L}{\partial q_i} \delta q_i + \frac{\partial L}{\partial \dot{q}_i} \delta \dot{q}_i \right)$$

である.

ポイント

座標変換に伴って，$\dot{q}$ も

$$\dot{q}_i \rightarrow \dot{q}_i + \delta \dot{q}_i = \dot{q}_i + \frac{\mathrm{d}}{\mathrm{d}t}(\delta q_i)$$

と変換される．座標変数の変換と時間変化は独立なので，δ と $\frac{\mathrm{d}}{\mathrm{d}t}$ は順序交換できる.

練習問題 5-1 （座標変換とラグランジアン）　　　　解答 p.199

座標変数の無限小変換

$$q_i \rightarrow q_i + \delta q_i$$

に伴うラグランジアン $L(q, \dot{q}, t)$ の変分が $\dfrac{\mathrm{d}}{\mathrm{d}t}\left(\sum_i \dfrac{\partial L}{\partial \dot{q}_i} \delta q_i \right)$ と表されることを説明せよ.

問題 5-②▼ラグランジアンの不変性と保存量

ε を任意の微小定数として，座標変数の無限小変換

$$q_i \ \rightarrow \ q_i + \varepsilon X_i(q, \dot{q}, t)$$

に対してラグランジアンが不変に保たれるとき，

$$Y(q, \dot{q}, t) \equiv \sum_{i=1}^{n} \frac{\partial L}{\partial \dot{q}_i} X_i(q, \dot{q}, t)$$

は一定に保たれることを示せ．

●考え方●

練習問題 5-1 の結論を利用する．$\delta q_i = \varepsilon X_i(q, \dot{q}, t)$ の場合に相当する．

解答

問題 5-① より，座標変換 $q_i \ \rightarrow \ q_i + \varepsilon X_i(q, \dot{q}, t)$
によるラグランジアンの変分は

$$\delta L = \varepsilon \frac{\mathrm{d}}{\mathrm{d}t} \left(\sum_i \frac{\partial L}{\partial \dot{q}_i} X_i(q, \dot{q}, t) \right)$$

であるが，仮定より $\delta L = 0$ なので，

$$\frac{\mathrm{d}}{\mathrm{d}t} \left(\sum_i \frac{\partial L}{\partial \dot{q}_i} X_i(q, \dot{q}, t) \right) = 0 \quad \therefore \quad \sum_i \frac{\partial L}{\partial \dot{q}_i} X_i(q, \dot{q}, t) = 一定$$

である．

> **ポ イ ン ト**
>
> 座標変換 $q_i \ \rightarrow \ q_i + \delta q_i$ に伴うラグランジアンの変分は
>
> $$\delta L = \frac{\mathrm{d}}{\mathrm{d}t} \left(\sum_i \frac{\partial L}{\partial \dot{q}_i} \delta q_i \right)$$
>
> である．

練習問題　5-2　（ネーターの定理）　　　　　　解答 p.199

ε を任意の微小定数として，座標変数の無限小変換

$$q_i \ \rightarrow \ q_i + \varepsilon X_i(q, \dot{q}, t)$$

に対してラグランジアンが

$$L(q, \dot{q}, t) \ \rightarrow \ L(q, \dot{q}, t) + \varepsilon \frac{\mathrm{d}}{\mathrm{d}t} A(q, \dot{q}, t)$$

と変化するならば，

$$Z(q, \dot{q}, t) \equiv \sum_{i=1}^{n} \frac{\partial L}{\partial \dot{q}_i} X_i(q, \dot{q}, t) - A(q, \dot{q}, t)$$

は一定に保たれることを示せ．

ポテンシャルが差のみを通して 2 質点の位置 r_1, r_2 に依存する，2 質点系の
ラグランジアン

$$L(r_1, r_2, \dot{r}_1, \dot{r}_2, t) = \frac{1}{2}m_1\dot{r}_1^2 + \frac{1}{2}m_2\dot{r}_2^2 - U(r_1 - r_2, t)$$

が任意の空間並進に関して不変であることを示し，この系の運動についての
保存量を与えよ．

●考え方●

$X = d$ (一定) として，問題5-②の考え方が適用できる．

解答

ε を微小な定数，d を任意の定ベクトルとして
座標変換 $r_i \to r_i' = r_i + \varepsilon d$ $(i = 1, 2)$ を考
える．このとき，$\dot{d} = 0$ に注意すれば，

$$\dot{r}_i' = \dot{r}_i, \quad r_1' - r_2' = r_1 - r_2$$

なので，座標変換後のラグランジアンは

ポイント

空間並進は，位置の原点の平行
移動

$$r \to r + d$$

(d は定ベクトル)

である．

$$L(r_1', r_2', \dot{r}_1', \dot{r}_2', t) = \frac{1}{2}m_1(\dot{r}_1')^2 + \frac{1}{2}m_2(\dot{r}_2')^2 - U(r_1' - r_2', t)$$

$$= \frac{1}{2}m_1\dot{r}_1^2 + \frac{1}{2}m_2\dot{r}_2^2 - U(r_1 - r_2, t)$$

$$= L(r_1, r_2, \dot{r}_1, \dot{r}_2, t)$$

となる．つまり，この系のラグランジアンは任意の空間並進に関して不変であ
る．したがって，ネーターの定理より，

$$\left(\frac{\partial L}{\partial \dot{r}_1} + \frac{\partial L}{\partial \dot{r}_2}\right) \cdot d = \text{一定} \quad \text{すなわち,} \quad (m_1\dot{r}_1 + m_2\dot{r}_2) \cdot d = \text{一定}$$

となる．ここで，d は任意なので，結局，$m_1\dot{r}_1 + m_2\dot{r}_2 = \text{一定}$ が導かれる．
これは，ニュートン力学における運動量保存則を示している．

練習問題 5-3 （運動量保存則）   解答 p.200

以下のようなラグランジアンをもつ N 質点系の運動についての保存量を導け．
ただし，$\displaystyle\sum_{i \neq j}$ は $i \neq j$ であるすべての i, j の組み合わせについての和を表す．

$$L(r, \dot{r}, t) = \sum_{i=1}^{N} \frac{1}{2}m_i\dot{r}_i^2 - \sum_{i \neq j} \frac{1}{2}U_{ij}(r_i - r_j, t)$$

問題 5-④▼エネルギー

ラグランジアンが陽に時刻 t を含まず

$$L(\boldsymbol{r}, \dot{\boldsymbol{r}}) = \frac{1}{2}m\dot{\boldsymbol{r}}^2 - U(\boldsymbol{r})$$

の形で与えられる系の運動について，

$$E = \frac{\partial L}{\partial \dot{\boldsymbol{r}}} \cdot \dot{\boldsymbol{r}} - L$$

が一定に保たれることを示せ．

●考え方●

一般には

$$\frac{\mathrm{d}L}{\mathrm{d}t} = \frac{\partial L}{\partial t} + \sum_i \left(\frac{\partial L}{\partial q_i}\dot{q}_i + \frac{\partial L}{\partial \dot{q}_i}\ddot{q}_i \right)$$

であるが，ラグランジアンが陽に時刻 t を含まない場合は $\dfrac{\partial L}{\partial t} = 0$ である．

| 解答 |

$$\frac{\mathrm{d}E}{\mathrm{d}t} = \frac{\mathrm{d}}{\mathrm{d}t}\left(\frac{\partial L}{\partial \dot{\boldsymbol{r}}} \cdot \dot{\boldsymbol{r}} \right) - \left(\frac{\partial L}{\partial \boldsymbol{r}} \cdot \dot{\boldsymbol{r}} + \frac{\partial L}{\partial \dot{\boldsymbol{r}}} \cdot \ddot{\boldsymbol{r}} \right)$$

$$= \left\{ \frac{\mathrm{d}}{\mathrm{d}t}\left(\frac{\partial L}{\partial \dot{\boldsymbol{r}}} \right) - \frac{\partial L}{\partial \boldsymbol{r}} \right\} \cdot \dot{\boldsymbol{r}}$$

であり，オイラー・ラグランジュ方程式より，

$$\frac{\mathrm{d}}{\mathrm{d}t}\left(\frac{\partial L}{\partial \dot{\boldsymbol{r}}} \right) - \frac{\partial L}{\partial \boldsymbol{r}} = 0$$

なので，

$$\frac{\mathrm{d}E}{\mathrm{d}t} = 0 \qquad \text{すなわち，} E = \text{一定}$$

である．なお，

$$E = m\dot{\boldsymbol{r}} \cdot \dot{\boldsymbol{r}} - \left(\frac{1}{2}m\dot{\boldsymbol{r}}^2 - U(\boldsymbol{r}) \right) = \frac{1}{2}m\dot{\boldsymbol{r}}^2 + U(\boldsymbol{r})$$

は，ニュートン力学における力学的エネルギーを表す．

ポ イ ン ト

ライプニッツ則（積の微分公式）により

$$\frac{\mathrm{d}}{\mathrm{d}t}\left(\frac{\partial L}{\partial \dot{\boldsymbol{r}}} \cdot \dot{\boldsymbol{r}} \right)$$
$$= \frac{\mathrm{d}}{\mathrm{d}t}\left(\frac{\partial L}{\partial \dot{\boldsymbol{r}}} \right) \cdot \dot{\boldsymbol{r}} + \frac{\partial L}{\partial \dot{\boldsymbol{r}}} \cdot \ddot{\boldsymbol{r}}$$

となる．

| 練習問題　5-4　（エネルギー保存則） | 解答 p.200 |

問題 5-④で導いた保存則をネーターの定理の観点からどのように理解できるか論ぜよ．

一定の微小角度 $\delta\varphi$ を用いて

$$r \rightarrow r + \delta\varphi \times r$$

により与えられる座標変換が，$\delta\varphi$ の向きを軸とし，大きさ $\delta\varphi = |\delta\varphi|$ の原点まわりの空間回転であることを示せ.

●考え方●

$\delta\varphi$ と平行な成分は不変に保たれ，$\delta\varphi$ と垂直な成分は角度 $\delta\varphi$ だけ向きが変化することを示せばよい.

解答

$\delta\varphi$ の向きが z 軸の向きになるように直交座標系を設定すると，

$$\delta\varphi = \begin{pmatrix} 0 \\ 0 \\ \delta\varphi \end{pmatrix}, \quad r = \begin{pmatrix} x \\ y \\ z \end{pmatrix}$$

と成分表示できる. このとき，

$$r + \delta\varphi \times r = \begin{pmatrix} x \\ y \\ z \end{pmatrix} + \begin{pmatrix} -\delta\varphi \cdot y \\ \delta\varphi \cdot x \\ 0 \end{pmatrix} = \begin{pmatrix} 0 \\ 0 \\ z \end{pmatrix} + \begin{pmatrix} x - \delta\varphi \cdot y \\ \delta\varphi \cdot x + y \\ 0 \end{pmatrix}$$

となる. 最右辺の第 1 項は x の $\delta\varphi$ と平行な成分であり，この方向の成分はこの座標変換に対して不変に保たれることを示している. 第 2 項は $\delta\varphi$ と垂直な成分を $\delta\varphi$ と垂直な平面（xy 平面）内で角度 $\delta\varphi$ だけ変化させたベクトルになっている. $\delta\varphi$ は微小なので，大きさの変化は無視できる.

したがって，座標変換

$$r \rightarrow r + \delta\varphi \times r$$

は，$\delta\varphi$ の向きを軸とし，大きさ $\delta\varphi = |\delta\varphi|$ の原点まわりの空間回転である.

ポイント

ベクトルの外積の成分計算は

$$\begin{pmatrix} a_1 \\ a_2 \\ a_3 \end{pmatrix} \times \begin{pmatrix} b_1 \\ b_2 \\ b_3 \end{pmatrix}$$

$$= \begin{pmatrix} a_2 b_3 - a_3 b_2 \\ a_3 b_1 - a_1 b_3 \\ a_1 b_2 - a_2 b_1 \end{pmatrix}$$

となる.

練習問題　5-5　（空間回転による速度の変換）　解答 p.200

問題 5-⑤の座標変換における，速度 $\dot{r}$ の変換を与えよ. さらに，$\dot{r}^2$ は不変であることを示せ.

問題 5-6 ▼空間回転によるラグランジアンの変化
一定の角度の微小空間回転 $r \rightarrow r + \delta\varphi \times r$ に対する，1質点系のラグランジアン $L(r, \dot{r}, t)$ の変分を求めよ．

●考え方●

オイラー・ラグランジュ方程式を用いて $\delta L = L(r + \delta r, \dot{r} + \delta\dot{r}, t) - L(r, \dot{r}, t)$ を整理する．

解答

座標変換 $r \rightarrow r + \delta\varphi \times r$ に伴い，速度は $\dot{r} \rightarrow \dot{r} + \delta\varphi \times \dot{r}$ と変換されるので，

$$\delta L = \frac{\partial L}{\partial r} \cdot (\delta\varphi \times r) + \frac{\partial L}{\partial \dot{r}} \cdot (\delta\varphi \times \dot{r})$$

$$= \delta\varphi \cdot \left(r \times \frac{\partial L}{\partial r} + \dot{r} \times \frac{\partial L}{\partial \dot{r}} \right)$$

ここで，オイラー・ラグランジュ方程式より，

$$\frac{\partial L}{\partial r} = \frac{\mathrm{d}}{\mathrm{d}t} \left(\frac{\partial L}{\partial \dot{r}} \right)$$

であることを用いれば，

$$r \times \frac{\partial L}{\partial r} + \dot{r} \times \frac{\partial L}{\partial \dot{r}} = r \times \frac{\mathrm{d}}{\mathrm{d}t} \left(\frac{\partial L}{\partial \dot{r}} \right) + \dot{r} \times \frac{\partial L}{\partial \dot{r}} = \frac{\mathrm{d}}{\mathrm{d}t} \left(r \times \frac{\partial L}{\partial \dot{r}} \right)$$

ゆえに，

$$\delta L = \delta\varphi \cdot \frac{\mathrm{d}}{\mathrm{d}t} \left(r \times \frac{\partial L}{\partial \dot{r}} \right)$$

である．

> **ポイント**
>
> 3つのベクトル a, b, c について
>
> $$a \cdot (b \times c) = b \cdot (c \times a)$$
> $$= c \cdot (a \times b)$$
>
> が成り立つ．

練習問題 5-6 （角運動量）　　　　　　　　解答 p.201

ポテンシャルが位置の関数としては，原点からの距離 $r = |r|$ のみの関数 $U(r, t)$ であり，ラグランジアンが

$$L(r, \dot{r}, t) = \frac{1}{2}m\dot{r}^2 - U(r, t)$$

と与えられる1質点系の保存量を，**問題 5-6** の議論に基づいて導け．

問題 5-⑦▼ 2質点系の保存量

ラグランジアンが

$$L(\boldsymbol{r}_1, \boldsymbol{r}_2, \dot{\boldsymbol{r}}_1, \dot{\boldsymbol{r}}_2) = \frac{1}{2}m_1\dot{\boldsymbol{r}}_1^2 + \frac{1}{2}m_2\dot{\boldsymbol{r}}_2^2 - U\left(|\boldsymbol{r}_1 - \boldsymbol{r}_2|\right)$$

の形に与えられる2質点系を考える. この系の保存量を列挙せよ.

●考え方●

前4題の復習である. ラグランジアンの不変性に注目する.

解答

この系のラグランジアンは空間並進に対する
不変性を有するので, 問題5-③ (の練習問題)
で調べたように運動量保存則 ⑦

$$m_1\dot{\boldsymbol{r}}_1 + m_2\dot{\boldsymbol{r}}_2 = 一定$$

ポイント

⑦ 空間並進不変性
   → 運動量保存則
④ 時間並進不変性
   → エネルギー保存則
⑨ 空間回転不変性
   → 角運動量保存則

が成立する. また, ラグランジアンが時刻 t を陽に含まず時間並進に対する不変性を有するので, 問題5-④で調べたようにエネルギー保存則 ④

$$\frac{1}{2}m_1\dot{\boldsymbol{r}}_1^2 + \frac{1}{2}m_2\dot{\boldsymbol{r}}_2^2 + U(|\boldsymbol{r}_1 - \boldsymbol{r}_2|)$$

が成立する. さらに, この系のポテンシャルは2質点間の距離のみに依存するので, ラグランジアンは空間回転に対する不変性を有する. よって, 問題5-⑥ (の練習問題) で調べたように角運動量保存則 ⑨

$$\boldsymbol{r}_1 \times (m_1\dot{\boldsymbol{r}}_1) + \boldsymbol{r}_2 \times (m_2\dot{\boldsymbol{r}}_2) = 一定$$

が成立する.

つまり, この系の運動について, 運動量, エネルギー, 角運動量が保存する.

練習問題 5-7 (N 質点系の保存量) 解答 p.201

ラグランジアンが

$$L(\boldsymbol{r}, \dot{\boldsymbol{r}}) = \sum_{i=1}^{N} \frac{1}{2}m_i\dot{\boldsymbol{r}}_i^2 - \sum_{i \neq j} \frac{1}{2}U_{ij}(|\boldsymbol{r}_i - \boldsymbol{r}_j|)$$

の形に与えられる N 質点系を考える. この系の保存量を列挙せよ.

問題 5-8▼循環座標

ラグランジアンが

$$L(\boldsymbol{r}_1, \boldsymbol{r}_2, \dot{\boldsymbol{r}}_1, \dot{\boldsymbol{r}}_2, t) = \frac{1}{2}m_1\dot{\boldsymbol{r}}_1^2 + \frac{1}{2}m_2\dot{\boldsymbol{r}}_2^2 - U(\boldsymbol{r}_1 - \boldsymbol{r}_2, t)$$

の形に与えられる 2 質点系を考える.

(1) $\boldsymbol{X} = \dfrac{m_1\boldsymbol{r}_1 + m_2\boldsymbol{r}_2}{m_1 + m_2}, \boldsymbol{R} = \boldsymbol{r}_1 - \boldsymbol{r}_2$ を座標として採用してラグランジアンを書き換えよ.

(2) $\boldsymbol{X}$ に共役な運動量が一定に保たれることを示せ.

●考え方●

一般化座標 $\{q_i\}$ を用いて与えたラグランジアン $L(q, \dot{q}, t)$ に, 変数 q_k が含まれないとき, q_k を循環座標と呼ぶ. 循環座標に正準共役な一般化運動量 $p_k \equiv \dfrac{\partial L}{\partial \dot{q}_k}$ は保存量である.

解答

(1) $\boldsymbol{r}_1 = \dfrac{(m_1 + m_2)\boldsymbol{X} + m_2\boldsymbol{R}}{m_1 + m_2}$,

$\boldsymbol{r}_2 = \dfrac{(m_1 + m_2)\boldsymbol{X} - m_1\boldsymbol{R}}{m_1 + m_2}$ なので,

$$L = \frac{1}{2}(m_1 + m_2)\dot{\boldsymbol{X}}^2 + \frac{1}{2}\frac{m_1 m_2}{m_1 + m_2}\dot{\boldsymbol{R}}^2 \\ -U(\boldsymbol{R}, t) \quad 答$$

ポイント

$\dfrac{\partial L}{\partial q^k} = 0$ ならば, $p_k \equiv \dfrac{\partial L}{\partial \dot{q}^k}$ に対してオイラー・ラグランジュ方程式より,

$$\frac{\mathrm{d}p_k}{\mathrm{d}t} = 0 \quad \therefore p_k = 一定$$

となる.

(2) (1) で求めたラグランジアン $L(\boldsymbol{X}, \boldsymbol{R}, \dot{\boldsymbol{X}}, \dot{\boldsymbol{R}}, t)$ は $\boldsymbol{X}$ を陽に含まない. すなわち,

$$\frac{\partial L}{\partial \boldsymbol{X}} = 0$$

であり, $\boldsymbol{X}$ に共役な運動量

$$\boldsymbol{P} \equiv \frac{\partial L}{\partial \dot{\boldsymbol{X}}} = (m_1 + m_2)\dot{\boldsymbol{X}} = m_1\dot{\boldsymbol{r}}_1 + m_2\dot{\boldsymbol{r}}_2$$

が一定に保たれる. これは, 系の運動量保存則である. また, 2 質点の質量中心（重心）$\boldsymbol{X}$ の速度が一定に保たれることを意味する.

練習問題　5-8　（2体系の相対運動）　　　　　　　　　　解答 p.201

問題5-8において, $\boldsymbol{R}$ についてのオイラー・ラグランジュ方程式を導け.

ケプラー運動についてのラグランジアンを，運動が実現する平面上に極座標を導入して与えよ（問題7-4参照）．そのラグランジアンの形に基づいて，角運動量保存則を論ぜよ．

●考え方●

問題の指示に従って，極座標 (r, θ) を用いてラグランジアンを表示する．

解答

力の中心を原点Oとして，ケプラー運動のラグランジアンを書くと

$$L(\boldsymbol{r}, \dot{\boldsymbol{r}}) = \frac{1}{2}m\dot{\boldsymbol{r}}^2 - \frac{GmM}{|\boldsymbol{r}|}$$

となる．原点Oを極とする極座標 (r, θ) を導入すれば，

$$\dot{\boldsymbol{r}}^2 = \dot{r}^2 + (r\dot{\theta})^2 , \quad |\boldsymbol{r}| = r$$

となるので，座標変数として極座標を採用したときのラグランジアンは

$$L(r, \theta, \dot{r}, \dot{\theta}) = \frac{1}{2}m\left\{\dot{r}^2 + (r\dot{\theta})^2\right\} - \frac{GmM}{r}$$

となる．これは θ を陽に含まないので，これと共役な運動量（角運動量）

$$p_\theta = \frac{\partial L}{\partial \dot{\theta}} = mr^2\dot{\theta}$$

が一定に保たれる．これは角運動量保存則である．

ポイント

ラグランジアン $L(r, \theta)$ が陽に θ を含まなければ，θ に共役な運動量 $\dfrac{\partial L}{\partial \dot{\theta}}$ が保存量となる．

練習問題　5-9　（振り子の運動）　　　　　　　　　解答 p.201

一定の長さ l の軽い糸で吊り下げられた振り子（質量 m の質点）の運動は，図に示すような2つの角度 θ, ϕ を座標変数として記述できる．z 軸の正の向きが鉛直下向きで，重力加速の大きさを g とする．

(1) この系のラグランジアンを与えよ．

(2) 角運動量の z 成分が一定に保たれることを示せ．

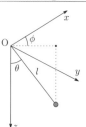

問題 5-⑩▼中心力による運動

平面内における中心力ポテンシャル $U(r)$ による 1 質点系の運動を考える.

(1) 極座標 (r, θ) を用いて, この系のラグランジアンを書け.

(2) この系のオイラー・ラグランジュ方程式を書け.

●考え方●

問題 5-⑨と同様に運動エネルギーを極座標 (r, θ) を用いて表示する.

■■■ 解答

(1) 質点の運動エネルギーを T とすれば, 1 質点系のラグランジアンは $L = T - U$ である. 質点の質量を m とすれば, 力の中心を極とする極座標 (r, θ) を用いたとき,

$$T = \frac{1}{2}m\left\{\dot{r}^2 + (r\dot{\theta})^2\right\}$$

となるので, ポテンシャルが $U = U(r)$ ならば,

$$L(r, \theta, \dot{r}, \dot{\theta}) = \frac{1}{2}m\left\{\dot{r}^2 + (r\dot{\theta})^2\right\} - U(r) \quad \text{答}$$

となる.

> **ポ イ ン ト**
>
> オイラー・ラグランジュ方程式は, 一般座標 q^i について,
> $$\frac{\mathrm{d}}{\mathrm{d}t}\left(\frac{\partial L}{\partial \dot{q}_i}\right) - \frac{\partial L}{\partial q_i} = 0$$
> である.

(2) $\dfrac{\partial L}{\partial \dot{r}} = m\dot{r}$, $\dfrac{\partial L}{\partial \dot{\theta}} = mr^2\dot{\theta}$, $\dfrac{\partial L}{\partial r} = mr\dot{\theta}^2 - \dfrac{\mathrm{d}U}{\mathrm{d}r}$, $\dfrac{\partial L}{\partial \theta} = 0$ なので, オイラー・ラグランジュ方程式は,

$$\begin{cases} \dfrac{\mathrm{d}}{\mathrm{d}t}(m\dot{r}) - \left(mr\dot{\theta}^2 - \dfrac{\mathrm{d}U}{\mathrm{d}r}\right) = 0 \\ \dfrac{\mathrm{d}}{\mathrm{d}t}(mr^2\dot{\theta}) - 0 = 0 \end{cases} \quad \therefore \quad \begin{cases} m(\ddot{r} - r\dot{\theta}^2) = -\dfrac{\mathrm{d}U}{\mathrm{d}r} \\ \dfrac{\mathrm{d}}{\mathrm{d}t}(mr^2\dot{\theta}) = 0 \end{cases} \quad \text{答}$$

となる.

練習問題 5-10 （中心力による運動の保存量） 解答 p.202

問題 5-⑩の系について, 次の量が保存量であることを示せ.

(1) エネルギー

(2) 原点まわりの角運動量

エミー・ネーター（Emmy Noether, 1882-1935）は，ドイツの数学者であり，彼女の業績は数学や理論物理学において非常に重要です.

エミー・ネーターは，ネーターの定理で広く知られています. 彼女の定理は，対称性と保存則の間の深い関係を示しており，特に物理学の分野で重要な役割を果たしました. ネーターの定理により，変換に対する対称性が物理量に対する保存則と結びついていることが理論的に理解されるようになりました.

ネーターは抽象代数学においても大きな進展を生みました. 群論や環論など，抽象的な代数構造に対する基本的な理論を構築しました. これにより，代数学がより抽象的で一般的な概念を扱う枠組みが提供され，数学の発展に大きな影響を与えました.

ネーターの群論のアプローチは，アルベルト・アインシュタインの一般相対性理論においても応用されました. 特に，アインシュタイン方程式における対称性や変換の理解にネーターの定理が用いられました. これにより，一般相対性理論がより抽象的で広範な対称性の概念に関連して理解されるようになりました.

エミー・ネーターの業績は数学と理論物理学の両分野で顕著であり，彼女のアプローチや発見は現代の数学や物理学においても根本的な概念として広く受け入れられています. また，彼女の偉業は数学界において多くの女性が数学者としての道を歩むきっかけとなり，その遺産は今日でも数学と物理学の進化に影響を与えています.

Chapter 6

変分法

最小作用の原理は解析力学の基本原理として採用できる.
最小作用の原理は，ラグランジュ方程式を導く.
最小作用の原理からラグランジュ方程式を導く手法を変分法という.
変分法の考え方は，力学以外の様々な分野にも応用できる.

基本事項

1 **作用**

❶作用積分

ラグランジアン $L(q, \dot{q}, t)$ により記述される n 自由度の力学系について，時刻 t_1, t_2 における状態 $q^{(1)}$, $q^{(2)}$ を指定したときに，2つの状態を結ぶ関数 $q(t)$ に対して，積分

$$I[q(t)] = \int_{t_1}^{t_2} L(q(t), \dot{q}(t), t) \, \mathrm{d}t$$

をつくり，これを**作用**あるいは**作用積分**と呼ぶ.

$q(t)$ としては，$q(t_1) = q^{(1)}$, $q(t_2) = q^{(2)}$ を満たす範囲であらゆる関数を考える．$q(t)$ の形を具体的に想定するごとに作用 $I[q(t)]$ の値が決定するので，作用 $I[q(t)]$ は，言わば関数 $q(t)$ の関数である（厳密には $q^{(1)}$ と $q^{(2)}$ の関数にもなっている）．このような "関数" を**汎関数**という.

2 **変分原理と運動方程式**（問題 6-①, ②）

❶変分

$t_1 < t < t_2$ において，関数 $q(t)$ を各時刻 t ごとに微小量 $\delta q(t)$ だけずらすことを考える．このずれ $\delta q(t)$ を $q(t)$ の**変分**という.

$q(t)$ の変分に伴って $\dot{q}(t)$ も微小にずれる．これを $\delta\dot{q}$ で表すが，

$$\delta\dot{q} = \frac{\mathrm{d}}{\mathrm{d}t}(\delta q)$$

である.

❷作用の変分

$q(t)$ の変分による作用の変分 $\delta I[q(t)]$ は，δq, $\delta\dot{q}$ の 2 次以上の微小量を無視して，

$$\delta I[q(t)] \equiv I[q(t) + \delta q(t)] - I[q(t)]$$
$$= \int_{t_1}^{t_2} \left\{ \sum_{i=1}^{n} \left(\frac{\partial L}{\partial q_i} - \frac{\mathrm{d}}{\mathrm{d}t}\left(\frac{\partial L}{\partial \dot{q}_i} \right) \right) \delta q_i(t) \right\} \mathrm{d}t$$

となる.

❸最小作用の原理

時刻 t_1, t_2 における状態 $q^{(1)}$, $q^{(2)}$ を指定したときに,現実の $q(t)$ がどのように変化するかを考える.

$t_1 < t < t_2$ における $q(t)$ は作用 $I[q(t)]$ が最小になるように決まる.

これを**最小作用の原理**という.そして,最小作用の原理がラグランジュの運動方程式

$$\frac{\mathrm{d}}{\mathrm{d}t}\left(\frac{\partial L}{\partial \dot{q}_i}\right) - \frac{\partial L}{\partial q_i} = 0$$

を与える.

作用 $I[q(t)]$ が最小となる条件は,変分 $\delta I[q(t)]$ が 0 となることである.これは,厳密には $I[q(t)]$ の停留値条件である.

このように,汎関数の停留条件から法則を導く考え方を一般に**変分原理**という.また,その手法を**変分法**という.最小作用の原理は変分原理の一種であり,上のようにしてラグランジュの運動方程式を導く方法が変分法の 1 つである.

3　変分法の応用（問題6-③, ④, ⑤, ⑥）

❶変分法の考え方

最小作用の原理からラグランジュの運動方程式を導いた手法,すなわち,変分法は,積分値を最小あるいは最大とする関数を求めることに応用できる.例えば,x_1, x_2 が与えられたときに,関数 $L(y, y', x)$ の積分

$$I = \int_{x_1}^{x_2} L(y(x), y'(x), x)\,\mathrm{d}x \qquad \cdots ①$$

の停留値を与える関数 $y = y(x)$ は

$$\frac{\mathrm{d}}{\mathrm{d}x}\left(\frac{\partial L}{\partial y'}\right) - \frac{\partial L}{\partial y} = 0 \qquad \cdots ②$$

により与えられる.①,②における y' は,$y(x)$ の導関数である.

したがって,力学に限らず,ある現象が,何らかの関数 $L(y, y', x)$ について積分①の停留値問題として表現できれば,方程式②を解くことにより解決できる.

❷様々な分野への応用

　実際，変分法の考え方は，様々な事象に応用されている.

　光の経路を与える**フェルマーの原理**は，光が与えられた 2 点 A，B 間を通過するのに要する時間

$$T = \int_{A \to B} \frac{n \mathrm{d}s}{c} \qquad (c \text{ は真空中の光の速さ}, \ n \text{ は屈折率})$$

の最小値（停留値）問題である.

　また，最速降下曲線を求める問題も，重力下での滑らかな曲線に沿った運動の，所要時間の最小値（停留値）問題である.

問題 6-①▼ 1自由度系の最小作用の原理

1つの座標変数 $q(t)$ で記述される1自由度の系を考える．この系のラグランジアン $L(q,\dot{q},t)$ に対して，

$$I[q(t)] = \int_{t_1}^{t_2} L(q(t),\dot{q}(t),t)\,\mathrm{d}t$$

を作用積分という．積分区間の両端の時刻における $q(t)$ を指定したときに，作用積分が最小となる条件（停留条件）がオイラー・ラグランジュ方程式を与えることを示せ．

●考え方●

$I[q(t)]$ が最小になるとき，$q(t)$ の微小なずらしに対する I の変分 δI は $\delta I = 0$ となる．

解答

$q(t)$ の微小なずらしに対応して各時刻ごとに

$$\delta L = \frac{\partial L}{\partial q}\delta q + \frac{\partial L}{\partial \dot{q}}\delta \dot{q}$$

であるから，作用積分の変分は

ポイント

$q(t)$ のずらし $\delta q(t)$ に対応する $\dot{q}(t)$ のずれは

$$\delta \dot{q}(t) = \frac{\mathrm{d}}{\mathrm{d}t}\delta q(t)$$

である．

$$\delta I = \int_{t_1}^{t_2}\left(\frac{\partial L}{\partial q}\delta q + \frac{\partial L}{\partial \dot{q}}\delta \dot{q}\right)\mathrm{d}t = \int_{t_1}^{t_2}\delta q\left(\frac{\partial L}{\partial q} - \frac{\mathrm{d}}{\mathrm{d}t}\left(\frac{\partial L}{\partial \dot{q}}\right)\right)\mathrm{d}t$$

となる．ここで，$t = t_1,\ t_2$ において $\delta q = 0$ であるから，部分積分により

$$\int_{t_1}^{t_2}\frac{\partial L}{\partial \dot{q}}\delta \dot{q}\,\mathrm{d}t = \left[\frac{\partial L}{\partial \dot{q}}\delta q\right]_{t_1}^{t_2} - \int_{t_1}^{t_2}\delta q\frac{\mathrm{d}}{\mathrm{d}t}\left(\frac{\partial L}{\partial \dot{q}}\right)\mathrm{d}t = -\int_{t_1}^{t_2}\delta q\frac{\mathrm{d}}{\mathrm{d}t}\left(\frac{\partial L}{\partial \dot{q}}\right)\mathrm{d}t$$

となることを用いた．

作用積分 I が最小であるとき，任意の $\delta q(t)$ に対して $\delta I = 0$ となるので，

$$\frac{\partial L}{\partial q} - \frac{\mathrm{d}}{\mathrm{d}t}\left(\frac{\partial L}{\partial \dot{q}}\right) = 0$$

の成立が要請される．これは，オイラー・ラグランジュ方程式である．

練習問題 6-1 （多自由度系の最小作用の原理） 解答 p.203

n 自由度の系について，最小作用の原理がオイラー・ラグランジュ方程式を導くことを示せ．

問題 6-②▼変分法

x の関数 $y(x)$ について，その導関数を $y'(x)$ で表す．$x = x_1$, x_2 における y の値 $y_1 = y(x_1)$, $y_2 = y(x_2)$ を指定したときに，$y(x)$, $y'(x)$, x の関数 $L(y(x), y'(x), x)$ の積分

$$I[y] = \int_{x_1}^{x_2} L(y(x), y'(x), x) \, \mathrm{d}x$$

の値について停留値を与える関数 $y(x)$ が満たす方程式を導け．

●考え方●

$L(y, y', x)$ において y, y', x はそれぞれ独立な変数として扱う．

解答

$I[y]$ の停留値を与える $y(x)$ からの任意の微小なずらし δy に対して，I の変分 δI は $\delta I = 0$ となる．問題6-①と同様の議論により

$$\delta I = \int_{x_1}^{x_2} \delta y \left(\frac{\partial L}{\partial y} - \frac{\mathrm{d}}{\mathrm{d}x} \left(\frac{\partial L}{\partial y'} \right) \right) \mathrm{d}x$$

となるので，I の値に停留値を与える条件は

$$\frac{\partial L}{\partial y} - \frac{\mathrm{d}}{\mathrm{d}x} \left(\frac{\partial L}{\partial y'} \right) = 0$$

を要請する．つまり，$I[y]$ に停留値を与える関数 $y(x)$ が満たすべき方程式は

$$\frac{\mathrm{d}}{\mathrm{d}x} \left(\frac{\partial L}{\partial y'} \right) = \frac{\partial L}{\partial y} \qquad 答$$

ポイント

解析力学以外にも様々な物理法則が変分原理の形式で表現される．

練習問題 6-2 （変分法と保存則）　　　　　解答 p.203

問題6-②の関数 $y(x)$ について，次の各項を示せ．

(1) L が y には依存しないとき（y' には依存する），$\dfrac{\partial L(y', x)}{\partial y'}$ は x によらない定数である．

(2) L が陽には x に依存しないとき，$\dfrac{\partial L(y, y')}{\partial y'} y' - L(y, y')$ は x によらない定数である．

問題 6-③▼変分法の練習

xy 平面上の2点 $\mathrm{P}_1(x_1, y_1)$, $\mathrm{P}_2(x_2, y_2)$ $(x_1 \neq x_2)$ を結ぶ最短経路を，変分法を用いて求めよ．

●考え方●

結論は勿論，線分 $\mathrm{P}_1\mathrm{P}_2$ であるが，変分法を用いて導く．

解答

P_1 と P_2 を結ぶ xy 平面上の曲線 $y = y(x)$ を考える．このとき，曲線 $\mathrm{P}_1\mathrm{P}_2$ の長さ I は，

$$I = \int_{x_1}^{x_2} \sqrt{1 + \{y'(x)\}^2} \mathrm{d}dx$$

で与えられる．これは問題6-②において

$$L(y, y', x) = \sqrt{1 + \{y'(x)\}^2}$$

の場合の変分問題に相当する．この L は y に陽に依存しないので，

$$\frac{\partial L}{\partial y'} = \frac{y'(x)}{\sqrt{1 + \{y'(x)\}^2}} = 定数$$

となる．これは $y'(x)$ が x によらない定数であることを意味する．その値を a とおけば，

$$y'(x) = a \quad \therefore y = ax + b \quad (b は定数)$$

2つの定数 a, b は $y(x_1) = y_1$, $y(x_2) = y_2$ の条件から決定できる．

1次以下の関数のグラフは直線になるので，P_1, P_2 を結ぶ最短経路を与える曲線 $\mathrm{P}_1\mathrm{P}_2$ は，P_1 と P_2 を両端とする線分となる． 答

ポイント

曲線 $y = y(x)$ の微小部分の長さは

$$\mathrm{d}s = \sqrt{1 + \{y'(x)\}^2} \, \mathrm{d}x$$

で与えられる．

練習問題 6-3 （変分法の練習） 解答 p.203

次の積分の停留値を与える関数 $y = y(x)$ の形を決定せよ．ただし，$y(x_1) = t_1$, $y(x_2) = y_2$ であり，$y(x) > 0$ とする．

$$\int_{x_1}^{x_2} y(x)\sqrt{1 + y'(x)^2} \, \mathrm{d}x$$

$y(0) = y(a) = 0 \ (a > 0)$ を満たす非負の値をとる関数 $y = y(x)$ がある．xy 平面上の曲線 $y = y(x) \ (0 \leq x \leq a)$ の長さが l であるという条件の下で，この曲線と x 軸が囲む部分の面積 A を，xy 平面上の曲線 $y = y(x)$ に沿った長さ s を用いて

$$A = \int_0^l L(y, y', s) \, \mathrm{d}s$$

と表す $L(y, y', s)$ を求めよ．

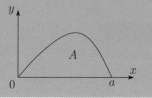

●考え方●

面積 A を x についての積分で表せば

$$A = \int_0^a y(x) \, \mathrm{d}x$$

である．

解答

曲線 $y = y(x)$ 上の点の座標 $(x, \ y)$ を s の関数と見る．

$$x = x(s) \ , \quad y(s) = y(x(s))$$

このとき，$x'(s) > 0$ であることに注意すれば，

$$(\mathrm{d}s)^2 = (\mathrm{d}x)^2 + (\mathrm{d}y)^2 \quad \therefore \ x'(s) = \sqrt{1 - (y'(s))^2}$$
$$\mathrm{d}x = x'(s) \, \mathrm{d}s = \sqrt{1 - (y'(s))^2} \, \mathrm{d}s$$

なので，

$$A = \int_{x=0}^{x=a} y \, \mathrm{d}x = \int_{s=0}^{s=l} y(s) \sqrt{1 - (y'(s))^2} \, \mathrm{d}s$$

となる．よって，題意の $L(y, y', s)$ は，

$$L(y, y', s) = y \sqrt{1 - y'^2} \qquad \text{答}$$

ポイント

$x = x(s)$ のとき，
$$\mathrm{d}x = x'(s) \, \mathrm{d}s$$
である．

練習問題 6–4 （変分法の応用）　　　　　　　　　　解答 p.204

問題6-4の A を最大にする xy 平面上の曲線 $y = y(x)$ を求めよ．

問題 6-⑤▼最速降下曲線①

水平方向に x 軸，鉛直下向きに y 軸を設定する．重力加速度の大きさを g とする．この xy 平面上で，原点 O$(0, 0)$ と点 A(a, b) $(a > 0, b > 0)$ を結ぶなめらかな曲線に沿って原点 O から初速 0 で質点が滑り始めた．このとき，質点が点 A に到達するまでの時間 $T[y]$ を

$$T[y] = \int_{x=0}^{x=a} L(y, y')\, \mathrm{d}x$$

と与えるとき，$L(y, y')$ を求めよ．

●考え方●

曲線に沿った長さを $\mathrm{d}s$，質点の速さを v とすれば，$T = \int_{x=0}^{x=a} \dfrac{\mathrm{d}s}{v}$ である．

解答

質点の y 座標の関数として，質点の速さは $v = \sqrt{2gy}$ と与えられるので，経路に沿った長さを $\mathrm{d}s$ とすれば，原点 O から点 A に至る所要時間 T は，

$$T = \int_{x=0}^{x=a} \frac{\mathrm{d}s}{v} = \int_{x=0}^{x=a} \frac{\mathrm{d}s}{\sqrt{2gy}}$$

である．ここで，

$$\mathrm{d}s = \sqrt{(\mathrm{d}x)^2 + (\mathrm{d}y)^2} = \sqrt{1 + y'^2}\,\mathrm{d}x$$

なので，T は，$y(x)$ の汎関数として

$$T[y] = \int_{x=0}^{x=a} \frac{\sqrt{1 + y'^2}}{\sqrt{2gy}}\, \mathrm{d}x$$

となる．したがって，題意の $L(y, y')$ は

$$L(y, y') = \frac{\sqrt{1 + y'^2}}{\sqrt{2gy}} \quad 答$$

である．

ポ イ ン ト

質点の速さ v は y 座標の関数として

$$v = \sqrt{2gy}$$

と与えられる．

練習問題　6-5　（最速降下曲線の方程式）　　　　　解答 p.204

問題 6-⑤の $T[y]$ を最小にする $y(x)$ の満たす微分方程式を導け．

問題6-5の $T[y]$ を最小にする $y(x)$ が，x によらない定数 A を用いて

$$\frac{\mathrm{d}y}{\mathrm{d}x} = \pm\sqrt{\frac{2A}{y} - 1}$$

なる形の方程式を満たすことを示せ．

●考え方●

問題6-5の L が x に陽に依存しないことを利用する．

解答

問題6-5の $T[y]$ を最小にするには，積分

$$I[y] = \int_0^a \sqrt{\frac{1+y'^2}{y}}\,\mathrm{d}x$$

の変分問題を論ずればよい．ラグランジアン

$L(y, y', x) = \sqrt{\dfrac{1+y'^2}{y}}$ は陽に x に依存しないので，

$$L - \frac{\partial L}{\partial y'}y' = \sqrt{\frac{1+y'^2}{y}} - \frac{y'}{\sqrt{y(1+y'^2)}}y' = \frac{1}{\sqrt{y(1+y'^2)}}$$

が保存量となる．したがって，x に依存しない定数 A を用いて

$$\frac{1}{\sqrt{y(1+y'^2)}} = \frac{1}{\sqrt{2A}}$$

とおくことができる．このとき，

$$y'^2 = \frac{2A}{y} - 1 \quad \therefore\ \frac{\mathrm{d}y}{\mathrm{d}x} = \pm\sqrt{\frac{2A}{y} - 1}$$

が成り立つ．

ポ イ ン ト

ラグランジアンが x に陽に依存せず $L(y(x), y'(x))$ の形で与えられるとき，$L - \dfrac{\partial L}{\partial y'}y'$ は x によらない一定値である．

練習問題 6-6 （最速降下曲線）　　　　　　　解答 p.205

問題6-6の方程式において，$y = A(1-\cos\theta)$ とおくことにより解け．また，$b = 0$ の場合に $T[y]$ を求めよ．

問題 6-7▼フェルマーの原理

解析力学だけではなく，物理学の多くの理論が変分原理の形で表現される．
光の経路は，次のフェルマーの原理に従う．
「光は，その所要時間が最短の経路，すなわち，光学的距離が最短の経路を
通る」
屈折率が n_1, n_2 の 2 種類の物質が平らな境界面を挟んで接している場合に
ついて，フェルマーの原理に基づいて屈折の法則を導出せよ．

●考え方●

光の始点と終点を指定し，その 2 点を結ぶ経路の光学的距離を適当な変数の関
数として与えて，変分法を適用する．

解答

　境界の反対側にある 2 点 A, B を結ぶ光の経路
を考える．図のように x 軸を設定して境界の通
過点の位置を x で表すと，x の関数として光学
的距離 Γ は

ポイント

屈折率が n である物質中の経
路 ds の光学的距離は $n \cdot ds$ で
ある．

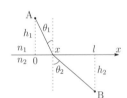

$$\Gamma(x) = n_1 \sqrt{h_1{}^2 + x^2} + n_2 \sqrt{h_2{}^2 + (l-x)^2}$$

と与えられる．x の微小な変化に対して

$$\delta\Gamma = \frac{\partial L}{\partial x} = \left(\frac{n_1 x}{\sqrt{h_1{}^2 + x^2}} - \frac{n_2(l-x)}{\sqrt{h_2{}^2 + (l-x)^2}} \right) \delta x$$

L が最小となるとき，任意の δx に対して $\delta\Gamma = 0$ なので，

$$\frac{n_1 x}{\sqrt{h_1{}^2 + x^2}} - \frac{n_2(l-x)}{\sqrt{h_2{}^2 + (l-x)^2}} = 0 \quad \cdots ①$$

光線の境界における入射角を θ_1，屈折角を θ_2 とすると，

$$\sin\theta_1 = \frac{x}{\sqrt{h_1{}^2 + x^2}}, \quad \sin\theta_2 = \frac{l-x}{\sqrt{h_2{}^2 + (l-x)^2}}$$

練習問題　6-7　（反射の法則）　　　　　　　　　　解答 p.205

問題 6-7の場合について，フェルマーの原理に基づいて反射の法則を導出
せよ．

　カール・グスタフ・ヤコブ・ヤコビ（Carl Gustav Jacob Jacobi, 1804-1851）は，ドイツの数学者です．彼の数学的才能は早くから認識され，ベルリン大学で学びました．彼は，代数学，解析学，微分方程式，および，変分法の分野において偉大な業績を遺しています．

　ヤコビは楕円積分の理論を発展させ，新しい楕円関数（ヤコビ楕円関数）を導入しました．これらの関数は楕円積分と関連し，力学や場の理論など多くの数学的応用において使用されました．ヤコビ楕円関数は，楕円運動やリーマン面上の楕円関数論において重要な役割を果たしました．さらに，彼は，楕円関数に関連する極限に関する理論を展開し，ヤコビ・アーベルの定理として知られる重要な結果を導出しました．この定理は，楕円積分の特殊な性質を示すものであり，代数方程式の解の存在性や特殊な積分の性質に影響を与えました．

　ヤコビは変分法においても重要な貢献をしました．特に，彼の最小曲面の理論は，表面の形状を最小エネルギーの原理に基づいて記述しました．このアプローチは後に微分幾何学の一環として発展し，最小曲面の理論が多くの応用分野で活用されました．

　ヤコビは行列式に関するヤコビ法も提案しました．この手法は，偏微分方程式の変数変換や連立方程式の解法において広く使用され，数学的な問題の解法においてヤコビ法の考え方が採用されています．

　超幾何級数やヤコビ多項式といった特殊関数の理論にも取り組みました．これらの特殊関数は，物理学や工学，統計学などの応用分野で幅広く使われ，ヤコビの業績はこれらの分野において大きな影響を与えました．ヤコビの業績は数学の様々な分野に波及し，その影響は現代の数学や関連する科学分野においても色濃く残っています．

Chapter 7

様々な力学系

ここまでに学んだ手法を,
具体的な力学現象に適用する練習を行う.
ラグランジュ形式の力学に親しみながら,
その基礎理論の理解を深めて欲しい.

基本事項

1 様々な振動 (問題7-1, 2, 3, 4, 5, 6, 7)

❶調和振動

高校で単振動と呼んでいた運動を**調和振動**と呼ぶ.

角振動数が ω の1次元調和振動子のラグランジアンは

$$L(x, \dot{x}) = \frac{1}{2}m\dot{x}^2 - \frac{1}{2}m\omega^2 x^2$$

である. ラグランジュ方程式は,

$$m\ddot{x} + m\omega^2 x = 0 \qquad \therefore \ddot{x} = -\omega^2 x$$

となる.

❷連成振動

複数の質点がばねで接続された系
において実現する運動を**連成振動**と
いう. 連成振動は調和振動の重ね合わせとして表現できる.

例えば, 右上図の系のラグランジアンは

$$L(x_1, x_2, \dot{x}_1, \dot{x}_2) = \frac{1}{2}m\dot{x}_1^2 + \frac{1}{2}m\dot{x}_2^2 - \frac{1}{2}k{x_1}^2 - \frac{1}{2}k(x_1 - x_2)^2 - \frac{1}{2}k{x_2}^2$$

となる. x_1, x_2 は, 各質点の平衡点からの変位である. ラグランジュ方程式は,

$$m\ddot{x}_1 + kx_1 + k(x_1 - x_2) = 0$$

$$m\ddot{x}_2 - k(x_1 - x_2) + kx_2 = 0$$

となる. 行列を使うと,

$$\begin{pmatrix} \ddot{x}_1 \\ \ddot{x}_2 \end{pmatrix} = \begin{pmatrix} -\dfrac{2k}{m} & \dfrac{k}{m} \\ \dfrac{k}{m} & -\dfrac{2k}{m} \end{pmatrix} \begin{pmatrix} x_1 \\ x_2 \end{pmatrix}$$

とまとめることができる.

❸連続体の振動

$-\dfrac{l}{2} \leq x \leq \dfrac{l}{2}$ の区間に張られた長さ l の弦の振動を考える. ラグランジアンは, 弦に伝わる波の波動関数を ψ とすると,

$$\mathcal{L} = \frac{\rho}{2}\left(\frac{\partial \psi}{\partial t}\right)^2 - \frac{\kappa}{2}\left(\frac{\partial \psi}{\partial x}\right)^2$$

として

$$L = \int_{-l/2}^{l/2} \mathcal{L}\left(\psi, \frac{\partial \psi}{\partial x}, \frac{\partial \psi}{\partial t}\right) \mathrm{d}x$$

により与えられる. $\mathcal{L}$ をラグランジアン密度と呼ぶ. ρ は弦の密度, κ は強さを表すパラメータである.

---

2 | 剛体の運動 (問題 7-8, 9, 10)

❶剛体の力学変数

剛体の運動の自由度は 6 である.

剛体に固定した座標系 G : O′-$x'y'z'$ を考えると, 剛体の任意の点は G 系に対して静止しているので, 慣性系 K : O-xyz に対する座標系 G の運動が剛体の運動を表現する. これは, O′(x_0, y_0, z_0) の運動と, **オイラー角**と呼ばれる 3 つの角 (ϕ, θ, ψ) の運動により記述される.

❷慣性モーメント

G 系の原点 O′ が静止して, 剛体が角速度ベクトル $\boldsymbol{\omega}$ で表される回転運動を行っているとき, 剛体の角運動量 $\boldsymbol{M}$ は,

$$I = \begin{pmatrix} I_{11} & I_{12} & I_{13} \\ I_{21} & I_{22} & I_{23} \\ I_{31} & I_{32} & I_{33} \end{pmatrix}$$

$$I_{ij} = \int \mathrm{d}x_1 \mathrm{d}x_2 \mathrm{d}x_3 \rho(\boldsymbol{r})(r^2 \delta_{ij} - x_i x_j) \quad \begin{array}{l}(\delta_{ij}\,はクロネッカーのデルタ \\ \text{p. 137 参照})\end{array}$$

により定義される行列 I を用いて

$$\boldsymbol{M} = I\boldsymbol{\omega}$$

と表される. ただし, $\rho(\boldsymbol{r})$ は位置 $\boldsymbol{r}$ の密度, $x_1 = x$, $x_2 = y$, $x_3 = z$ である. このような行列 I を剛体の**慣性モーメント (行列)** と呼ぶ.

ばね定数 k の軽いばねで鉛直に吊り下げた質点系について，ばねの伸び x を力学変数として採用することにより，この系のラグランジアンを与え，さらに，オイラー・ラグランジュ方程式を書き，それに基づいてどのような運動が実現するかを論じよ．

●考え方●

重力加速度の大きさを g として，

$$U(x) = \frac{1}{2}kx^2 + mg \cdot (-x) = \frac{1}{2}kx^2 - mgx$$

をポテンシャルとして採用できる．

解答

ラグランジアンが

$$L(x, \dot{x}) = \frac{1}{2}m\dot{x}^2 - \left(\frac{1}{2}kx^2 - mgx\right)$$

であり，

$$\frac{\partial L}{\partial x} = -kx + mg , \quad \frac{\partial L}{\partial \dot{x}} = m\dot{x}$$

である．よって，この系のオイラー・ラグランジュ方程式は

$$\frac{\mathrm{d}}{\mathrm{d}t}(m\dot{x}) - (-kx + mg) = 0 \quad \text{すなわち，} m\ddot{x} = -kx + mg$$

これは，

$$\ddot{x} = -\frac{k}{m}\left(x - \frac{mg}{k}\right)$$

と変形できるので，運動は $x = \dfrac{mg}{k}$ である位置を中心とし，角振動数が $\omega = \sqrt{\dfrac{k}{m}}$ の単振動となる．

> ### ポイント
>
> x を力学変数とする1自由度の系のラグランジアンは，
>
> $$L(x, \dot{x}) = \frac{1}{2}m\dot{x}^2 - U(x)$$
>
> である．

練習問題 7-1 （水平ばね振り子） 解答 p.206

なめらかな水平面上に一端を固定されたばね定数 k の軽いばねがあり，もう一方の端に質量 m の質点を接続する．質点の運動はばねの方向に制限されているとして，この系をラグランジアンを与え，さらに，オイラー・ラグランジュ方程式を書き，それに基づいてどのような運動が実現するかを論じよ．

問題 7-②▼単振り子

単振り子は自由度1の系であり，最下点からの振れ角 θ を力学変数として採用することができる．振り子の質量を m，振り子の腕の長さを l，重力加速度の大きさを g として，単振り子のラグランジアンを与えよ．

●考え方●

力学変数 θ を用いて，運動エネルギーとポテンシャルを求める．

解答

振り子の速度は $l\dot{\theta}$ なので，系の運動エネルギーは

$$T = \frac{1}{2}m(l\dot{\theta})^2$$

である．

最下点を基準とする振り子の高さは $l - l\cos\theta = l(1 - \cos\theta)$ なので，重力によるポテンシャルは

$$U(\theta) = mgl(1 - \cos\theta)$$

である．よって，単振り子のラグランジアンは，

$$L(\theta, \dot{\theta}) = T(\dot{\theta}) - U(\theta) = \frac{1}{2}m(l\dot{\theta})^2 - mgl(1 - \cos\theta)$$

により与えられる．

ポ イ ン ト

θ を座標変数とする系のラグランジアン $L(\theta, \dot{\theta})$ は，系の運動エネルギー $T(\dot{\theta})$ とポテンシャル $U(\theta)$ を求めれば，

$$L(\theta, \dot{\theta}) = T(\dot{\theta}) - U(\theta)$$

練習問題 7-2 （放物線に沿った運動）　　　　　解答 p.206

焦点を極とする極方程式

$$r = \frac{2l}{1 + \cos\theta} \qquad (l \text{ は長さの次元をもつ正の一定値})$$

で与えられる鉛直面内のなめらかな放物線に沿った質点 m の運動を考える．始線の向きが鉛直下向きであるとして，この系のラグランジアンを与えよ．重力加速度の大きさを g とする．

問題 7-③▶単振り子についてのオイラー・ラグランジュ方程式
問題 7-③で求めたように，単振り子のラグランジアンは，

$$L(\theta, \dot{\theta}) = \frac{1}{2}m(l\dot{\theta})^2 - mgl(1 - \cos\theta)$$

と与えられる．この系のオイラー・ラグランジュ方程式を書け．

●考え方●
θ を力学変数とする 1 自由度の系のオイラー・ラグランジュ方程式は，

$$\frac{\mathrm{d}}{\mathrm{d}t}\left(\frac{\partial L}{\partial \dot{\theta}}\right) - \frac{\partial L}{\partial \theta} = 0$$

である．

解答

ラグランジアンが，

$$L(\theta, \dot{\theta}) = \frac{1}{2}m(l\dot{\theta})^2 - mgl(1 - \cos\theta)$$

なので，

$$\frac{\partial L}{\partial \dot{\theta}} = ml^2\dot{\theta} \ , \quad \frac{\partial L}{\partial \theta} = -mgl\sin\theta$$

である．よって，この系のオイラー・ラグランジュ方程式は

$$\frac{\mathrm{d}}{\mathrm{d}t}\left(ml^2\dot{\theta}\right) - (-mgl\sin\theta) = 0$$

すなわち，

$$\ddot{\theta} = -\frac{g}{l}\sin\theta \quad \boxed{答}$$

となる．これは，ニュートンの運動方程式から導かれる方程式と一致する．

> **ポイント**
>
> ラグランジアンを与える力学変数が θ であれば，一般化運動量は $\dfrac{\partial L}{\partial \dot{\theta}}$ であり，一般化力は $\dfrac{\partial L}{\partial \theta}$ である．

練習問題 7-3 （放物線に沿った運動）　　　解答 p.206
θ を力学変数として，ラグランジアンが

$$L(\theta, \dot{\theta}) = \frac{4m(l\dot{\theta})^2}{(1 + \cos\theta)^3} - \frac{1 - \cos\theta}{1 + \cos\theta}mgl$$

と与えられる系のオイラー・ラグランジュ方程式を書け．また，$|\theta| \ll 1$ の範囲で運動が実現する場合の系の振る舞いについて論ぜよ．

問題 7-4 ▼ケプラー運動

質量 M の天体のまわりで質量 m の小物体が運動している系を考える．万有引力定数を G とし，天体の運動は無視できるものとする．

小物体の運動が一定の平面内で実現することを既知として，その平面内に天体の中心を極とする極座標 (r, θ) を導入して，この系のラグランジアンを与えよ．

●考え方●

小物体の運動エネルギーと，万有引力によるポテンシャルをそれぞれ，極座標 (r, θ) により表示する．

■ 解答

極座標 (r, θ) を用いると $\dot{r}$, $r\dot{\theta}$ が，運動が実現する平面内の小物体の速度の直交成分になっているので，小物体の運動エネルギーは，

$$T = \frac{1}{2}m\left\{\dot{r}^2 + (r\dot{\theta})^2\right\}$$

である．

ポ イ ン ト

万有引力によるポテンシャルは，無限遠方を基準として

$$U(r) = -G\frac{mM}{r}$$

となる．

一方，万有引力によるポテンシャルは，無限遠方を基準として

$$U(r) = -G\frac{mM}{r}$$

である．

したがって，この系のラグランジアン $L(r, \theta, \dot{r}, \dot{\theta})$ は，

$$L(r,\theta,\dot{r},\dot{\theta}) = T - U = \frac{1}{2}m\left\{\dot{r}^2 + (r\dot{\theta})^2\right\} + \frac{GmM}{r} \quad \text{答}$$

となる．

練習問題 7-4 （ケプラー運動の運動方程式）　　解答 p.206

問題 7-4で求めたラグランジアン

$$L(r,\theta,\dot{r},\dot{\theta}) = \frac{1}{2}m\left\{\dot{r}^2 + (r\dot{\theta})^2\right\} + \frac{GmM}{r}$$

に基づいて，オイラー・ラグランジュ方程式を書け．

問題 7-5 ▼連成振動

図のように3つのばねA，B，Cと 2つの小物体P，Qを接続した系が

ある．ばねは，いずれも質量が無視でき，A，B，Cのばね定数はそれぞれ k_1，k_2，k_3 である．また，P，Qの質量がそれぞれ m_1，m_2 である．ばね A，Bは，それぞれ一端が壁に固定されている．すべてのばねが自然長の状態が実現し，その状態からのP，Qの変位を x_1，x_2 とする．系は水平面上にあり，摩擦は無視できる．

x_1，x_2 を力学変数として，この系のラグランジアンを与えよ．

●考え方●

x_1，x_2 を用いて，系の運動エネルギーとポテンシャルを求める．

解答

P，Qの運動エネルギーの和が，系の運動エネルギー T を与えるので，

$$T = \frac{1}{2}m_1\dot{x_1}^2 + \frac{1}{2}m_2\dot{x_2}^2$$

である．

一方，A，B，Cの弾性エネルギーの和が，系のポテンシャル U を与えるので，ばねBの伸びが $x_2 - x_1$ で与えられることに注意すれば，

$$U = \frac{1}{2}k_1x_1^2 + \frac{1}{2}k_2(x_2-x_1)^2 + \frac{1}{2}k_3x_2^2$$

である．

したがって，この系のラグランジアン $L(x_1, x_2, \dot{x_1}, \dot{x_2})$ は，

$$L(x_1, x_2, \dot{x_1}, \dot{x_2}) = T - U$$
$$= \frac{1}{2}m_1\dot{x_1}^2 + \frac{1}{2}m_2\dot{x_2}^2 - \left(\frac{1}{2}k_1x_1^2 + \frac{1}{2}k_2(x_2-x_1)^2 + \frac{1}{2}k_3x_2^2\right) \quad \text{答}$$

となる．

ポ イ ン ト

3つのばねの弾性エネルギーの和を，系のポテンシャルとして採用できる．

ポ イ ン ト

3つのばねの弾性エネルギーの和を，系のポテンシャルとして採用できる．

練習問題 7-5 （連成振動の運動方程式） 解答 p.207

問題 7-5 で求めたラグランジアンに基づいて，オイラー・ラグランジュ方程式を書け．

114

問題 7-6 ▼二重振り子

長さ l_1, l_2 の 2 本の軽い糸で，質量 m_1, m_2 の 2 つ
の質点を接続して吊り下げた系の，鉛直面内での運
動を考える．図のように，鉛直下向きを基準として
角度 θ_1, θ_2 を定義するとき，この系の運動エネル
ギー T を求めよ．

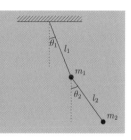

●考え方●

各質点の直交座標を $(x_1,\ y_1)$, $(x_2,\ y_2)$ とすれば，

$$T = \frac{1}{2}m_1(\dot{x_1}^2 + \dot{y_1}^2) + \frac{1}{2}m_2(\dot{x_2}^2 + \dot{y_2}^2)$$

である．

> **ポイント**
>
> 直交座標と θ_1, θ_2 の関係を調
> べる．

解答

図のように xy 座標を設定し，各質点の座標
を $(x_1,\ y_1)$, $(x_2,\ y_2)$ とする．このとき，

$$T = \frac{1}{2}m_1(\dot{x_1}^2 + \dot{y_1}^2) + \frac{1}{2}m_2(\dot{x_2}^2 + \dot{y_2}^2)$$

である．θ_1, θ_2 を用いれば，

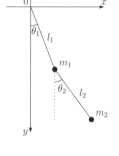

$$\begin{cases} x_1 = l_1 \sin\theta_1 \\ y_1 = l_1 \cos\theta_1 \end{cases} \quad \therefore \quad \begin{cases} \dot{x_1} = l_1\dot{\theta_1}\cos\theta_1 \\ \dot{y_1} = -l_1\dot{\theta_1}\sin\theta_1 \end{cases}$$

$$\begin{cases} x_1 = l_1 \sin\theta_1 + l_2 \sin\theta_2 \\ y_1 = l_1 \cos\theta_1 + l_2 \cos\theta_2 \end{cases} \quad \therefore \quad \begin{cases} \dot{x_2} = l_1\dot{\theta_1}\cos\theta_1 + l_2\dot{\theta_2}\cos\theta_2 \\ \dot{y_2} = -l_1\dot{\theta_1}\sin\theta_1 - l_2\dot{\theta_2}\sin\theta_2 \end{cases}$$

なので，

$$T = \frac{1}{2}m_1(l_1\dot{\theta_1})^2$$

$$+ \frac{1}{2}m_2\left\{(l_1\dot{\theta_1})^2 + (l_2\dot{\theta_2})^2 + 2l_1l_2\dot{\theta_1}\dot{\theta_2}(\cos\theta_1\cos\theta_2 + \sin\theta_1\sin\theta_2)\right\}$$

$$= \frac{1}{2}m_1(l_1\dot{\theta_1})^2 + \frac{1}{2}m_2\left\{(l_1\dot{\theta_1})^2 + (l_2\dot{\theta_2})^2 + 2l_1l_2\dot{\theta_1}\dot{\theta_2}\cos(\theta_1 - \theta_2)\right\} \quad 答$$

練習問題　7-6　（二重振り子の運動方程式）　　　　解答 p.207

問題 7-6 の系について，ラグランジアンを与え，オイラー・ラグランジュ方程
式を書け．

実体ばねのモデル

実体ばね（有限の質量を持つばね）を，等間隔 l で並ぶ，質量 m の N 個の質点が，自然長 l，ばね定数 k の軽い $N+1$ 本のばねで繋がれた系とみなす．両端のばねは固定されているものとする．

このとき，各質点の平衡状態から変位を ξ_i として，この系のラグランジアンを与え，オイラー・ラグランジュ方程式を書け．

●考え方●

各質点の運動エネルギーの和が系の運動エネルギーであり，各ばねの弾性エネルギーの和が系のポテンシャルになる．

解答

系の運動エネルギーは $T = \displaystyle\sum_{i=1}^{N} \frac{1}{2} m \dot{\xi}_i^2$ であ

り，ポテンシャルは $U = \displaystyle\sum_{i=1}^{N+1} \frac{1}{2} k (\xi_i - \xi_{i-1})^2$ な

ので，ラグランジアンは，

ポイント

$\xi_0 = \xi_{N+1} = 0$ として，i 番目のばねの伸びを $\xi_i - \xi_{i-1}$ と表すことができる．

$$L = T - U = \sum_{i=1}^{N} \frac{1}{2} m \dot{\xi}_i^2 - \sum_{i=1}^{N+1} \frac{1}{2} k (\xi_i - \xi_{i-1})^2 \quad \text{答}$$

となる．

オイラー・ラグランジュ方程式は，

$$\frac{\mathrm{d}}{\mathrm{d}t} \left(m \dot{\xi}_i \right) - \{ -k(\xi_i - \xi_{i-1}) + k(\xi_{i+1} - \xi_i) \} = 0$$

すなわち，

$$m \ddot{\xi}_i = -k(\xi_i - \xi_{i-1}) + k(\xi_{i+1} - \xi_i) \quad (i = 1, \cdots, N) \quad \text{答}$$

となる．

練習問題 7-7 （実体ばねの振動） 　　　　　　　　　　　　　　**解答 p.208**

問題 7-7 の系において $N = 2$ の場合について，運動方程式を解き，$\xi_1(t)$, $\xi_2(t)$ の一般解を求めよ．

問題 7-8 ▼固定軸をもつ剛体のラグランジアン

固定回転軸をもつ剛体の運動を考える. 剛体を N 質点系と見て, 質点 m_i の固定軸からの距離を r_i とする.

基準状態からの剛体の回転角 θ を座標変数として採用できる. この場合について, 剛体は回転軸のまわりになめらかに回転できるものとし, ポテンシャルを $U(\theta)$ として, この系のラグランジアンを与えよ.

●考え方●

各質点の運動エネルギーの和が, 剛体の運動エネルギーである.

解答

この剛体の運動エネルギー T は,

$$T = \sum_{i=1}^{N} \frac{1}{2} m_i (r_i \dot{\theta})^2$$

により与えられる.

$$I \equiv \sum_{i=1}^{N} m_i {r_i}^2$$

とすれば,

$$T = \frac{1}{2} I \dot{\theta}^2$$

となる. 一定値 I は, 固定軸まわりの剛体の**慣性モーメント**である.

したがって, この系のラグランジアンは,

$$L(\theta, \dot{\theta}) = T - U = \frac{1}{2} I \dot{\theta}^2 - U(\theta) \quad \text{答}$$

である.

ポ イ ン ト

角速度は剛体全体で一様に $\dot{\theta}$ である.

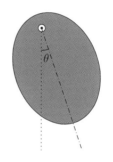

練習問題 7-8 （固定軸をもつ剛体の運動方程式） 解答 p.208

問題7-8の系のオイラー・ラグランジュ方程式を書け.

固定回転軸をもつ剛体の運動を考える.

剛体の質量を M, 回転軸から剛体の重心までの距離を r_C, 重心まわりの慣性モーメントを I_C とすれば, 回転軸まわりの剛体の慣性モーメント I は, $I = M r_C{}^2 + I_C$ であること, すなわち, 剛体の運動エネルギーが $\frac{1}{2}I\dot{\theta}^2$ と表されることを示せ.

●考え方●

剛体を N 質点系と見て, 運動エネルギーを計算する.

解答

剛体を N 質点系と見て, 固定軸を原点とする質点 m_i の位置を $\boldsymbol{r}_i$ とすれば, 剛体の運動エネルギー T は, $I \equiv \displaystyle\sum_{i=1}^{N} m_i r_i{}^2$ として,

$$T = \sum_{i=1}^{N} \frac{1}{2} m_i (r_i \dot{\theta}) = \frac{1}{2} I \dot{\theta}^2$$

ポ イ ン ト

質点系の重心からの位置を $\boldsymbol{r}_i'$ とすると,

$$\sum_{i=1}^{N} m_i \boldsymbol{r}_i' = \boldsymbol{0}$$

である.

により与えられる. 剛体の重心 $\boldsymbol{r}_C = \dfrac{\sum_{i=1}^{N} m_i \boldsymbol{r}_i}{M}$ に対して, $\boldsymbol{r}_i' \equiv \boldsymbol{r}_i - \boldsymbol{r}_C$ とすれば, $\boldsymbol{r}_i = \boldsymbol{r}_C + \boldsymbol{r}_i'$ なので,

$$r_i{}^2 = (\boldsymbol{r}_C + \boldsymbol{r}_i')^2 = r_C{}^2 + r_i'{}^2 + 2\boldsymbol{r}_C \cdot \boldsymbol{r}_i'$$

となるので,

$$I = \left(\sum_{i=1}^{N} m_i \right) r_C{}^2 + \sum_{i=1}^{N} m_i r_i'{}^2 + 2\boldsymbol{r}_C \cdot \left(\sum_{i=1}^{N} m_i \boldsymbol{r}_i' \right)$$

ここで, $\displaystyle\sum_{i=1}^{N} m_i = M$, $\displaystyle\sum_{i=1}^{N} m_i r_i'{}^2 = I_C$, $\displaystyle\sum_{i=1}^{N} m_i \boldsymbol{r}_i' = \boldsymbol{0}$ なので, $I = M r_C{}^2 + I_C$ であることが導かれる.

練習問題 7-9 （慣性モーメントの例） 解答 p.208

次の各剛体の, 固定軸まわりの慣性モーメントを求めよ.

(1) 一端を固定軸とする, 長さ l, 質量 M の一様な剛体棒

(2) 中心を固定軸とする, 半径 a, 質量 M の一様な剛体円盤

(3) (2) の円盤の固定軸が中心から距離 b の位置にある場合

問題 7-⑩▼固定軸をもつ剛体円盤の運動

半径 a，質量 M の一様な円盤が，円周上の1点を通り円盤面と垂直な固定軸で，円盤面が1つの鉛直面内に入るように固定されている．円盤は固定軸のまわりになめらかに回転できる．

この系のラグランジアンを与え，オイラー・ラグランジュ方程式を書け．重力加速度の大きさを g とする．

●考え方●

練習問題 7-10(3) の結論を利用すれば，慣性モーメントを求めることができる．

■■ 解答

中心が固定軸の真下にある状態からの回転角 θ を座標変数として採用する．

練習問題 7-10(3) において $b = a$ の場合に相当するので，固定軸まわりの慣性モーメントは，

$$I = \frac{a^2 + 2a^2}{2} M = \frac{3}{2} M a^2$$

である．よって，ラグランジアンは，

$$L(\theta, \dot{\theta}) = \frac{3}{2} M a^2 \dot{\theta}^2 - (-Mga \cos \theta) \quad \boxed{答}$$

となる．

$$\frac{\partial L}{\partial \theta} = -Mga \sin \theta \ , \ \ \frac{\partial L}{\partial \dot{\theta}} = 3Ma^2 \dot{\theta}$$

なので，オイラー・ラグランジュ方程式は，

$$\frac{\mathrm{d}}{\mathrm{d}t} \left(3Ma^2 \dot{\theta} \right) - (-Mg \sin \theta) = 0$$

すなわち，

$$3Mg\ddot{\theta} = -Mg \sin \theta \quad \boxed{答}$$

となる．

> **ポ イ ン ト**
>
> 重力による位置エネルギーがポテンシャルとなる．

練習問題 7-10 （剛体振り子） 解答 p.208

練習問題 2-13 で扱った系のラグランジアンを与え，オイラー・ラグランジュ方程式を書け．

column7 ◆ヨハネス・ケプラー

　ヨハネス・ケプラー（Johannes Kepler, 1572-1630）は，ドイツの天文学者であり，天体の運動に関する業績で知られています．

　その中でも，最も有名なものは，ケプラーの法則の発見です．ケプラーは，地球や他の惑星が太陽の周りを回る軌道に関する，以下の3つの法則を発表しました．

　第一法則: 惑星の軌道は楕円であり，太陽はその焦点に位置する．

　第二法則: 惑星は太陽を中心に等しい時間で等面積を掃引する．

　第三法則: 惑星の公転周期の2乗は，軌道の半長軸の3乗に比例する．

　ケプラーの法則は，当時の天文学において既存の理論では説明が難しい天体の動きを説明する重要な手段となりました．これらの法則は，後にアイザック・ニュートンの万有引力の法則に結びつき，天文学と物理学の統合に大いに寄与しました．

　ケプラーは，その他にも天文学の発展に大きな貢献をしています．彼は，彼の師匠であるティコ・ブラーエに招かれて，ブラハ天文台で天体観測を行い，多くの観測データを基に法則を導き出しました．このときの分析結果がケプラーの業績の一翼を担っています．

　彼は光学にも興味を持ち，瞳孔が光をどのように集めるかに関する研究を行いました．また，眼鏡や望遠鏡の設計においても重要な貢献をし，望遠鏡の原理についての理論的な洞察を提供しました．

　ケプラーは数多くの著作を執筆し，その中で自身の法則や天文学的な理論を展開しました．特に『新天文学』（1609）や，『宇宙の調和』（1619）などが挙げられ，これらの著作は当時の天文学に大きな影響を与えました．

　ケプラーの法則は，天動説を否定し，地動説の確立に寄与するとともに，物理法則の発見に繋がり，科学的思考の進化に寄与しました．ケプラーの業績は，近代科学の基盤を築く上で不可欠なものとされています．

Chapter 8

ラグランジュの未定乗数法

束縛条件のある系については,
ラグランジュの未定乗数法を使うと,
形式的に議論を進めることが可能となる.
さらに, 束縛力を求めることもできる.

基本事項

1 静力学

❶仮想変位

束縛のない N 質点系を考える．配位空間において**平衡状態**（つり合いの状態）における各質点の位置を

$$r_0 = (r_{(1)}^0,\ r_{(2)}^0,\ \cdots,\ r_{(N)}^0)$$

で表し，この状態からの無限小変位を

$$\delta r = (\delta r_{(1)},\ \delta r_{(2)},\ \cdots,\ \delta r_{(N)})$$

とする．これを**仮想変位**と呼ぶ．

❷仮想仕事の原理

各質点 $m_{(i)}$ にはたらく力を $f_{(i)}$ とすれば，つり合いの条件は

$$f_{(i)} = 0 \qquad (i = 1,\ 2,\ \cdots\ N) \qquad \cdots(1)$$

である．このとき，仮想変位に対して

$$\delta W = \sum_{i=0}^{N} f_{(i)} \cdot \delta r_{(i)} = 0 \qquad \cdots(2)$$

となる．δW を**仮想仕事**という．

束縛がないとき，$\{\delta r_{(i)}\}$ は独立なので，逆に，(2) から (1) が導かれる．したがって，(2)式をつり合いの条件（静力学の原理）として採用することができる．すなわち，

「つり合いの条件は仮想仕事が 0 となることである．」

これを**仮想仕事の原理**という．

$r_{(i)}$ についての微分演算子ナブラを $\nabla_{(i)}$ で表す．各質点 $m_{(i)}$ にはたらく力が保存力のみの場合，$f_{(i)}$ は $f_{(i)} = -\nabla_{(i)}U$ である．したがって，

$$-\delta U = \sum_{i=1}^{N} f_{(i)} \cdot \delta r_{(i)} = \delta W$$

である．よって，力学系のつり合いの条件 $\delta W = 0$ は，

$$\delta U = 0$$

と言い換えることができる．これは，平衡点が，ポテンシャルが極値をとる点（一般的には停留点）であることを意味する．

2　運動方程式

●ダランベールの原理

力学系がつり合いの状態にない場合，各質点の運動方程式（ニュートンの運動方程式）は，

$$\boldsymbol{f}_{(i)} - \dot{\boldsymbol{p}}_{(i)} = 0 \qquad (i = 1,\ 2,\ \cdots,\ N) \qquad \cdots (3)$$

と表すことができる．この場合も，$-\dot{\boldsymbol{p}}_{(i)}$ を1つの力（これを**慣性抵抗**と呼ぶ）と看なせば，これも含めて力のつり合いが成り立つことになる．

静力学の場合と同様に，(3)式を

$$\sum_{i=0}^{N} (\boldsymbol{f}_{(i)} - \dot{\boldsymbol{p}}_{(i)}) \cdot \delta \boldsymbol{r}_{(i)} = 0 \qquad \cdots (4)$$

と読み換えることができる．(4)式を動力学の原理として採用するとき，これを**ダランベールの原理**という．

3　ラグランジュの未定乗数法 （問題8-1, 2, 3, 4, 5）

●束縛条件

力学変数の間に予め条件が課されている場合に，この条件を**束縛条件**（あるいは，**拘束条件**）と呼ぶ．このとき，仮想変位 $\delta \boldsymbol{r}_{(i)}$ も束縛条件を満たすようにとる必要がある．

束縛条件が，仮想変位への条件として

$$\sum_{i=1}^{N} \boldsymbol{A}_{a(i)} \cdot \delta \boldsymbol{r}_{(i)} = 0 \qquad (a = 1,\ 2,\ \cdots,\ K) \qquad \cdots (5)$$

という形で表される場合を考える（$K < 3N$）．このとき，系の自由度は束縛条件の数の分だけ減少し，$n = 3N - K$ となる．すなわち，

$$\delta \boldsymbol{r} = (\delta \boldsymbol{r}_{(1)}, \, \delta \boldsymbol{r}_{(2)}, \, \cdots, \, \delta \boldsymbol{r}_{(N)})$$

のうち，独立に動かせる変数は n 個のみとなる．したがって，(2)式から(1)式，あるいは，(4)式から(3)式は再現できない．

束縛がある場合には，各物体は保存力 $\boldsymbol{F}_{(i)}$ の他に束縛を保つための力 $\boldsymbol{S}_{(i)}$ を受ける．これを**束縛力（拘束力）**と呼ぶ．束縛力が仮想変位と直交する場合には

$$\sum_{i=1}^{N} \boldsymbol{S}_{(i)} \cdot \delta \boldsymbol{r}_{(i)} = 0$$

が成立する．このような束縛力を**滑らかな束縛力**と呼ぶ．本書では束縛力はすべて滑らかな束縛力であるとする．

$\boldsymbol{f}_{(i)} = \boldsymbol{F}_{(i)} + \boldsymbol{S}_{(i)}$ なので，各質点の運動方程式は，

$$\boldsymbol{F}_{(i)} + \boldsymbol{S}_{(i)} - \dot{\boldsymbol{p}}_{(i)} = 0 \qquad (i = 1, \, 2, \, \cdots, \, N) \qquad \cdots (6)$$

であるが，束縛が滑らかであれば，(4)式は

$$\sum_{i=0}^{N} (\boldsymbol{F}_{(i)} - \dot{\boldsymbol{p}}_{(i)}) \cdot \delta \boldsymbol{r}_{(i)} = 0 \qquad \cdots (7)$$

となる．

❷ラグランジュの未定乗数法

(7)式が成立しているときに，未定の乗数 $\lambda_a \ (a = 1, \, 2, \, \cdots, \, K)$ を導入し，

$$\sum_{i=0}^{N} \left(\boldsymbol{F}_{(i)} - \dot{\boldsymbol{p}}_{(i)} + \sum_{a=1}^{K} \lambda_a \boldsymbol{A}_{a(i)} \right) \cdot \delta \boldsymbol{r}_{(i)} = 0$$

の成立を要請できる．ここで，$\delta \boldsymbol{r}$ は $n = 3N - K$ 個しか独立でないが，K 個の**未定乗数** λ_a を含むので，λ_a を適当に決定することにより，

$$\boldsymbol{F}_{(i)} - \dot{\boldsymbol{p}}_{(i)} + \sum_{a=1}^{K} \lambda_a \boldsymbol{A}_{a(i)} = 0 \qquad (i = 1, \, 2, \, \cdots, \, N) \qquad \cdots (8)$$

の成立が可能となる．これが，系の運動方程式となる．(6) 式と比べれば，

$\displaystyle\sum_{a=1}^{K} \lambda_a \boldsymbol{A}_{a(i)}$ が束縛力 $\boldsymbol{S}_i$ であることがわかる．

　(8) 式と (5) 式を連立すれば，$3N + K$ 個の方程式が得られるので，運動の他に K 個の未定乗数 λ_a も決定できる．

　以上のような手法を**ラグランジュの未定乗数法**と呼ぶ．

xy 平面上の，束縛条件 $C(x, y) = 0$ を満たす質点の運動を考える．

作用積分が停留値を与えるとき，任意の関数 $\lambda(t)$ に対して

$$\int_{t_1}^{t_2} \left[\left\{ \frac{\partial L}{\partial x} - \frac{\mathrm{d}}{\mathrm{d}t}\left(\frac{\partial L}{\partial \dot{x}}\right) + \lambda \frac{\partial C}{\partial x} \right\} \delta x \right.$$

$$\left. + \left\{ \frac{\partial L}{\partial y} - \frac{\mathrm{d}}{\mathrm{d}t}\left(\frac{\partial L}{\partial \dot{y}}\right) + \lambda \frac{\partial C}{\partial y} \right\} \delta y \right] \mathrm{d}t = 0$$

が成り立つことを示せ．

●考え方●

束縛条件があるので x, y のずらし δx, δy も，束縛条件を満たすようにとる．

解答

問題6-①で論じたように，作用積分の停留値を与えるとき，束縛条件の有無によらず

$$\int_{t_1}^{t_2} \left[\left\{ \frac{\partial L}{\partial x} - \frac{\mathrm{d}}{\mathrm{d}t}\left(\frac{\partial L}{\partial \dot{x}}\right) \right\} \delta x \right.$$

$$\left. + \left\{ \frac{\partial L}{\partial y} - \frac{\mathrm{d}}{\mathrm{d}t}\left(\frac{\partial L}{\partial \dot{y}}\right) \right\} \delta y \right] \mathrm{d}t = 0 \quad \cdots ①$$

> **ポイント**
>
> 束縛条件の有無によらず，作用積分の停留値を与える x, y からの作用積分の変分 δI は
>
> $$\delta I = 0$$
>
> となる．

となる．x, y のずらしは束縛条件を満たすようにとる必要があるので，δx, δy は $\dfrac{\partial C}{\partial x}\delta x + \dfrac{\partial C}{\partial y}\delta y = 0$ を満たす必要がある．したがって，①のとき，任意の関数 $\lambda(t)$ に対して，

$$\int_{t_1}^{t_2} \left[\left\{ \frac{\partial L}{\partial x} - \frac{\mathrm{d}}{\mathrm{d}t}\left(\frac{\partial L}{\partial \dot{x}}\right) + \lambda \frac{\partial C}{\partial x} \right\} \delta x \right.$$

$$\left. + \left\{ \frac{\partial L}{\partial y} - \frac{\mathrm{d}}{\mathrm{d}t}\left(\frac{\partial L}{\partial \dot{y}}\right) + \lambda \frac{\partial C}{\partial y} \right\} \delta y \right] \mathrm{d}t = 0$$

の成立を要請できる．

練習問題 8-1 （オイラー・ラグランジュ方程式） 解答 p.209

問題8-①において，運動方程式として

$$\frac{\mathrm{d}}{\mathrm{d}t}\left(\frac{\partial L}{\partial \dot{x}}\right) = \frac{\partial L}{\partial x} + \lambda \frac{\partial C}{\partial x}, \quad \frac{\mathrm{d}}{\mathrm{d}t}\left(\frac{\partial L}{\partial \dot{y}}\right) = \frac{\partial L}{\partial y} + \lambda \frac{\partial C}{\partial y}$$

の成立を要請できることを説明せよ．

問題 8-2 ▼直線に沿った運動

傾斜角 θ のなめらかな斜面に沿って滑り降りる質点の運動を考える．図のように座標を設定するとラグランジアンは，

$$L(x, y, \dot{x}, \dot{y}) = \frac{1}{2}m(\dot{x}^2 + \dot{y}^2) - (-mgx)$$

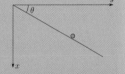

となる．g は重力加速度の大きさである．束縛条件

$$C(x, y) = x - y\tan\theta = 0$$

があることに注意して運動方程式を書け．

●考え方●

束縛条件があるので，未定乗数法に従って運動方程式を書く．

解答

運動方程式は，未定乗数 λ を用いて

$$\frac{\mathrm{d}}{\mathrm{d}t}\left(\frac{\partial L}{\partial \dot{x}}\right) = \frac{\partial L}{\partial x} + \lambda\frac{\partial C}{\partial x}$$

$$\frac{\mathrm{d}}{\mathrm{d}t}\left(\frac{\partial L}{\partial \dot{y}}\right) = \frac{\partial L}{\partial y} + \lambda\frac{\partial C}{\partial y}$$

ポイント

ラグランジアンは，束縛条件を考慮せずに構成する．

と書くことができる．具体的には，

$$m\ddot{x} = mg + \lambda, \quad m\ddot{y} = -\lambda\tan\theta \qquad 答$$

となる．束縛条件 $x - y\tan\theta = 0$ と連立して解けば，

$$\lambda = -mg\cos^2\theta , \quad \ddot{x} = g\sin^2\theta , \quad \ddot{y} = g\sin\theta\cos\theta$$

を得る．

$$\lambda = -mg\cos^2\theta , \quad -\lambda\tan\theta = mg\cos\theta\sin\theta$$

は，それぞれ束縛力（斜面からの垂直抗力）の x 成分，y 成分である．

練習問題　8-2　（直線に沿った運動）　　　　　　　　　解答 p.209

問題 8-2 において，斜面に沿って下向きに x 軸，斜面と垂直上向きに y 軸を設定した座標系を採用する．

(1) ラグランジアンを書け．

(2) 運動方程式を書け．

半径 a のなめらかな半円筒面に沿った質点の運動を考える．図のように座標を設定するとラグランジアンは，

$$L(x, y, \dot{x}, \dot{y}) = \frac{1}{2}m(\dot{x}^2 + \dot{y}^2) - (-mgx)$$

となる．g は重力加速度の大きさである．束縛条件

$$C(x, y) = x^2 + y^2 - a^2 = 0$$

があることに注意して運動方程式を書け．

●考え方●

問題 8-②と同様に，未定乗数法に従って運動方程式を書く．

解答

運動方程式は，未定乗数 λ を用いて

$$\frac{\mathrm{d}}{\mathrm{d}t}\left(\frac{\partial L}{\partial \dot{x}}\right) = \frac{\partial L}{\partial x} + \lambda \frac{\partial C}{\partial x}$$

$$\frac{\mathrm{d}}{\mathrm{d}t}\left(\frac{\partial L}{\partial \dot{y}}\right) = \frac{\partial L}{\partial y} + \lambda \frac{\partial C}{\partial y}$$

と書くことができる．具体的には，

$$m\ddot{x} = mg + 2\lambda x \quad \cdots ① , \quad m\ddot{y} = 2\lambda y \quad \cdots ② \qquad 答$$

となる．束縛条件 $x^2 + y^2 - a^2 = 0$ より，$2x\dot{x} + 2y\dot{y} = 0$ であるから，①×$\dot{x}$+②×$\dot{y}$ をつくると，

$$m(\dot{x}\ddot{x} + \dot{y}\ddot{y}) = mg\dot{x} + \lambda(2x\dot{x} + 2y\dot{y}) = mg\dot{x}$$

$$\therefore \frac{\mathrm{d}}{\mathrm{d}t}\left(\frac{1}{2}m(\dot{x}^2 + \dot{y}^2) + mg(-x)\right) = 0$$

を得る．これはエネルギー保存則を表している．

ポ イ ン ト

ラグランジアンが同一でも，束縛条件によって運動方程式の形は変化する．

練習問題 8-3 （曲線に沿った運動）   解答 p.209

問題 8-③において，xy 座標系の原点を極とする極座標 (r, θ) を導入する．

(1) ラグランジアン $L(r, \theta, \dot{r}, \dot{\theta})$ を書け．

(2) 運動方程式を書け．

問題 8-④▼ 2体間の束縛

定滑車にかけた軽い糸の両端にそれぞれ質量が m, M の質点を接続して，高さの等しくなる位置から同時に静かに放した後の運動を調べる．重力加速度の大きさを g とし，糸の伸び縮みは無視できるものとする．各質点の下向きの変位 x, X を用いて，この系のラグランジアンおよび束縛条件を与えよ．

●考え方●

各質点が自由に運動しているものとして，それぞれの運動エネルギーおよび重力によるポテンシャルを求める．

■ 解答 ■

各質点の重力によるポテンシャルが $mg \cdot (-x)$, $Mg \cdot (-X)$ なので，ラグランジアンは，

ポ イ ン ト

変位を鉛直下向きに x, X としているので，それぞれ各質点の低さを表す．

$$L(x, X, \dot{x}, \dot{X}) = \frac{1}{2}m\dot{x}^2 + \frac{1}{2}M\dot{X}^2 - \{(-mgx) + (-MgX)\} \quad 答$$

となる．糸の長さが不変なので，

$$C(x, X) = x + X = 0 \quad 答$$

の束縛条件がある．未定乗数法 λ を導入して運動方程式を書けば，

$$m\ddot{x} = mg + \lambda, \quad M\ddot{X} = Mg + \lambda$$

となる．束縛条件より $\ddot{x} + \ddot{X} = 0$ となることと連立して解けば，

$$-\ddot{x} = \ddot{X} = \frac{M - m}{M + m}g, \quad \lambda = -\frac{2Mm}{M + m}g$$

を得る．λ は束縛力である糸の張力を与える．

練習問題 8-4 （2体間の束縛） 解答 p.210

図のように，なめらかな水平面上を運動する，ばね定数 k の軽いばねに接続された質点 m と，鉛直方向に運動できる質点 M が，伸び縮みの無視できる軽い糸で結ばれている．質点 m，質点 M の変位を x, y，重力加速度の大きさを g とする．

(1) この系のラグランジアンを与えよ．

(2) 糸がたるむことはないとして束縛条件を与えよ．

(3) ラグランジュの未定乗数法を用いて運動方程式を導け．

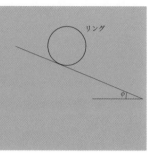

問題 8-5 ▼束縛のある回転運動

質量 m の細く変形することのない半径 a の一様な円形リングが,傾斜角 ϕ の斜面上を滑ることなく転がり降りている.重力加速度の大きさを g,リングの斜面に沿った変位を x,リングが回転した角度を θ として,この系のラグランジアンおよび束縛条件を与えよ.

●考え方●

リングの運動エネルギーは,重心運動のエネルギーと回転運動のエネルギーに分解することができる.重力によるポテンシャルは,重心の高さの関数となる.

解答

リングの重心(中心)の速度は $\dot{x}$ であるから,重心運動のエネルギーは $\frac{1}{2}m\dot{x}^2$ である.リングの中心に対するリングの速さは一様に $a\dot{\theta}$ であるから,重心まわりの回転運動のエネルギーは

> **ポイント**
>
> リングの中心に対して質量 m 全体が角速度 $\dot{\theta}$ で運動するので,回転運動のエネルギーは $\frac{1}{2}m(a\dot{\theta})^2$ と表される.

$\frac{1}{2}m(a\dot{\theta})^2$ である.重力によるポテンシャルは $mg\cdot(-x\sin\phi)$ と表すことができるので,ラグランジアンは,

$$L(x,\theta,\dot{x},\dot{\theta}) = \frac{1}{2}m\dot{x}^2 + \frac{1}{2}m(a\dot{\theta})^2 - (-mgx\sin\phi) \quad \boxed{答}$$

となる.

滑らずに転がるという仮定より,

$$C(x,\theta) = a\theta - x = 0 \quad \boxed{答}$$

が成り立ち,これが束縛力となる.

練習問題 8-5 (外積の基本性質) 解答 p.210

問題 8-5について,ラグランジュの未定乗数法を用いて運動方程式を書き,リングが斜面に沿って滑り降りる加速度,およびリングが斜面から受ける摩擦力を求めよ.

問題 8-6 ▼フェルマーの原理（再考）

解析力学だけではなく，物理学の多くの理論が変分原理の形で表現される．
光の経路は，次のフェルマーの原理に従う．
「光は，その所要時間が最短の経路，すなわち，光学的距離が最短の経路を
通る」
屈折率が n_1，n_2 の 2 種類の物質が平らな境界面を挟んで接している場合に
ついて，フェルマーの原理に基づいて屈折の法則を導出せよ．

●考え方●

光の始点と終点を指定し，その 2 点を結ぶ経路の光学的距離を入射角と屈折角
の関数として与えて，ラグランジュの未定乗数法を利用する．

■■■解答■■■

　図のように境界の反対側にある 2 点 A，B を結
ぶ光の経路を考える．入射角 θ_1 と屈折角 θ_2 の
関数として光学的距離 Γ は

$$\Gamma(\theta_1, \theta_2) = \frac{n_1 h_1}{\cos\theta_1} + \frac{n_2 h_2}{\cos\theta_2}$$

と与えられる．ただし，θ_1，θ_2 は束縛条件

$$C(\theta_1, \theta_2) = h_1 \tan\theta_1 + h_2 \tan\theta_2 - l = 0$$

を満たす．Γ が最小となるとき任意の乗数 λ に
対して，$G = \Gamma + \lambda C$ も最小となる．したがって，

ポイント

束縛条件 $C = 0$ の下では，任
意の乗数 λ に対して

L が最小 $\iff$ $L + \lambda C$ が最小

である．

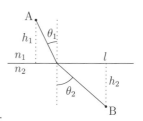

$$0 = \delta G = \delta\Gamma + \lambda\delta C = \left(\frac{\lambda - n_1\sin\theta_1}{\cos^2\theta_1}\right)h_1\delta\theta_1 + \left(\frac{\lambda - n_2\sin\theta_2}{\cos^2\theta_2}\right)h_2\delta\theta_2$$

である．λ をうまく選ぶことにより，

$$\frac{\lambda - n_1\sin\theta_1}{\cos^2\theta_1} = \frac{\lambda - n_2\sin\theta_2}{\cos^2\theta_2} = 0 \quad \therefore\ n_1\sin\theta_1 = n_2\sin\theta_2\ (=\lambda)$$

が成立し，これは屈折の法則を与える．

練習問題　8-6　（反射の法則）　　　　　　　　　　　　　　　　　　　　解答 p.210

問題 6-7 の場合について，フェルマーの原理に基づいて反射の法則を導出
せよ．

ジャン・ル・ロン・ダランベール（Jean Le Rond d'Alembert, 1771-1783）は，フランスの数学者，物理学者，哲学者であり，その業績は数学と物理学の両分野にわたります．

ダランベールは物理学において，運動方程式の形成に関する基本的な原理を提唱しました．ダランベールの原理は，質点系の運動に関する法則であり，質点が受ける力の合力として考える方法を示しています．これによって，力学の問題を簡素化し，物理学の発展に寄与しました．

さらに，彼は，最小作用の原理に基づく原動力理論を発展させました．物体が運動するとき，その運動の軌道は最小作用の原理に従い，物体が通る経路の行動が最小エネルギーの原理に従うという理論を提唱しました．この原動力理論は，ラグランジュ形式やハミルトニアン形式の力学の基盤となりました．

ダランベールは微分法においても重要な業績を挙げました．特に極大と極小の概念を導入し，微分係数が零になる点を極小や極大と関連づける手法を提案しました．これは最適化問題や微分法の基本的な概念として現代においても広く使用されています．

彼は弦の振動や音波などの波動現象に関する数学的な問題にも興味を持ち，波動方程式の解法に貢献しました．特に，振動弦の問題において，偏微分方程式の解析解を求める手法を開発し，これが後に数学的物理学や工学などの分野で応用されました．

ジャン・ル・ロン・ダランベールは数学と物理学の両分野において幅広い業績を上げ，彼の貢献は18世紀の科学の進展において重要なものでした．特に彼の原動力理論や波動方程式の解法は，後の時代における物理学や応用数学の基盤となりました．

Chapter 9

ハミルトン形式

ここからの3章ではハミルトン形式の力学の理論を学ぶ.
ハミルトン形式の力学の舞台は相空間である.
運動方程式は極めて簡潔になる.

基本事項

❶相空間

自由度 n の力学系を考える．ラグランジアン $L = L(q, \dot{q})$ に対して一般化座標 $q = (q_1, q_2, \cdots, q_n)$ と，一般化運動量

$$p_i = \frac{\partial L}{\partial \dot{q}_i} \quad (i = 1, 2, \cdots, n)$$

の $2n$ 個の変数を座標とする空間をこの力学系の**相空間**と呼ぶ．

相空間の点を**代表点**と呼ぶ．1つの代表点が力学系の1つの状態と対応する．時間経過につれて代表点は相空間内を移動する．その際に描かれる代表点の軌跡を**軌道**（トラジェクトリ）という．軌道と運動過程が対応することになる．

❷ハミルトニアン

一般化運動量を与える関数

$$p_i = p_i(q, \dot{q})$$

を $\dot{q} = (\dot{q}_1, \dot{q}_2, \cdots, \dot{q}_n)$ について，

$$q_i = q_i(q, p) \quad (i = 1, 2, \cdots, n)$$

という形に解けるとする．このとき，

$$H \equiv \sum_{i=1}^{n} p_i \dot{q}_i(q, p) - L(q, \dot{q}(q, p))$$

により，$2n$ 個の変数 $q_1, q_2, \cdots, q_n, p_1, p_2, \cdots, p_n$ の関数 $H = H(q, p)$ を定義することができる．この関数を力学系の**ハミルトニアン**と呼ぶ．

❸ハミルトンの正準方程式

ハミルトニアン $H = H(q, p)$ をもつ力学系について，オイラー・ラグランジュ方程式と等価な方程式として

$$\begin{cases} \dot{q}^i = \dfrac{\partial H}{\partial p_i} \\[3mm] \dot{p}_i = -\dfrac{\partial H}{\partial q^i} \end{cases} \quad (i = 1,\ 2,\ \cdots,\ n)$$

が得られる．これを**ハミルトンの正準方程式**と呼ぶ．これが，ハミルトンの立場に立ったときの系の運動方程式である．正準方程式に従って時間変化する変数 $(q,\ p)$ を**正準変数**と呼ぶ．

　ハミルトンの正準方程式は，相空間における代表点の速度を与える方程式である．

2　相空間とリウビルの定理（問題 9 - ⑨, ⑩, ⑪）

❶相空間に関する基本性質
軌道が交差することはない

　もし交差すると，その交点を初期条件としたときに 2 つの運動が始まることになり，運動方程式の解の一意性に反する．

エネルギー面が交差することはない

　エネルギー保存則が成立する系の軌道は，

　　　　$H = E$（一定）

により指定される相空間の超曲面上を動く．この超曲面を**エネルギー面**と呼ぶ．2 つのエネルギー面が交差すると，上の場合と同様に矛盾を生じる．

❷リウビルの定理

　相空間のある領域 Γ_0 を時刻 $t = 0$ における代表点の集合とする．Γ_0 の各点から正準方程式に従って時間発展した時刻 t における代表点の集合を Γ_t とする．このとき，

$$\int_{\Gamma_t} \mathrm{d}q\mathrm{d}p = \int_{\Gamma_0} \mathrm{d}q\mathrm{d}p$$

である．つまり，相空間の領域の体積は正準方程式に従う時間発展に対して不変である．これを**リウビルの定理**と呼ぶ．

❶力学量

ハミルトンの立場では q, p を独立な力学変数として採用する．これらと時刻 t の関数

$$F = F(q, p, t)$$

を**力学量**と呼ぶ．

❷ポアソン括弧

2つの力学量 $u(q, p, t)$, $v(q, p, t)$ に対して

$$\{u,\ v\} \equiv \sum_{i=1}^{n}\left(\frac{\partial u}{\partial q_i}\frac{\partial v}{\partial p_i} - \frac{\partial u}{\partial p_i}\frac{\partial v}{\partial q_i}\right)$$

を**ポアソン括弧**と呼ぶ．

❸力学量の時間変化

ポアソン括弧を用いると，力学量 F の時間変化は，

$$\frac{\mathrm{d}F}{\mathrm{d}t} = \frac{\partial F}{\partial t} + \{F,\ H\}$$

を満たす．特に，F が陽に時間に依存しない場合は，

$$\frac{\mathrm{d}F}{\mathrm{d}t} = \{F,\ H\}$$

である．

❹ポアソン括弧の性質

ポアソン括弧について，以下の恒等式が成立する．

(1) $\{u,\ v\} = -\{v,\ u\}$

(2) $\{u,\ u\} = 0$

(3) 定数 a に対して $\{u,\ a\} = 0$

(4) 定数 a, b に対して $\{au + bu,\ w\} = a\{u,\ w\} + b\{v,\ w\}$

(5) $\{uv,\ w\} = u\{v,\ w\} + \{u,\ w\}v$

(6) $\{u,\ vw\} = \{u,\ v\}w + v\{u,\ w\}$

(7) $\{u, \{v, w\}\} + \{v, \{w, u\}\} + \{w, \{u, v\}\} = 0$

特に，(7) を**ヤコビの恒等式**という．

❺ポアソン括弧と力学

正準変数間のポアソン括弧について，

(1) $\{q_i, p_j\} = -\{p_i, q_j\} = \delta_{ij}$

(2) $\{q_i, q_j\} = \{p_i, p_j\} = 0$

が成り立つ．ここで，δ_{ij} は**クロネッカーのデルタ**と呼ばれ，

$$\delta_{ij} = \begin{cases} 1 & (i = j) \\ -1 & (i \neq j) \end{cases}$$

である．

質点の位置 $\boldsymbol{r} = (x_1, x_2, x_3)$，運動量 $\boldsymbol{p} = (p_1, p_2, p_3)$，および，角運動量 $\boldsymbol{M} = (M_1, M_2, M_3)$ に対して，以下の関係式が成立する．

(3) $\{x_i, M_j\} = \displaystyle\sum_{k=1}^{3} \epsilon_{ijk} x_k$

(4) $\{p_i, M_j\} = \displaystyle\sum_{k=1}^{3} \epsilon_{ijk} p_k$

(5) $\{M_i, M_j\} = \displaystyle\sum_{k=1}^{3} \epsilon_{ijk} M_k$

(6) $r = |\boldsymbol{r}|$ の任意関数 $f(r)$ に対して，$\{f(r), M_j\} = 0$

ここで，ϵ_{ijk} は，**レビ・チビタ記号**と呼ばれ，

$$\epsilon_{ijk} = \begin{cases} 1 & (i, j, k) = (1, 2, 3), (2, 3, 1), (3, 1, 2) \\ -1 & (i, j, k) = (1, 3, 2), (3, 2, 1), (2, 1, 3) \\ 0 & \text{その他の場合} \end{cases}$$

である．

x 軸上の質点の運動について，ラグランジアンが

$$L(q,\dot{q}) = \frac{1}{2}m\dot{q}^2 - mgq$$

と与えられる場合に，この系のハミルトニアンを導け．

●考え方●

一般化運動量 p を与える式を一般化速度 $\dot{q}$ について解き，エネルギー関数に代入することにより，$\dot{q}$ を消去する．

解答

この系の一般化座標 q に共役な一般化運動量は

$$p = \frac{\partial L}{\partial \dot{q}} = m\dot{q} \qquad \cdots ①$$

となるので，

$$H = p\dot{q} - L = \frac{1}{2}m\dot{q}^2 + mgq$$

となる．①式は，一般化速度 $\dot{q}$ について解けて

$$\dot{q} = \frac{p}{m}$$

となるので，H を q, p の関数として与えることができ，

$$H(q,p) = \frac{1}{2}\left(\frac{p}{m}\right)^2 + mgq = \frac{p^2}{2m} + mgq \quad \text{答}$$

となる．これが，この系のハミルトンである．

ポイント

エネルギー関数 H を一般化座標 q と一般化運動量 p の関数として与えたものがハミルトンである．

練習問題 9-1 （1自由度の系のハミルトニアン）　　　　　解答 p.211

x 軸上の質点の運動について，ラグランジアンが

$$L(q,\dot{q}) = \frac{1}{2}m\dot{q}^2 - \frac{1}{2}kq^2$$

と与えられる場合に，この系のハミルトニアンを導け．

問題 9-2 ▼ 正準方程式

ラグランジアンが,

$$L(q, \dot{q}) = \frac{1}{2}m\dot{q}^2 - U(q)$$

と与えられる1自由度の系について, オイラー・ラグランジュ方程式と, ハミルトンの正準方程式が一致することを確認せよ.

● 考え方 ●

与えられたラグランジアンに対してルジャンドル変換を行えば, ハミルトニアンを得られる.

解答

オイラー・ラグランジュ方程式は,

$$\frac{\mathrm{d}}{\mathrm{d}t}\left(\frac{\partial L}{\partial \dot{q}}\right) - \frac{\partial L}{\partial q}$$

すなわち,

$$m\ddot{q} = -\frac{\partial U}{\partial q}$$

ポイント

1自由度の系のハミルトニアンは,

$$H = \frac{\partial L}{\partial \dot{q}}\dot{q} - L$$

を, $p = \frac{\partial L}{\partial \dot{q}}$ として, q, p の関数として書き換えたものである.

である. 一方, q に共役な運動量 $p \equiv \frac{\partial L}{\partial \dot{q}} = m\dot{q}$ を導入してハミルトニアンを求めると,

$$H(q, p) = \frac{p^2}{2m} + U(q) , \quad \frac{\partial H}{\partial q} = \frac{\partial U}{\partial q} , \quad \frac{\partial H}{\partial p} = \frac{p}{m}$$

となるので, 正準方程式は,

$$\dot{q} = \frac{p}{m} , \quad \dot{p} = -\frac{\partial U}{\partial q}$$

となる. p を消去すれば,, オイラー・ラグランジュ方程式を再現する.

練習問題　9-2　（n 自由度の系の正準方程式）　　　　解答 p.211

ラグランジアンが,

$$L(q, \dot{q}) = \sum_{i=1}^{n} \frac{1}{2}m_i\dot{q_i}^2 - U(q)$$

と与えられる n 自由度の系について, オイラー・ラグランジュ方程式と, ハミルトンの正準方程式が一致することを確認せよ.

ハミルトニアンが陽に t を含まないとき，すなわち，

$$\frac{\partial H}{\partial t} = 0$$

ならば，正準方程式の解について，H が一定に保たれることを示せ．

●考え方●

$$H = 一定 \iff \frac{\mathrm{d}H}{\mathrm{d}t} = 0$$

であるから，$\dfrac{\mathrm{d}H}{\mathrm{d}t}$ を評価する．

解答

$H(q, p, t)$ の時間微分は，

$$\frac{\mathrm{d}H}{\mathrm{d}t} = \frac{\partial H}{\partial t} + \sum_{i=1}^{n} \left(\frac{\partial H}{\partial q_i} \dot{q}_i + \frac{\partial H}{\partial p_i} \dot{p}_i \right)$$

である．ここで，正準方程式より，

$$\dot{q}_i = \frac{\partial H}{\partial p_i} \ , \ \ \dot{p}_i = -\frac{\partial H}{\partial q_i}$$

なので，

$$\sum_{i=1}^{n} \left(\frac{\partial H}{\partial q_i} \dot{q}_i + \frac{\partial H}{\partial p_i} \dot{p}_i \right) = \sum_{i=1}^{n} \left(\frac{\partial H}{\partial q_i} \cdot \frac{\partial H}{\partial p_i} + \frac{\partial H}{\partial p_i} \cdot \left(-\frac{\partial H}{\partial q_i} \right) \right) = 0$$

となる．したがって，

$$\frac{\mathrm{d}H}{\mathrm{d}t} = \frac{\partial H}{\partial t}$$

である．つまり，正準方程式の解に対して，

$$\frac{\partial H}{\partial t} = 0 \iff \frac{\mathrm{d}H}{\mathrm{d}t} = 0 \iff H = 一定$$

である（問題 5-④参照）．

> ### ポイント
>
> ハミルトニアン $H(q, p, t)$ は，陽に含む t 以外に，q, p を通しても t に依存する．

練習問題　9-3 （ハミルトニアンと保存則）　　　　　解答 p.211

ハミルトニアンが一般化座標 q_k を含まないとき，正準方程式の解について，q_k に共役な一般化運動量 p_k は一定に保たれることを示せ．

問題 9-④▼ 1自由度の系の正準方程式

問題9-①の系のハミルトニアンは,

$$H(q,p) = \frac{p^2}{2m} + mgq$$

である. このハミルトニアンの正準方程式を書け.

●考え方●

$\dfrac{\partial H}{\partial q}$, $\dfrac{\partial H}{\partial p}$ は, q, p を独立変数として計算する.

解答

$$\frac{\partial H}{\partial q} = mg \ , \quad \frac{\partial H}{\partial p} = \frac{p}{m}$$

であるから, 正準方程式は,

$$\dot{q} = \frac{p}{m} \ , \quad \dot{p} = -mg \quad \text{答}$$

となる.

　ところで, この系のラグランジアンは,

$$L(q,\dot{q}) = \frac{1}{2}m\dot{q}^2 - mgq$$

であったので, オイラー・ラグランジュ方程式は,

$$\frac{\mathrm{d}}{\mathrm{d}t}\left(\frac{\partial L}{\partial \dot{q}}\right) - \frac{\partial L}{\partial q} \quad \text{すなわち, } m\ddot{q} = -mg$$

である. 正準方程式から, p を消去すれば, この方程式を再現する.

ポイント

正準方程式は,

$$\dot{q} = \frac{\partial H}{\partial p} \ , \quad \dot{p} = -\frac{\partial H}{\partial q}$$

練習問題　9-4 （1自由度の系の正準方程式）　　　　解答 p.211

練習問題9-1の系のハミルトニアンは,

$$H(q,p) = \frac{p^2}{2m} + \frac{1}{2}kq^2$$

で与えられる. この1自由度の系について, 正準方程式を書け.

ケプラー運動について，運動が実現する平面内に導入した太陽を極とする極座標 (r, θ) を座標変数として，ハミルトニアンを与えよ.

●考え方●

各一般化座標に共役な一般化運動量を求めて，一般化速度について解く.

解答

問題 7-④ で導いたように極座標 (r, θ) を力学変数とするラグランジアンは，

$$L(r, \theta, \dot{r}, \dot{\theta}) = \frac{1}{2}m\left\{\dot{r}^2 + (r\dot{\theta})^2\right\} + \frac{GmM}{r}$$

である．$r,\ \theta$ に共役な一般化運動量を

$$p_r \equiv \frac{\partial L}{\partial \dot{r}} = m\dot{r}\ ,\quad p_\theta \equiv \frac{\partial L}{\partial \dot{\theta}} = mr^2\dot{\theta}$$

として，

$$\dot{r} = \frac{p_r}{m}\ ,\quad \dot{\theta} = \frac{p_\theta}{mr^2}\ ,\quad L = \frac{{p_r}^2}{2m} + \frac{{p_\theta}^2}{2mr^2} + \frac{GmM}{r}$$

であるから，この系のハミルトニアンは

$$H(r, \theta, p_r, p_\theta) = p_r\dot{r} + p_\theta\dot{\theta} - L = \frac{1}{2m}\left({p_r}^2 + \frac{{p_\theta}^2}{r^2}\right) - \frac{GmM}{r} \quad 答$$

となる.

ポイント

一般化速度 $\dot{r},\ \dot{\theta}$ は，すべて消去して，一般化座標と一般化運動量の関数として表示する.

練習問題　9-5　（3 自由度の系のハミルトニアン）　　　　　　解答 p.212

中心力ポテンシャル $U(r)$ の下での質点 m の運動について，3 次元極座標を (r, θ, ϕ) を座標変数として，ハミルトニアンを与えよ.

問題 9-⑥▼ 2 自由度の系のハミルトン方程式

問題 9-⑤で導いたハミルトニアン

$$H(r, \theta, p_r, p_\theta) = \frac{1}{2m}\left(p_r{}^2 + \frac{p_\theta{}^2}{r^2}\right) - \frac{GmM}{r}$$

の正準方程式を書け.

●考え方●

各自由度ごとに問題 9-④と同様に方程式を書く.

解答

$$\frac{\partial H}{\partial r} = -\frac{p_\theta{}^2}{mr^3} + \frac{GmM}{r^2} , \quad \frac{\partial H}{\partial p_r} = \frac{p_r}{m}$$

$$\frac{\partial H}{\partial \theta} = 0 , \quad \frac{\partial H}{\partial p_\theta} = \frac{p_\theta}{mr^2}$$

ポイント

$\dfrac{\partial H}{\partial r}$ などの計算において, r, θ, p_r, p_θ をすべて独立な変数と扱う.

であるから, 正準方程式は,

$$\dot{r} = \frac{p_r}{m} , \quad \dot{p_r} = \frac{p_\theta{}^2}{mr^3} - \frac{GmM}{r^2} , \quad \dot{\theta} = \frac{p_\theta}{mr^2} , \quad \dot{p_\theta} = 0 \quad \boxed{答}$$

となる.

　ところで, この系のラグランジアンは

$$L(r, \theta, \dot{r}, \dot{\theta}) = \frac{1}{2}m\left\{\dot{r}^2 + (r\dot{\theta})^2\right\} + \frac{GmM}{r}$$

であったので, オイラー・ラグランジュ方程式は,

$$m\ddot{r} = mr\dot{\theta}^2 - \frac{GmM}{r^2} , \quad m(r^2\ddot{\theta} + 2r\dot{r}\dot{\theta}) = 0$$

である. 正準方程式から, p_r, p_θ を消去すれば, この方程式を再現する.

練習問題 9-6 （3 自由度の系のハミルトン方程式）　　　　解答 p.212

練習問題 9-4 で導いたハミルトニアン

$$H(r, \theta, \phi, p_r, p_\theta, p_\phi) = \frac{1}{2m}\left\{p_r{}^2 + \frac{p_\theta{}^2}{r^2} + \frac{p_\phi{}^2}{(r\sin\theta)^2}\right\} + U(r)$$

の正準方程式を書け.

調和振動子は，ラグランジアンが

$$L(q, \dot{q}) = \frac{1}{2}m\dot{q}^2 - \frac{1}{2}m(\omega q)^2$$

で与えられる1自由度の系である．この系の正準方程式を書け．

●考え方●

ハミルトニアン $H(q, p)$ を導けば，正準方程式は

$$\dot{q} = \frac{\partial H}{\partial p} \ , \ \ \dot{p} = -\frac{\partial H}{\partial q}$$

解答

q に共役な運動量 p を求めると，

$$p = \frac{\partial L}{\partial \dot{q}} = m\dot{q} \ \ \ \ \therefore \ \dot{q} = \frac{p}{m}$$

であるから，ハミルトニアンは，

$$H = p\dot{q} - L = \frac{p^2}{2m} + \frac{1}{2}m(\omega q)^2$$

となる．

$$\frac{\partial H}{\partial q} = m\omega^2 q \ , \ \ \frac{\partial H}{\partial p} = \frac{p}{m}$$

なので，正準方程式は，

$$\dot{q} = \frac{p}{m} \ , \ \ \dot{p} = -m\omega^2 q \ \ \text{答}$$

となる．

ポ イ ン ト

1自由度の系のハミルトニアンは，
$H(q, p)$
$\ \ = p\dot{q}(q, p) - L(q, \dot{q}(q, p))$
である．

練習問題 9-7 （調和振動子の軌道）　　　　　　解答 p.212

適当な初期条件を設定して，問題9-7の系の正準方程式を解け．

問題 9-⑧▼連成振動

ラグランジアンが

$$L(q_1, q_2, \dot{q}_1, \dot{q}_2) = \frac{1}{2}m(\dot{q}_1{}^2 + \dot{q}_2{}^2) - \frac{1}{2}k\left\{q_1{}^2 + (q_1 - q_2)^2 + q_2{}^2\right\}$$

で与えられる 2 自由度の系の正準方程式を書け.

●考え方●

q_1, q_2 のそれぞれに共役な運動量 p_1, p_2 を導入してハミルトニアンを構成する.

解答

q_1, q_2 に共役な運動量は，それぞれ，

$$p_1 \equiv \frac{\partial H}{\partial q_1} = m\dot{q}_1 \ , \quad p_2 \equiv \frac{\partial H}{\partial q_2} = m\dot{q}_2$$

である．これを $\dot{q}_1$, $\dot{q}_2$ について解けば，

$$\dot{q}_1 = \frac{p_1}{m} \ , \quad \dot{q}_2 = \frac{p_2}{m}$$

となるので，この系のハミルトニアンは，

$$\begin{aligned} H(q_1, q_2.p_1, p_2) &= p_1\dot{q}_1 + p_2\dot{q}_2 - L \\ &= \frac{p_1{}^2 + p_2{}^2}{2m} + \frac{1}{2}k\left\{q_1{}^2 + (q_1 - q_2)^2 + q_2{}^2\right\} \end{aligned}$$

である．これより，

$$\frac{\partial H}{\partial q_1} = 2kq_1 - kq_2 \ , \quad \frac{\partial H}{\partial q_2} = -kq_1 + 2kq_2 \ , \quad \frac{\partial H}{\partial p_1} = \frac{p_1}{m} \ , \quad \frac{\partial H}{\partial p_2} = \frac{p_2}{m}$$

であるから，この系の正準方程式は，

$$\dot{q}_1 = \frac{p_1}{m} \ , \quad \dot{q}_2 = \frac{p_2}{m} \ , \quad \dot{p}_1 = -2kq_1 + kq_2 \ , \quad \dot{p}_2 = kq_1 - 2kq_2 \quad 答$$

となる.

ポイント

ハミルトニアン

$$H = H(q_1, q_2, p_1, p_2)$$

において，q_1, q_2, p_1, p_2 はすべて独立変数として扱う.

練習問題　9-8　（連成振動）　　　　　　　　解答 p.213

問題 9-⑧の系の正準方程式を解け.

ハミルトニアンが

$$H(q,p) = \frac{p^2}{2m} + \frac{1}{2}m\omega^2 q^2$$

で与えられる 1 自由度の系の，相空間における軌道を求めよ．

●考え方●

正準方程式を解いて，t の関数として q, p を与える．

解答

この系の正準方程式は，

$$\dot{q} = \frac{p}{m} \ , \quad \dot{p} = -m\omega^2 q$$

となる．2 式より，q の方程式

$$\ddot{q} = -\omega^2 q$$

を得る．ハミルトニアンが t を陽に含まないので，時刻の原点は適当に調整することができ，初期条件を $q(0) = q_0 \ (> 0)$，$p(0) = 0$ として構わない．$p(0) = 0$ は $\dot{q}(0) = \frac{p(0)}{m} = 0$ を意味するので，

$$q(t) = q_0 \cos(\omega t) \qquad \cdots ①$$

となる．また，

$$p(t) = m\dot{q}(t) = -m\omega q_0 \sin(\omega t) \qquad \cdots ②$$

である．①式と②式より t を消去することにより，

$$q^2 + \frac{p^2}{(m\omega)^2} = q_0{}^2$$

が得られるので，相空間における軌道は楕円である．　答

> **ポ イ ン ト**
>
> ハミルトンの立場における力学変数 q, p が満たす代数的な方程式が得られれば，それが相空間における軌道を与える．

練習問題 9-9 （相空間における軌道）　　　　　解答 p.213

ハミルトニアンが

$$H(q,p) = \frac{p^2}{2m} + mgq$$

で与えられる 1 自由度の系の，相空間における軌道を求めよ．

問題 9-10▼単振り子

単振り子は，ラグランジアンが

$$L(\theta, \dot{\theta}) = \frac{1}{2}m(l\dot{\theta})^2 - mgl(1 - \cos\theta)$$

で与えられる 1 自由度の系である．この系の正準方程式を書け．

●考え方●

ハミルトニアン $H(\theta, p_\theta)$ を導けば，正準方程式は

$$\dot{\theta} = \frac{\partial H}{\partial p_\theta} \ , \quad \dot{p}_\theta = -\frac{\partial H}{\partial \theta}$$

■解答

θ に共役な運動量 p_θ を求めると，

$$p_\theta = \frac{\partial L}{\partial \dot{\theta}} = ml^2\dot{\theta} \qquad \therefore \ \dot{\theta} = \frac{p_\theta}{m}$$

であるから，ハミルトニアンは，

$$H = p_\theta\dot{\theta} - L = \frac{p_\theta{}^2}{2ml^2} + mgl(1 - \cos\theta)$$

となる．

$$\frac{\partial H}{\partial \theta} = mgl\sin\theta \ , \quad \frac{\partial H}{\partial p_\theta} = \frac{p_\theta}{ml^2}$$

なので，正準方程式は，

$$\dot{\theta} = \frac{p_\theta}{ml^2} \ , \quad \dot{p}_\theta = -mgl\sin\theta \quad \boxed{答}$$

となる．

ポイント

θ を座標変数とする 1 自由度の系のハミルトニアンは，
$H(\theta, p_\theta)$
$= p_\theta\dot{\theta}(\theta, p_\theta) - L(\theta, \dot{\theta}(\theta, p_\theta))$
である．

練習問題　9-10　（単振り子の軌道）　　　　　解答 p.213

問題 9-10の系の，相空間における軌道の方程式を求めよ．

問題 9-⑪▼リウビルの定理

q, p を力学変数とする 1 自由度の系を考える. その相空間の時刻 t における閉領域を Γ_t, その体積を $\Omega(\Gamma_t)$ で表す.

正準方程式に従う時間発展について, $\Omega(\Gamma_t)$ は一定であることを示せ.

●考え方●

微小体積が, 微小な時間変化に対して不変に保たれることを示せばよい.

解答

まず, 微小な時間変化 δt に対して, $\Omega(\Gamma_{t+\delta t}) = \Omega(\Gamma_t)$ であることを示す.

$q(t + \delta t)$, $p(t + \delta t)$ を q', p' で表せば,

$$\Omega(\Gamma_t) = \int_{\Gamma_t} \mathrm{d}q\mathrm{d}p , \quad \Omega(\Gamma_{t+\delta t}) = \int_{\Gamma_{t+\delta t}} \mathrm{d}q'\mathrm{d}p'$$

である. $\Omega(\Gamma_{t+\delta t})$ は, ヤコビアン $\dfrac{\partial(q',p')}{\partial(q,p)}$ を用いて

$$\Omega(\Gamma_{t+\delta t}) = \int_{\Gamma_t} \frac{\partial(q',p')}{\partial(q,p)} \, \mathrm{d}q\mathrm{d}p$$

と変形できる. ここで, 正準方程式より,

$$q' = q + \dot{q}\delta t = q + \frac{\partial H}{\partial p}\delta t , \quad p' = p + \dot{p}\delta t = p - \frac{\partial H}{\partial q}\delta t$$

$$\therefore \; \frac{\partial q'}{\partial q} = 1+\delta t\frac{\partial^2 H}{\partial q\partial p} , \quad \frac{\partial q'}{\partial p} = \delta t\frac{\partial^2 H}{\partial p^2} , \quad \frac{\partial p'}{\partial q} = \delta t\frac{\partial^2 H}{\partial q^2} , \quad \frac{\partial p'}{\partial p} = 1-\delta t\frac{\partial^2 H}{\partial q\partial p}$$

なので, $(\delta t)^2$ を無視して,

$$\frac{\partial(q',p')}{\partial(q,p)} = \left(1 + \delta t\frac{\partial^2 H}{\partial q\partial p}\right)\left(1 - \delta t\frac{\partial^2 H}{\partial q\partial p}\right) = 1$$

となるので, $\Omega(\Gamma_{t+\delta t}) = \Omega(\Gamma_t)$ の成立が示された.

微小時間ごとの変化において $\Omega(\Gamma_t)$ が不変に保たれるので, $\Omega(\Gamma_t)$ は系の時間発展に対して一定である.

ポイント

時間変化を一種の座標変換と見れば, ヤコビアンを用いて変換後 (時間経過後) の体積を求めることができる.

練習問題 9–11 (リウビルの定理)　　　　　解答 p.214

q_i, p_i を力学変数とする n 自由度の系を考える. その相空間の時刻 t における閉領域を Γ_t, その体積を $\Omega(\Gamma_t)$ で表す.

正準方程式に従う時間発展について, $\Omega(\Gamma_t)$ は一定であることを示せ.

問題 9-⑫▼ポアソン括弧①

n 自由度系の力学量 $F(q, p, t)$ は，ポアソン括弧について，

$$\{q_i,\ F\} = \frac{\partial F}{\partial p_i}\ ,\quad \{p_i,\ F\} = -\frac{\partial F}{\partial q_i}$$

を満たすことを示せ.

●考え方●

ハミルトンの立場では，$(q,\ p)$ はすべて独立な変数なので，

$$\frac{\partial q_i}{\partial q_j} = \delta_{ij}\ ,\quad \frac{\partial p_i}{\partial p_j} = \delta_{ij}\ ,\quad \frac{\partial q_i}{\partial p_j} = 0\ ,\quad \frac{\partial p_i}{\partial q_j} = 0$$

となることに注意して，ポアソン括弧の定義に従って計算する.

解答

ポアソン括弧の定義より，

$$\{q_i,\ F\} = \sum_{k=1}^{n} \left(\frac{\partial q_i}{\partial q_k} \frac{\partial F}{\partial p_k} - \frac{\partial q_i}{\partial p_k} \frac{\partial F}{\partial q_k} \right)$$

$$= \sum_{k=1}^{n} \left(\delta_{ik} \cdot \frac{\partial F}{\partial p_k} - 0 \cdot \frac{\partial F}{\partial q_k} \right)$$

$$= \frac{\partial F}{\partial p_i}$$

ポイント

正準変数間のポアソン括弧について，

$$\{q_i,\ p_j\} = -\{p_i,\ q_j\} = \delta_{ij}$$
$$\{q_i,\ q_j\} = \{p_i,\ p_j\} = 0$$

が成り立つ.

また，

$$\{p_i,\ F\} = \sum_{k=1}^{n} \left(\frac{\partial p_i}{\partial q_k} \frac{\partial F}{\partial p_k} - \frac{\partial p_i}{\partial p_k} \frac{\partial F}{\partial q_k} \right) = \sum_{k=1}^{n} \left(0 \cdot \frac{\partial F}{\partial p_k} - \delta_{ik} \cdot \frac{\partial F}{\partial q_k} \right)$$

$$= -\frac{\partial F}{\partial q_i}$$

これより，正準方程式を，

$$\dot{q}_i = \{q_i,\ H\}\ ,\quad \dot{p}_i = \{p_i,\ H\} \quad (i = 1,\ 2,\ \cdots,\ n)$$

と表示することができる.

練習問題　9–12　（ポアソン括弧の基本性質）　　　　　　　**解答 p.214**

ポアソン括弧について，以下の成立を示せ.

(1) $\{q_i,\ p_j\} = -\{p_i,\ q_j\} = \delta_{ij}$

(2) $\{q_i,\ q_j\} = \{p_i,\ p_j\} = 0$

n 自由度系の力学量 $F(q,p,t)$ は，ポアソン括弧について，

$$\frac{\mathrm{d}F}{\mathrm{d}t} = \frac{\partial F}{\partial t} + \{F,\ H\}$$

を満たすことを示せ.

●考え方●

F を t について全微分した式を，正準方程式を用いて書き換える.

■ 解答 ■

力学量 $F(q,p,t)$ の時間について全微分すれば，

$$\frac{\mathrm{d}F}{\mathrm{d}t} = \frac{\partial F}{\partial t} + \sum_{i=1}^{n} \left(\frac{\partial F}{\partial q_i}\dot{q}_i + \frac{\partial F}{\partial p_i}\dot{p}_i \right)$$

となる. 正準方程式より，

$$\dot{q}_i = \frac{\partial H}{\partial p_i} \ ,\ \ \dot{p}_i = -\frac{\partial H}{\partial q_i}$$

であるから，

$$\sum_{i=1}^{n} \left(\frac{\partial F}{\partial q_i}\dot{q}_i + \frac{\partial F}{\partial p_i}\dot{p}_i \right) = \sum_{i=1}^{n} \left(\frac{\partial F}{\partial q_i}\frac{\partial H}{\partial p_i} - \frac{\partial F}{\partial p_i}\frac{\partial H}{\partial q_i} \right) = \{F,\ H\}$$

である.

したがって，力学量 $F(q,p,t)$ は，ポアソン括弧について，

$$\frac{\mathrm{d}F}{\mathrm{d}t} = \frac{\partial F}{\partial t} + \{F,\ H\}$$

を満たす.

ポ イ ン ト

正準方程式より，

$$\dot{q}_i = \frac{\partial H}{\partial p_i}$$

$$\dot{p}_i = -\frac{\partial H}{\partial q_i}$$

である.

練習問題 9-13 （ポアソン括弧と保存則） 解答 p.214

陽には t に依存しない力学量 $F(q,p)$ が保存量である条件が

$$\{F,\ H\} = 0$$

であることを示せ.

問題 9-⑭▼保存量

時刻 t に陽には依存しない力学量 $F(q,p)$ が保存量であることの必要十分条件は $\{F,\,H\}=0$ である．これに基づき，ハミルトニアンが

$$H = \frac{p_1{}^2}{2m_1} + \frac{p_2{}^2}{2m_2} + U(x_1 - x_2)$$

と与えられる2質点系の運動について，系の全運動量 $P = p_1 + p_2$ が保存量であることを示せ．

●考え方●

$\{P,\,H\}=0$ であることを示す．

解答

ポアソン括弧の性質より，

$$\{P,\,H\} = \{p_1,\,H\} + \{p_2,\,H\}$$

である．ここで，

$$\{p_1,\,H\} = -\frac{\partial H}{\partial x_1} = -\frac{\partial}{\partial x_1}\left(U(x_1 - x_2)\right)$$

$$\{p_2,\,H\} = -\frac{\partial H}{\partial x_2} = -\frac{\partial}{\partial x_2}\left(U(x_1 - x_2)\right)$$

であり，$r = x_1 - x_2$ とおけば，

$$\frac{\partial}{\partial x_1}\left(U(x_1 - x_2)\right) = \frac{\partial}{\partial r}\left(U(r)\right) \ , \ \frac{\partial}{\partial x_2}\left(U(x_1 - x_2)\right) = -\frac{\partial}{\partial r}\left(U(r)\right)$$

となるので，

$$\{P,\,H\} = -\frac{\partial}{\partial r}\left(U(r)\right) + \frac{\partial}{\partial r}\left(U(r)\right) = 0$$

したがって，系の全運動量 $P = p_1 + p_2$ は，この系の保存量である．

ポイント

ポアソン括弧について

$$\{p_i,\,F\} = -\frac{\partial F}{\partial q_i}$$

が成り立つ．

練習問題　9-14　（角運動量保存則）　　　　解答 p.215

ハミルトニアンが

$$H = \frac{p^2}{2m} + U(r)$$

と与えられる1質点系の運動について，角運動量 $M = r \times p$ が保存量であることを示せ．

ウィリアム・ローワン・ハミルトン（William Rowan Hamilton, 1805-1865）は，アイルランドの数学者，物理学者，天文学者であり，その業績は数学と物理学の双方にわたります．

ハミルトンは，1843年に四元数を発明しました．これは複素数を拡張したもので，実数部，i（虚数単位），j，kの4つの部分から成ります．四元数は回転や拡大縮小などの変換を表現するのに適しており，現代の物理学やコンピュータグラフィックスなどで応用されています．

ハミルトンは，古典力学における新たな形式であるハミルトニアン力学を発展させました．彼のアプローチはラグランジュ力学と同等の物理法則を提供し，特に多体系や保存力に対する問題に対して優れた枠組みを提供しました．ハミルトンは特性関数の概念を導入し，これを用いて微分方程式を解く手法を提案しました．この手法は振動や波動の問題に適用され，物理学や数学の応用上で非常に有用となりました．

ハミルトンはグラフ理論にも貢献し，特にハミルトン閉路と呼ばれる特定の種類のグラフにおいて，全ての頂点を一度ずつ通る閉路を見つけるアルゴリズムを発表しました．これは通信ネットワークや巡回セールスマン問題などで応用されています．

ウィリアム・ローワン・ハミルトンの業績は数学や物理学，グラフ理論など多岐にわたり，彼のアイディアと手法は今日でも広く応用されています．特にハミルトニアン形式の力学や四元数の概念は，現代の物理学と数学の基盤を築く上で重要な役割を果たしました．

Chapter 10

正準変換

正準変換とは，ハミルトン形式における力学変数の変換である．
正準変換の重要な効用は次章で学ぶが，
本章では，正準変換の定義を学び，具体例を体験する．

基本事項

1　正準変換の定義　(問題 10 - ②)

❶正準変数の変換

正準変数 (q, p) から，これと対等な変数 (Q, P) への変換を**正準変換**と呼ぶ．要するに，正準変数から正準変数への変数変換である．

対等という意味は，(q, p) と (Q, P) の対応が 1 対 1 対応になっていることである．$(q, p) \to (Q, P)$ の変換

$$
\begin{cases}
Q_i = Q_i(q, p, t) \\
P_i = P_i(q, p, t)
\end{cases}
\quad (i = 1, 2, \cdots, n)
$$

が

$$
\begin{cases}
q_i = q_i(Q, P, t) \\
p_i = p_i(Q, P, t)
\end{cases}
\quad (i = 1, 2, \cdots, n)
$$

と逆に解けて，逆変換 $(Q, P) \to (q, p)$ が存在することが必要である．さらに，正準変数 (q, p) と上のように結びつく変数 (Q, P) が正準変数であるためには，新しいハミルトニアン $K(Q, P, t)$ が存在して，正準方程式

$$
\begin{cases}
\dot{Q}_i = \dfrac{\partial K}{\partial P_i} \\[2mm]
\dot{P}_i = -\dfrac{\partial K}{\partial Q_i}
\end{cases}
\quad (i = 1, 2, \cdots, n)
$$

が成立することが条件となる．

❷正準変換とポアソン括弧

正準変数 (q, p) を添え字として明記してポアソン括弧を

$$
\{u, v\}_{q,p} \equiv \sum_{i=1}^{n} \left(\frac{\partial u}{\partial q_i} \frac{\partial v}{\partial p_i} - \frac{\partial u}{\partial p_i} \frac{\partial v}{\partial q_i} \right)
$$

と書くことにする．

$(q, p) \to (Q, P)$ が正準変換であれば，任意の 2 つの力学量 u, v について

$$
\{u, v\}_{q,p} = \{u, v\}_{Q,P}
$$

が成り立つ. つまり, ポアソン括弧は正準変換に対して不変である.

2 母関数 (問題 10-3, 4, 5)

❶母関数の定義

新旧の正準変数とハミルトニアンの間に, 力学変数の関数 W を介して

$$\sum_{i=1}^{n} p_i \dot{q}_i - H = \sum_{i=1}^{n} P_i \dot{Q}_i - K + \frac{dW}{dt}$$

の関係が成り立つ. 具体的に関数 W を一つ与えれば, 一つの正準変換が決まる. このような関数 W を正準変換の**母関数**と呼ぶ.

❷ $W = W(q, Q, t)$ の場合

$W = W(q, Q, t)$ の場合, 新旧の正準変数とハミルトニアンは, 次のように対応する.

$$p_i = \frac{\partial W}{\partial q_i} , \quad P_i = -\frac{\partial W}{\partial Q_i} , \quad K = H + \frac{\partial W}{\partial t}$$

❸ $W = W(q, P, t)$ の場合

$W = W(q, P, t)$ の場合, 新旧の正準変数とハミルトニアンは, 次のように対応する.

$$p_i = \frac{\partial W}{\partial q_i} , \quad Q_i = \frac{\partial W}{\partial P_i} , \quad K = H + \frac{\partial W}{\partial t}$$

❹ $W = W(p, Q, t)$ の場合

$W = W(p, Q, t)$ の場合, 新旧の正準変数とハミルトニアンは, 次のように対応する.

$$q_i = -\frac{\partial W}{\partial p_i} , \quad P_i = -\frac{\partial W}{\partial Q_i} , \quad K = H + \frac{\partial W}{\partial t}$$

❺ $W = W(p, P, t)$ の場合

$W = W(p, P, t)$ の場合, 新旧の正準変数とハミルトニアンは, 次のように対応する.

$$q_i = -\frac{\partial W}{\partial p_i} , \quad Q_i = \frac{\partial W}{\partial P_i} , \quad K = H + \frac{\partial W}{\partial t}$$

❶恒等変換

母関数

$$W(q, P) = \sum_{i=1}^{n} q_i P_i$$

の生成する正準変換は,

$$q_i \ \rightarrow \ Q_i = q_i \ , \quad p_i \ \rightarrow \ P_i = p_i$$

なる変換である. つまり, 何も変化していない. これを**恒等変換**と呼ぶ.

❷座標変換

一般化座標 q から別の一般化座標 Q への変換を**座標変換**と呼ぶ. このとき, q と Q の対応は 1 対 1 であり, q から Q への変換

$$q_i \ \rightarrow \ Q_i = Q_i(q, t) : p には依存しない$$

は逆変換を持つ.

座標変換は, 母関数

$$W(q, P, t) = \sum_{i=1}^{n} \phi_i(q, t) P_i$$

の生成する正準変換である.

❸無限小正準変換

ε を無限小の定数として,

$$W(q, P, t) = \sum_{i=1}^{n} q_i P_i + \varepsilon G(q, P, t)$$

を母関数とする正準変換は, 恒等変換からのずれが無限小である正準変換となる. $G(q, P, t)$ を無限小正準変換の**生成関数**と呼ぶ.

---

4 **正準変数としてのエネルギーと時刻** （問題 10-⑩）

系のエネルギー E と時刻 t に対して, $(E, -t)$ あるいは $(t, -E)$ を互いに共役な正準変数として扱うことができる.

ハミルトニアンが

$$H = \frac{p^2}{2m} + U(q)(= E)$$

で与えられる 1 自由度の系については,

$$W(q, E) = \int^q \sqrt{2m(E - U(q))}\mathrm{d}q$$

を母関数とする正準変換により, 正準変数が

$$(q,\ p)\ \rightarrow\ (E,\ -t)$$

と変換される.

問題 10-① ▼変分原理と正準方程式

1 自由度の系について，最小作用の原理が，正準方程式

$$\dot{q} = \frac{\partial H}{\partial p} \ , \quad \dot{p} = -\frac{\partial H}{\partial q}$$

を導くことを示せ．

●考え方●

$L = p\dot{q} - H$ の作用積分が最小となる条件を考える．

解答

ハミルトニアン H は，$\dot{q} = \dot{q}(q, p)$ として

$$H(q, p, t) = p\dot{q} - L(q, \dot{q}, t)$$

により与えられるので，逆に，L を q, p の関数として与えると，

$$L = p\dot{q} - H(q, p, t)$$

である．これに基づいて 問題6-① と同様の議論を展開する．作用積分

$$I = \int_{t_1}^{t_2} \{p\dot{q} - H(q, p, t)\} \ \mathrm{d}t$$

の変分をとれば，問題6-① の場合と同様の部分積分を実行し，積分区間の始点と終点では $\delta q = 0$, $\delta p = 0$ であることを用いれば，

$$\delta I = \int_{t_1}^{t_2} \left\{ \left(\dot{q} - \frac{\partial H}{\partial p} \right) \delta p - \left(\dot{p} + \frac{\partial H}{\partial q} \right) \delta q \right\} \ \mathrm{d}t$$

となる．したがって，$\delta I = 0$ の条件から，積分内の δq, δp の係数が 0 となることが要請されるので，正準方程式

$$\dot{q} = \frac{\partial H}{\partial p} \ , \quad \dot{p} = -\frac{\partial H}{\partial q}$$

が導かれる．

> **ポイント**
>
> ハミルトンの立場では q, p が独立な変数である．

練習問題　10-1　（変分原理と正準方程式）　　　　解答 p.215

n 自由度の系について，最小作用の原理が，正準方程式

$$\dot{q}_i = \frac{\partial H}{\partial p_i} \ , \quad \dot{p}_i = -\frac{\partial H}{\partial q_i} \quad (i = 1, \ 2, \ \cdots, \ n)$$

を導くことを示せ．

問題 10-②▼正準変換

n 自由度の系について，ハミルトニアン H の正準変数 (q, p) と，独立な力学変数と時刻 t の関数 W を介して

$$\sum_{i=1}^{n} p_i q_i - H = \sum_{i=1}^{n} P_i \dot{Q}_i - K + \frac{dW}{dt}$$

により結びつく変数 (P, Q) は，K をハミルトニアンとする同一の系の正準変数であることを示せ．

●考え方●

もとのラグランジアンと，新しい変数に対するラグランジアンの関係を調べる．

■解答

もとのラグランジアンを L，変数変換後の新しいラグランジアンを L' とすれば，

$$L = L' + \frac{dW}{dt}$$

の関係を満たすので，それぞれの作用積分

$$I = \int_{t_1}^{t_2} L \, dt \, , \quad I' = \int_{t_1}^{t_2} L' \, dt$$

の差は，$t = t_1$, t_2 における W の値を W_1, W_2 として，

$$I - I' = \int_{t_1}^{t_2} \frac{dW}{dt} \, dt = W_2 - W_1$$

となる．力学変数と時刻 t の関数である W は t_1, t_2 において値が確定するので，変分をとったときに $W_2 - W_1$ の変分は 0 となる．つまり，

$$\delta I = \delta I' \quad \therefore \ \delta I = 0 \iff \delta I' = 0$$

である．したがって，問題10-①の議論も参考にすれば，(q, p) が正準方程式を満たすとき，(Q, P) も正準方程式を満たし，その逆も言える．すなわち，(Q, P) は，(q, p) を力学変数とする系と同一の系の正準変数である．

> **ポ イ ン ト**
>
> 正準変数の変換を正準変換と呼び，本問における関数 W を正準変数の**母関数**と呼ぶ．

練習問題　10-2　（正準変換の母関数）　　解答 p.215

正準変換を与える母関数 W には，どのようなパターンがあるか論じよ．

(q, p) を正準変数として，ハミルトニアンが $H(q, p, t)$ である１自由度の系について，関数 $W(q, Q, t)$ を用いて

$$p = \frac{\partial W}{\partial q}, \quad P = -\frac{\partial W}{\partial Q}$$

により定まる新しい変数 (Q, P) は

$$K(Q, P, t) = H(q, p, t) + \frac{\partial W}{\partial t}$$

を新しいハミルトニアンとして，正準方程式を満たすことを示せ．

●考え方●

関数 $W(q, Q, t)$ による正準変換では，q, Q, t が独立変数となる．

解答

q, p, Q, P, H, K の間に，

$$p\dot{q} - H = P\dot{Q} - K + \frac{dW}{dt}$$

の関係の成立を要請すれば，

$$dW = pdq + (-P)dQ + (H - W)dt$$

となる．一方，$W = W(q, Q, t)$ のとき，

$$dW = \frac{\partial W}{\partial q}dq + \frac{\partial W}{\partial Q}dQ + \frac{\partial W}{\partial t}dt$$

であるから，独立変数 dq, dQ, dt の係数を比較して

$$p = \frac{\partial W}{\partial q}, \quad P = -\frac{\partial W}{\partial Q}, \quad K(Q, P, t) = H(q, p, t) + \frac{\partial W}{\partial t}$$

の関係が導かれる．

ポ イ ン ト

問題 10-② で示したように，新旧の変数とハミルトニアンを

$$p\dot{q} - H = P\dot{Q} - K + \frac{dW}{dt}$$

の関係で結びつければよい．

練習問題　10-3　（正準変換の例①）　　　　　　　　　　　　　解答 p.215

次の関数 W を母関数とする正準変換における，新しい正準変数とハミルトニアンを与えよ．

(1) $W(q, Q) = qQ$

(2) $W(q, Q, t) = \phi(t)qQ$ 　　（$\phi(t)$ は与えられたスカラー関数）

問題 10-4 ▼母関数による正準変換②

(q, p) を正準変数として，ハミルトニアンが $H(q,p,t)$ である1自由度の系
について，関数 $W(q,P,t)$ を用いて

$$p = \frac{\partial W}{\partial q} ,\quad Q = \frac{\partial W}{\partial P}$$

により定まる新しい変数 (Q, P) は

$$K(Q,P,t) = H(q,p,t) + \frac{\partial W}{\partial t}$$

を新しいハミルトニアンとして，正準方程式を満たすことを示せ．

●考え方●

関数 $W(q,P,t)$ による正準変換では，$q,\ P,\ t$ が独立変数となる．

解答

$q,\ p,\ Q,\ P,\ H,\ K$ の間に，

$$p\dot{q} - H = P\dot{Q} - K + \frac{\mathrm{d}(W - PQ)}{\mathrm{d}t}$$

の関係の成立を要請すれば，

ポイント

新旧の変数とハミルトニアン
を結びつける関係式に全微分
を付け加えても，運動の法則に
は影響しない．

$$\mathrm{d}W - Q\mathrm{d}P - P\mathrm{d}Q = p\mathrm{d}q + (-P)\mathrm{d}Q + (H - W)\mathrm{d}t$$

$$\therefore\ \mathrm{d}W = p\mathrm{d}q + Q\mathrm{d}P + (H - W)\mathrm{d}t$$

となる．一方，$W = W(q,P,t)$ のとき，

$$\mathrm{d}W = \frac{\partial W}{\partial q}\mathrm{d}q + \frac{\partial W}{\partial P}\mathrm{d}P + \frac{\partial W}{\partial t}\mathrm{d}t$$

であるから，独立変数 $\mathrm{d}q,\ \mathrm{d}P,\ \mathrm{d}t$ の係数を比較して

$$p = \frac{\partial W}{\partial q} ,\quad Q = \frac{\partial W}{\partial P} ,\quad K(Q,P,t) = H(q,p,t) + \frac{\partial W}{\partial t}$$

の関係が導かれる．

練習問題 10-4 （正準変換の例②） 解答 p.216

次の関数 W を母関数とする正準変換における，新しい正準変数とハミルトニ
アンを与えよ．

(1) $W(q,P) = qP$

(2) $W(q,P,t) = \phi(q,t)P$ （$\phi(q,t)$ は与えられたスカラー関数）

正準変数 (q, p) から (Q, P) への正準変換が，p, Q を独立変数とする母関数により生成される場合について，新旧の正準変数の関係式と，新しいハミルトニアンを与える式を導け．

●考え方●

母関数 $W(q, Q, t)$ からのルジャンドル変換を行う．

解答

問題 10-3で扱った母関数を $W_0(q, Q, t)$ とする．これに対して，

ルジャンドル変換により，独立変数の交換が行える．

$$W(p, Q, t) = W_0(q, Q, t) - qp$$

とおくと，

$$dW = dW_0 - d(qp) = pdq + (-P)dQ + \frac{\partial W_0}{\partial t}dt - pdq - qdp$$
$$= (-q)dp + (-P)dQ + (K - H)dt$$

となるので，

$$q = -\frac{\partial W}{\partial p} , \quad P = -\frac{\partial W}{\partial Q} , \quad K = H + \frac{\partial W}{\partial t}$$

により正準変換が与えられる．

練習問題　10-5　（母関数による正準変換④）　　　　解答 p.216

正準変数 (q, p) から (Q, P) への正準変換が，p, P を独立変数とする母関数により生成される場合について，新旧の正準変数の関係式と，新しいハミルトニアンを与える式を導け．

問題 10−6▼調和振動

ハミルトニアンが,

$$H(q,p) = \frac{p^2}{2m} + \frac{1}{2}m(\omega q)^2$$

で与えられる1次元調和振動子について,

$$W(q,Q) = \frac{1}{2}m\omega q^2 \cot Q$$

を母関数とする正準変換を行ったときの新しい正準変数 (Q, P) および, 新しいハミルトニアン $K(Q,P)$ を求めよ.

●考え方●

問題 10−3で扱った正準変換の具体例である.

解答

新旧の正準変数の関係は,

$$p = \frac{\partial W}{\partial q} = m\omega q \cot Q$$

$$P = -\frac{\partial W}{\partial Q} = \frac{1}{2}m\omega q^2 \frac{1}{\sin^2 Q}$$

であるから,

$$q^2 = \frac{2}{m\omega}P\sin^2 Q , \quad p^2 = (m\omega)^2 q^2 \cot^2 Q = 2m\omega P\cos^2 Q$$

となる. これより, Q, P を用いて, もとの正準変数 q, p は, $q = \sqrt{\frac{2P}{m\omega}}\sin Q$, $p = \sqrt{2m\omega P}\cos Q$ と表すことができる. これを**ポアンカレ変換**と呼ぶ. $\frac{\partial W}{\partial t} = 0$ なので新しいハミルトニアンは,

$$K(Q,P) = H(q,p) = \frac{p^2}{2m} + \frac{1}{2}m(\omega q)^2$$
$$= \frac{2m\omega}{2m}P\cos^2 Q + \frac{1}{2}m\omega^2 \cdot \frac{2}{m\omega}P\sin^2 Q = \omega P$$

となる.

ポイント

母関数 $W(q,Q,t)$ による正準変換では,

$$p = \frac{\partial W}{\partial q} , \quad P = -\frac{\partial W}{\partial Q}$$

$$K = H + \frac{\partial W}{\partial t}$$

である.

練習問題　10−6　（調和振動の一般解）　　　　解答 p.216

問題 10−6における新しい正準変数 (Q, P) に対する正準方程式を解いて一般解を求めよ.

ハミルトニアンが,

$$H(q,p) = \frac{p^2}{2m} + \frac{1}{2}m(\omega q)^2$$

で与えられる 1 次元調和振動子について,

$$W(q,Q,t) = \frac{1}{2}\left\{ A(t)q^2 + B(t)Q^2 \right\} - C(t)qQ$$

を母関数とする正準変換により, 新しいハミルトニアンが $K = 0$ となるように, 関数 $A(t)$, $B(t)$, $C(t)$ が満たす方程式を導け.

●考え方●

q, Q が独立変数なので, K を q, Q の関数として表示する.

解答

母関数 $W = W(q,Q,t)$ による正準変換なので,

ポ イ ン ト

$\xi q^2 + \eta Q^2 + \zeta qQ = 0$
$\Longleftrightarrow \xi = \eta = \zeta = 0$

$$p = \frac{\partial W}{\partial q} = Aq - CQ \qquad \therefore H(q,p) = \frac{(Aq - CQ)^2}{2m} + \frac{1}{2}m(\omega q)^2$$

となる. また,

$$\frac{\partial W}{\partial t} = \frac{1}{2}(\dot{A}q^2 + \dot{B}Q^2) - \dot{C}qQ$$

なので, q, Q を独立変数として K を表示すれば,

$$K = H + \frac{\partial W}{\partial t}$$
$$= \frac{1}{2}\left(\frac{A^2}{m} + m\omega^2 + \dot{A}\right)q^2 + \frac{1}{2}\left(\frac{C^2}{m} + \dot{B}\right)Q^2 - \left(\frac{AC}{m} + \dot{C}\right)qQ$$

となる. $K = 0$ となるためには, q^2, Q^2, qQ の係数がそれぞれ 0 となることが条件なので,

$$\frac{A^2}{m} + m\omega^2 + \dot{A} = 0 , \quad \frac{C^2}{m} + \dot{B} = 0 , \quad \frac{AC}{m} + \dot{C} = 0 \quad \text{答}$$

練習問題　10-7　（静止系） 　　　　　　　　　　　　　　　　　　　**解答 p.217**

問題 10-[7]おいて, 新しい正準変数 (Q, P) に対する正準方程式を書け.

問題 10-⑧▼無限小正準変換

恒等変換を生成する母関数 $W(q, P) = qP$　（**練習問題** 10-4(1) 参照）から微小にずれた

$$W(q, P, t) = qP + \varepsilon G(q, P, t)$$

を母関数とする正準変換を考える．ε は無限小量である．

この無限小正準変換による (q, p) の微小変化分 $(\delta q, \delta p)$ が

$$\delta q = \varepsilon\{q,\ G(q, p, t)\}, \quad \delta p = \varepsilon\{p,\ G(q, p, t)\}$$

と表されることを示せ.

●考え方●

母関数 $W = W(q, P, t)$ による正準変換では

$$p = \frac{\partial W}{\partial q}, \quad Q = \frac{\partial W}{\partial P}$$

解答

この正準変換において，

$$p = \frac{\partial W(q, P, t)}{\partial q} = P + \varepsilon \frac{\partial G(q, P, t)}{\partial q}$$

$$Q = \frac{\partial W(q, P, t)}{\partial P} = q + \varepsilon \frac{\partial G(q, P, t)}{\partial P}$$

ポイント

力学量 $F(q, p, t)$ に対して

$$\{q_i,\ F\} = \frac{\partial F}{\partial p_i}$$

$$\{p_i,\ F\} = -\frac{\partial F}{\partial q_i}$$

であるから，

$$\delta q = Q - q = \varepsilon \frac{\partial G(q, P, t)}{\partial P}, \quad \delta p = P - p = -\varepsilon \frac{\partial G(q, P, t)}{\partial q}$$

となる．ここで，δp は無限小なので，$G(q, P, t)$ の P は p に読み替えてよく，

$$\delta q = \varepsilon \frac{\partial G(q, p, t)}{\partial p} = \varepsilon\{q,\ G\}, \quad \delta p = -\varepsilon \frac{\partial G(q, p, t)}{\partial q} = \varepsilon\{p,\ G\}$$

を得る．最後の変形は，問題 9-⑫の結論を用いた．

練習問題　10-8　（無限小正準変換としての正準方程式）　　解答 p.217

正準方程式は正準変換の一つと見ることができる．この変換を生成する母関数を求めよ．

問題 10-⑨ ▼無限小正準変換による不変量

一般に，相空間の領域 Γ の体積

$$\Omega(\Gamma) = \int_\Gamma \mathrm{d}q_1 \cdots \mathrm{d}q_n \mathrm{d}p_1 \cdots \mathrm{d}p_n$$

は正準変換に対して不変であることが知られている．これを 1 自由度の系の無限小正準変換について示せ．

●考え方●

無限小変換のヤコビアンが 1 となることを導く．

解答

新旧の相空間の体積要素は，

$$\mathrm{d}Q\mathrm{d}P = J \cdot \mathrm{d}q\mathrm{d}p$$

> **ポ イ ン ト**
>
> 変換により，体積（面積）は，ヤコビアン倍に変換される．

により結びつく．ここで，J は変換のヤコビアンであり，

$$J = \frac{\partial(Q, P)}{\partial(q, p)} = \begin{vmatrix} \dfrac{\partial Q}{\partial q} & \dfrac{\partial Q}{\partial p} \\[2mm] \dfrac{\partial P}{\partial q} & \dfrac{\partial P}{\partial p} \end{vmatrix} = \frac{\partial Q}{\partial q}\frac{\partial P}{\partial p} - \frac{\partial Q}{\partial p}\frac{\partial P}{\partial q}$$

により与えられる．$J = 1$ を示せばよい．

無限小正準変数として問題 10-⑧ の変換を考えると，

$$\frac{\partial Q}{\partial q} = 1 + \varepsilon\frac{\partial^2 G}{\partial q \partial p}, \quad \frac{\partial Q}{\partial p} = \varepsilon\frac{\partial^2 G}{\partial p^2}$$

$$\frac{\partial P}{\partial q} = -\varepsilon\frac{\partial^2 G}{\partial q^2}, \quad \frac{\partial P}{\partial p} = 1 - \varepsilon\frac{\partial^2 G}{\partial p \partial q}$$

である．ε は無限小量なので，ε^2 は無視できて，

$$J = 1 + \varepsilon\left(\frac{\partial^2 G}{\partial q \partial p} - \frac{\partial^2 G}{\partial p \partial q}\right) = 1 \quad \left(\because \frac{\partial^2 G}{\partial q \partial p} = \frac{\partial^2 G}{\partial p \partial q}\right)$$

となる．

練習問題　10-9　（リウビルの定理）　　　　　　　　　　　解答 p.217

1 次元調和振動について，リウビルの定理（問題 9-⑪参照）が成り立っていることを，正準方程式の解（**練習問題** 10-5 参照）に基づいて具体的に確認せよ．

問題 10-⑩▼正準変数としての E と $-t$

ハミルトニアンが

$$H = \frac{p^2}{2m} + U(q)$$

で与えられる1自由度の保存系について，$H = E$ とおき，

$$W(q, Q = E) = \int^q \sqrt{2m(E - U(q))}\, \mathrm{d}q$$

を母関数とする正準変換により，変数が $(q,\, p) \to (E,\, -t)$ と変換されることを示せ.

●考え方●

E を新しい座標変数と見るような正準変換を行う.

解答

正準変換の手続きに従えば，

$$p = \frac{\partial W}{\partial q} = \sqrt{2m(E - U)} = p = m\dot{q}$$

$$P = -\frac{\partial W}{\partial E} = -\int^q \frac{m}{\sqrt{2m(E - U)}}\, \mathrm{d}q$$

ポイント

母関数 $W(q, Q)$ による正準変換は，

$$p = \frac{\partial W}{\partial q}\,, \quad P = -\frac{\partial W}{\partial Q}$$

により与えられる.

ここで，

$$\int^q \frac{m}{\sqrt{2m(E - U)}}\, \mathrm{d}q = \int^t \frac{\mathrm{d}q}{\dot{q}} = \int^t \mathrm{d}t = t + 定数$$

なので，$P = -t$ としてよい（積分区間の始点を適当に選べばよい）.

つまり，この正準変換により，変数が $(q,\, p) \to (E,\, -t)$ と変換された.

練習問題　10–10　（正準変数としての t と $-E$）　　解答 p.217

1自由度の系について $E = H(q, p, t)$ とおき，作用積分を

$$I = \int_{t_1}^{t_2} (p\dot{q} - E)\, \mathrm{d}t = \int_{t=t_1}^{t=t_2} (p\, \mathrm{d}q - E\, \mathrm{d}t)$$

と書き直すことができる. このとき，最小作用の原理より，

$$\frac{\partial(-E)}{\partial t} = -\frac{\partial H}{\partial t}$$

が導かれることを示せ.

◆シメオン・ドニ・ポアソン

シメオン・ドニ・ポアソン（Siméon Denis Poisson1781-1840）は，フランスの数学者，物理学者であり，数学や物理学の様々な分野において傑出した業績を残しました．

ポアソンは，確率論において極めて有名なポアソン分布を提唱しました．これは，一定の平均発生率を持つ独立した事象が単位時間や単位空間で発生する場合の確率分布を表現するために使われます．特に，希少な事象が発生する確率をモデリングするのに有用で，通信工学や生態学，医学統計など広く応用されています．

数学の分野において，ポアソンはポアソン方程式を研究しました．これは偏微分方程式の一種であり，電磁場のポテンシャルや重力場などのポテンシャル分布を表現する際に重要な方程式です．ポアソン方程式は物理学や工学の分野で広く使用されています．ハミルトン形式の解析力学における重要な概念であるポアソン括弧の名称も，ポアソンの名前に由来している．

ポアソンは弾性論の分野でも活躍し，物体が外力によって変形する際の弾性変形に関する研究を行いました．特に，彼の名前に因んでポアソン比と呼ばれる物質の変形時の比率を導入し，弾性体の性質を記述するのに用いられています．

ポアソンは楕円体上の調和解析にも貢献し，ラプラス方程式の楕円体上での解析解を研究しました．この研究は地球の形状や天体力学などの分野で応用され，物理学の進展に寄与しました．

ポアソンはその生涯を通じて数学と物理学の様々な分野において卓越した業績を挙げ，彼の貢献は今日まで数学や統計学，物理学の分野で広く影響を与えています．

Chapter 11

ハミルトン・ヤコビの理論

ハミルトン・ヤコビの理論は,
静止系への正準変換を構成することにより,
ハミルトンの運動方程式の解を得る手法である.
そして,量子論へのジャンプ台になっている.

基本事項

1　解析力学の手順のまとめ

❶ラグランジュ形式

具体例として，原点からの距離に反比例する引力を受ける質点の運動（ケプラー運動や水素原子内の電子）を考える．運動は一定の平面内で実現していることを前提とする．その平面上に直交座標系を設定すれば，この系のラグランジアンは，

$$L(x, y, \dot{x}, \dot{y}) = \frac{1}{2}m(\dot{x}^2 + \dot{y}^2) - \left(-\frac{K}{\sqrt{x^2 + y^2}}\right)$$

となる．K は，引力の強さを表す正定数である．

極座標 (r, θ) を導入すれば，

$$\begin{cases} x = r\cos\theta \\ y = r\sin\theta \end{cases} \quad \cdots ①$$

時間微分して，

$$\begin{cases} \dot{x} = \dot{r}\cos\theta - r\dot{\theta}\cdot\sin\theta \\ \dot{y} = \dot{r}\sin\theta + r\dot{\theta}\cdot\cos\theta \end{cases} \quad \cdots ②$$

ニュートン力学の場合と異なり，2階微分まで求める必要はない．

①，②を用いてラグランジアンを書き直すと，

$$L(r, \theta, \dot{r}, \dot{\theta}) = \frac{1}{2}m\left\{\dot{r}^2 + (r\dot{\theta})^2\right\} + \frac{K}{r}$$

となる．

オイラー・ラグランジュ方程式は，

$$\frac{\mathrm{d}}{\mathrm{d}t}\left(\frac{\partial L}{\partial \dot{q}_i}\right) - \frac{\partial L}{\partial q_i} = 0 \quad (i = 1, 2, \cdots, n)$$

であった．いまのケースでは，

$$\begin{cases} \dfrac{\partial L}{\partial \dot{r}} = m\dot{r}, \quad \dfrac{\partial L}{\partial \dot{\theta}} = mr^2\dot{\theta} \\[2mm] \dfrac{\partial L}{\partial r} = mr\dot{\theta}^2 - \dfrac{K}{r^2}, \quad \dfrac{\partial L}{\partial \theta} = 0 \end{cases}$$

なので，運動方程式として，

$$
\begin{cases}
\dfrac{\mathrm{d}}{\mathrm{d}t}\left(m\dot{r}\right)-\left(mr\dot{\theta}^2-\dfrac{K}{r^2}\right)=0 \\[4mm]
\dfrac{\mathrm{d}}{\mathrm{d}t}\left(mr^2\dot{\theta}\right)=0
\end{cases}
$$

を得る．これは，ニュートンの運動方程式と一致する．

❷ハミルトン形式

　上の議論より，$r,\ \theta$ に正準共役な運動量は，それぞれ，

$$
p_r=m\dot{r}\ ,\quad p_\theta=mr^2\dot{\theta}\qquad\cdots③
$$

である．よって，系のエネルギー関数は，

$$
H=p_r\dot{r}+p_\theta\dot{\theta}-L=\frac{1}{2}m\left\{\dot{r}^2+(r\dot{\theta})^2\right\}-\frac{K}{r}\qquad\cdots④
$$

である．③を $\dot{r},\ \dot{\theta}$ について解くと，

$$
\dot{r}=\frac{p_r}{m}\ ,\quad \dot{\theta}=\frac{p_\theta}{mr^2}
$$

となるので，これを④に代入すれば，ハミルトニアンが得られ，

$$
H(r,\theta,p_r,p_\theta)=\frac{1}{2m}\left\{p_r{}^2+\left(\frac{p_\theta}{r}\right)^2\right\}-\frac{K}{r}
$$

となる．

　ハミルトンの正準運動方程式は，

$$
\begin{cases}
\dot{q}_i=\dfrac{\partial H}{\partial p_i} \\[4mm]
\dot{p}_i=-\dfrac{\partial H}{\partial q_i}
\end{cases}\qquad (i=1,\ 2,\ \cdots,\ n)
$$

であった．いまのケースでは，

$$
\begin{cases}
\dfrac{\partial H}{\partial r}=-\dfrac{p_\theta{}^2}{mr^3}+\dfrac{K}{r^2}\ ,\quad \dfrac{\partial H}{\partial \theta}=0 \\[4mm]
\dfrac{\partial H}{\partial p_r}=\dfrac{p_r}{m}\ ,\quad \dfrac{\partial H}{\partial p_\theta}=\dfrac{p_\theta}{mr^2}
\end{cases}
$$

なので，正準方程式は，

$$
\begin{cases}
\dot{r} = \dfrac{p_r}{m} \ , \quad \dot{\theta} = \dfrac{p_\theta}{mr^2} \\[3mm]
\dot{p_r} = \dfrac{{p_\theta}^2}{mr^3} - \dfrac{K}{r^2} \ , \quad \dot{p_\theta} = 0
\end{cases}
$$

となる．これを微分方程式として解くのは簡単でない．そこで，本章で学ぶハミルトン・ヤコビの理論が重要となる．

---

2 ハミルトン・ヤコビの方程式 (問題11-1, 2, 3, 4)

❶静止系

正準変換によりハミルトニアンが $K = 0$ となれば，ハミルトンの正準方程式は

$$
\dot{Q}_i = 0 \ , \quad \dot{P}_i = 0 \qquad (i = 1,\ 2,\ \cdots,\ n)
$$

となるので，すべての正準変数が定数となる．

$$
Q_i = \alpha_i \ , \quad P_i = \beta_i \qquad (i = 1,\ 2,\ \cdots,\ n)
$$

α_i, β_i は定数である．このような系を**静止系**と呼ぶ．

❷ハミルトニアン・ヤコビの方程式

静止系への正準変換を生成する母関数は，n 個の定数 $\alpha = (\alpha_1, \alpha_2, \cdots \alpha_n)$ を含む q と t の関数であり，偏微分方程式

$$
\frac{\partial W}{\partial t} + H\left(q, \frac{\partial W}{\partial q}, t \right) = 0
$$

を満たす．これを**ハミルトニアン・ヤコビの方程式**と呼ぶ．

❸簡略化されたハミルトニアン・ヤコビの方程式

もとのハミルトン H が時刻 t を陽に含まない場合，静止系への母関数 $W(q, \alpha, t)$ は，エネルギーの値を表す定数 E を用いて

$$
W(q, \alpha, t) = S(q, \alpha) - Et
$$

の形で表される. $S(q, \alpha)$ を**ハミルトンの特性関数**と呼ぶ. このとき, ハミルトニアン・ヤコビの偏微分方程式は,

$$H\left(q, \frac{\partial S}{\partial q}\right) = E$$

となる. これを**簡略化されたハミルトニアン・ヤコビの方程式**と呼ぶ.

3　作用変数と角変数 （問題11-⑤, ⑥, ⑦, ⑧, ⑨, ⑩）

❶作用変数

周期運動を行う自由度1の系を考える.

正準変換 $(q, p) \rightarrow (w, J)$ により w が循環変数になったとすると J は一定となる.

角振動数の意味をもつ定数 ω を用いて

$$w = \omega t + \beta \quad (\beta \text{ は定数})$$

と表すとき, w を**角変数**と呼び,

$$J = \frac{1}{2\pi} \oint p(q, P)\, \mathrm{d}q \quad \left(\oint \text{ は1周期にわたる積分を表す.}\right)$$

とできる. このとき, J を**作用変数**と呼ぶ.

❷中心力場における作用変数

中心力場における1質点系の周期運動を考える. 球座標 (r, θ, ϕ) を採用したとき, 各変数に対する作用変数は, 中心力のポテンシャルを $U(r)$, 系のエネルギーを E, それぞれ一定に保たれる θ, ϕ に共役な一般化運動量の値を $\alpha_\theta, \alpha_\phi$ として,

$$J_\phi = \frac{1}{2\pi} \oint \alpha_\phi\, \mathrm{d}\phi = \alpha_\phi$$

$$J_\theta = \frac{1}{2\pi} \oint \sqrt{\alpha_\theta{}^2 - \frac{\alpha_\phi{}^2}{\sin^2\theta}}\, \mathrm{d}\theta$$

$$J_r = \frac{1}{2\pi} \oint \sqrt{2m\left\{E - \frac{\alpha_\theta{}^2}{2mr^2} - U(r)\right\}}\, \mathrm{d}r$$

により定義される.

問題 11-①▼ハミルトン・ヤコビの方程式

n 自由度の系を考える．次の方程式（ハミルトン・ヤコビの方程式）を満たす母関数 $W = W(q, P, t)$ は，静止系，すなわち，新しいハミルトニアンを $K = 0$ とする系への正準変換を生成することを示せ．

$$\frac{\partial W}{\partial t} + H\left(q, \frac{\partial W}{\partial q}, t\right) = 0$$

●考え方●

静止系への正準変換が実現したとして，その条件を求める．

解答

問題 10-④で見たように，母関数 $W(q, P, t)$ による変換式は

●ポイント●

$K = 0$ であれば，

$$Q_i = 一定, \ P_i = 一定$$

である．

$$p_i = \frac{\partial W}{\partial q_i}, \quad Q_i = \frac{\partial W}{\partial P_i}, \quad K = H + \frac{\partial W}{\partial t}$$

で与えられるので，この正準変換により $K = 0$ が実現できれば，W は，

$$0 = H\left(q, \frac{\partial W}{\partial q}, t\right) + \frac{\partial W}{\partial t}$$

を満たす．このときの W を**ハミルトンの主関数**と呼ぶ．

ところで，$K = 0$ ならば，正準方程式より，

$$\dot{Q}_i = \frac{\partial K}{\partial P_i} = 0 \qquad \therefore Q_i = 一定 \equiv \beta_i \qquad (i = 1, \cdots, n)$$

$$\dot{P}_i = -\frac{\partial K}{\partial Q_i} = 0 \qquad \therefore P_i = 一定 \equiv \alpha_i \qquad (i = 1, \cdots, n)$$

となる．

練習問題　11–1　（ハミルトン・ヤコビの方程式の解法）　　　解答 p.218

問題 11-①において，運動方程式の一般解 $(q(t), p(t))$ の導き方を論ぜよ．

問題 11-1 において，ハミルトニアン H が陽に t によらないとき，静止系への正準変換を生成する母関数 W は，系のエネルギーを E として，任意定数 α を含む形で

$$W(q, \alpha, t) = S(q, \alpha) - Et$$

と表せることを示せ．なお，この $S(q, \alpha)$ をハミルトンの特性関数と呼ぶ．

●考え方●

$H = $ 一定 $= E$ のとき，ハミルトン・ヤコビの方程式は

$$\frac{\partial W}{\partial t} = -E \, (\text{一定})$$

となる．

解答

H が陽に t に依存しないとき，H は系のエネルギー E を表し一定に保たれるので，ハミルトン・ヤコビの方程式

$$\frac{\partial W}{\partial t} + H = 0$$

より，

$$\frac{\partial W}{\partial t} = -E \, (\text{一定})$$

となる．したがって，任意定数 α を含む q のみの関数 $S(q, \alpha)$ を用いて

$$W(q, \alpha, t) = S(q, \alpha) - Et$$

と表すことができる．

ポイント

1 階の偏微分方程式は，独立変数と等しい個数分の任意定数をもつ解（**完全解**）により構成できる．

練習問題　11-2　（1 階偏微分方程式の完全解）　　　解答 p.218

次の偏微分方程式の完全解を求めよ．

$$\frac{\partial w}{\partial x} + \frac{\partial w}{\partial y} = x + y$$

ハミルトニアンが陽には t に依存せず $H = H(q,p)$ である n 自由度の系を考える．この系について，ハミルトンの特性関数が満たすべき方程式を導け．

●考え方●

ハミルトン・ヤコビの方程式

$$\frac{\partial W}{\partial t} + H\left(q, \frac{\partial W}{\partial q}, t\right) = 0$$

に，ハミルトンが陽には t に依存しないことの結論を反映させる．

解答

ハミルトニアンが陽には t に依存しない場合，問題11-②で見たように，系のエネルギー E は一定に保たれ，この E を用いて母関数 W が

$$W(q, \alpha, t) = S(q, \alpha) - Et$$

と表される．ここで，$S(q, \alpha)$ がハミルトンの特性関数である．このとき，

$$\frac{\partial W}{\partial t} = -E, \quad \frac{\partial W}{\partial q_i} = \frac{\partial S}{\partial q_i} \quad (i = 1, \cdots, n)$$

なので，ハミルトン・ヤコビの方程式は，

$$H\left(q, \frac{\partial S}{\partial q}\right) = E \quad 答$$

となる．これが簡略化されたハミルトン・ヤコビの方程式である．

> **ポイント**
>
> $\dfrac{\partial H}{\partial t} = 0$ のとき，$H = $ 一定であり，この値は系のエネルギーを表す．

練習問題　11-3　（ハミルトン・ヤコビの方程式の解法）　　解答 p.218

問題11-③において，運動方程式の一般解 $(q(t), p(t))$ の導き方を論ぜよ．

問題 11-④▼一様な重力場中の鉛直運動

ハミルトニアンが,

$$H(q, p) = \frac{p^2}{2m} + mgq$$

で与えられる 1 自由度の系について, 簡略化されたハミルトン・ヤコビの方程式を解くことにより, 正準方程式の一般解 $(q(t), p(t))$ を求めよ.

●考え方●

練習問題 11-3 の処方箋に従う.

解答

1 自由度の系なので, **練習問題** 11-3 における β_1 を β とする.

この系の簡略化されたハミルトン・ヤコビの方程式は,

$$\frac{1}{2m}\left(\frac{\partial S}{\partial q}\right)^2 + mgq = E \qquad \therefore \frac{\partial S}{\partial q} = \pm\sqrt{2m(E - mgq)}$$

となり, これより,

$$S(q, E) = \mp\frac{2}{3}\frac{\sqrt{2m}}{3mg}(E - mgq)^{\frac{3}{2}}$$

したがって,

$$t + \beta = \frac{\partial S}{\partial E} = \mp\frac{1}{mg}\sqrt{2m(E - mgq)}$$

$$\therefore q(t) = \frac{E}{mg} - \frac{1}{2}g(t + \beta)^2 \qquad 答$$

また,

$$p(t) = \left.\frac{\partial S}{\partial q}\right|_{q=q(t)} = \pm\sqrt{2m(E - mgq(t))} = -mg(t + \beta) \qquad 答$$

> **ポイント**
>
> 1 自由度の系においては,
> $$S = S(q, E)$$

練習問題 11-4 (調和振動子)　　　解答 p.219

ハミルトニアンが,

$$H(q, p) = \frac{p^2}{2m} + \frac{1}{2}m(\omega q)^2$$

で与えられる 1 自由度の系について, 簡略化されたハミルトン・ヤコビの方程式を解くことにより, 正準方程式の一般解 $(q(t), p(t))$ を求めよ.

1自由度の周期運動を考える.

$$J \equiv \frac{1}{2\pi} \oint p \, dq$$

により定義される量を**作用変数**という.

角振動数 ω,エネルギー E の調和振動子について,作用変数を求めよ.

●考え方●

$\oint p \, dq$ は,相空間(平面)において軌道の囲む部分の面積に相当する.

解答

角振動数 ω,エネルギー E の調和振動子の相空間における軌道は,

$$\frac{p^2}{2mE} + \frac{q^2}{\dfrac{2E}{m\omega^2}} = 1$$

により与えられ,図のような楕円となる.積分

$$A = \oint p \, dq$$

は,この楕円が囲む部分の面積を表し,

$$A = \pi \cdot \sqrt{2mE} \cdot \sqrt{\frac{2E}{m\omega^2}} = \frac{2\pi E}{\omega}$$

である.したがって,

$$J = \frac{A}{2\pi} = \frac{E}{\omega} \quad \text{答}$$

となる.なお,$J \equiv \oint p \, dq$ により作用変数 J を定義する流儀もある.

ポイント

質量 m,角振動数 ω,エネルギー E の1次元調和振動の,相空間における軌道は

$$\frac{p^2}{2m} + \frac{1}{2}m(\omega q)^2 = E$$

により与えられる.

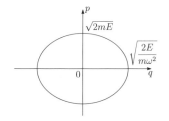

練習問題 11-5 (角変数)   解答 p.219

作用変数 J を一般化運動量とする正準変換を構成することができる.このときの一般化座標を w とする.これを**角変数**と呼ぶ.

調和振動子について,正準変換 $(q, p) \to (w, J)$ を生成する母関数を求めよ.また,このときの一般化座標 $w(t)$ を求めよ.

問題 11-6 ▼作用変数と周期

一般の 1 自由度の周期運動において，周期 T は，$T = 2\pi \dfrac{\mathrm{d}J}{\mathrm{d}E}$ であることを示せ．ここで，J は作用変数，E は系のエネルギーである．

●考え方●

$T = \displaystyle\oint \mathrm{d}t = \oint \frac{\mathrm{d}t}{\mathrm{d}q}\,\mathrm{d}q$ である．

｜解答｜

ポテンシャルを $U(q)$ として，ハミルトニアンは，

$$H = \frac{p^2}{2m} + U(q) = E \ (\text{一定})$$

ポイント

一般の 1 自由度の周期運動においても角変数 w は循環座標となり，ハミルトニアン H は w を含まない．

となるので，相空間における軌道は q 軸に対称な閉曲線となり，

$$p = \pm\sqrt{2m(E - U(q))}$$

である．このとき，作用関数 J は E の関数として，

$$J(E) = \frac{1}{2\pi}\oint p\,\mathrm{d}q = 2 \times \frac{1}{2\pi}\int_{q_1}^{q_2} \sqrt{2m(E - U(q))}\,\mathrm{d}q$$

と与えられる．q_1, q_2 $(q_1 < q_2)$ は，$p = 0$ となる q である．

$$\frac{\mathrm{d}}{\mathrm{d}E}\left(\int_{q_1}^{q_2} \sqrt{2m(E - U(q))}\,\mathrm{d}q\right) = \left[\sqrt{2m(E - U(q))} \cdot \frac{\mathrm{d}q}{\mathrm{d}E}\right]_{q_1}^{q_2}$$
$$+ \int_{q_1}^{q_2} \frac{m}{\sqrt{2m(E - U(q))}}\,\mathrm{d}q$$

$q = q_1$, q_2 において $\sqrt{2m(E - U(q))} = 0$ であり，

$$\frac{\sqrt{2m(E - U(q))}}{m} = \frac{\mathrm{d}q}{\mathrm{d}t} \qquad \therefore \ \frac{m}{\sqrt{2m(E - U(q))}} = \frac{\mathrm{d}t}{\mathrm{d}q}$$

なので，

$$\frac{\mathrm{d}}{\mathrm{d}E}\left(\int_{q_1}^{q_2} \sqrt{2m(E - U(q))}\,\mathrm{d}q\right) = \int_{q=q_1}^{q=q_2} \mathrm{d}t = \frac{1}{2}\oint \mathrm{d}t = \frac{T}{2}$$

以上により，$T = 2\pi\dfrac{\mathrm{d}J}{\mathrm{d}E}$ であることが示された．

練習問題　11-6　（角変数と周期）　　　　　　　　　　　**解答 p.220**

問題 11-6 において，角変数 w に対して $\dfrac{\mathrm{d}w}{\mathrm{d}t} = \dfrac{2\pi}{T}$ であることを示せ．

外部パラメタ a （例えば，等速円運動の半径）をもつ1自由度の周期運動について，パラメタ a が系の状態を撹乱せずにゆっくり変化するときに，作用変数は一定に保たれることを示せ．これを**断熱定理**という．

●考え方●

$\int_{q_1}^{q_2} \delta p(q,E,a)\mathrm{d}q = \int_{q_1}^{q_2} \left(\frac{\partial p}{\partial E}\delta E + \frac{\partial p}{\partial a}\delta a\right)\mathrm{d}q + p(q_2,E,a)\delta q_2 - p(q_1,E,a)\delta q_1$

となる．

解答

系のエネルギーを E として，

$$\frac{p^2}{2m} + U(q,a) = E$$

ポイント

1自由度の周期系の作用変数は，相空間における軌道が囲む部分の面積に相当する．

であり，これが相空間における軌道を与える．軌道は q 軸に関して対称なので，$q = q_1,\ q_2\ (q_1 < q_2)$ において $p = 0$ であるとすれば，

$$2\pi J = 2A \qquad \text{ただし，} A \equiv \int_{q_1}^{q_2} p(q,E,a)\ \mathrm{d}q$$

となる．ここで，$p = \sqrt{2m(E - U(q,a))}$ である．外部パラメタ a のゆるやかな変化に対して A が不変に保たれることを示せばよい．

系が外部パラメタ a が変化するとき E も変化するので，$A = A(E,a)$ と捉えて変分をとると，$p(q_1,E,a) = p(q_2,E,a) = 0$ であることを用いて，

$$\delta A = \int_{q_1}^{q_2} \delta p(q,E,a)\ \mathrm{d}q = \int_{q_1}^{q_2} \left(\frac{\partial p}{\partial E}\delta E + \frac{\partial p}{\partial a}\delta a\right)\ \mathrm{d}q$$

$p = \sqrt{2m(E - U(q,a))}$ に基づいて計算すれば，

$$\frac{\partial p}{\partial E}\ \mathrm{d}q = \frac{m}{p}\ \mathrm{d}q = \mathrm{d}t\ ,\quad \frac{\partial p}{\partial a}\ \mathrm{d}q = -\frac{m}{p}\frac{\partial U}{\partial a}\ \mathrm{d}q = -\frac{\partial U}{\partial a}\ \mathrm{d}t$$

となり，さらに，$\delta E = \partial U/\partial a \cdot \delta a$ であることを用いて，

$$\delta A = \int_{q=q_1}^{q=q_2} \left(\delta E - \frac{\partial U}{\partial a}\delta a\right)\ \mathrm{d}t = 0$$

練習問題 11-7 （等速円運動） 解答 p.220

長さ a の糸に束縛されて，糸からの張力のみを受けて等速円運動している質点がある．この系について，断熱定理が満たされることを直接的に確認せよ．

問題 11-8 ▼単振り子

質点 m を質量が無視できる伸び縮みのない長さ l の糸で吊り下げた単振り子を考える．重力加速度の大きさは g とする．

最下点からの振れ角 θ の変域が $-\theta_0 \leq \theta \leq \theta_0$ $\left(0 < \theta \leq \dfrac{\pi}{2}\right)$ である場合に，作用変数 J を θ についての積分式で表せ．

●考え方●

相空間における軌道の方程式を用いて，$J = \dfrac{1}{2\pi} \oint p \, dq$ を評価する．

解答

系のエネルギーを E として，

$$\frac{p_\theta^2}{2ml^2} + mgl(1 - \cos\theta) = E$$

である．よって，

$$p_\theta = \pm\sqrt{2ml}\sqrt{E - 2mgl\sin^2\frac{\theta}{2}}$$

ポイント

単振り子のハミルトニアンは，

$$H(\theta, p_\theta) = \frac{p_\theta^2}{2ml^2}$$
$$+ mgl(1 - \cos\theta)$$

である（**問題** 9-10参照）．

となる．1往復の運動が1周期なので，相空間の軌道が θ 軸に関して対称であることに注意すれば，

$$J = \frac{1}{2\pi} \oint p_\theta \, d\theta = 2 \times \frac{\sqrt{2ml}}{2\pi} \int_{-\theta_0}^{\theta_0} \sqrt{E - 2mgl\sin^2\frac{\theta}{2}} \, d\theta$$

$$= \frac{2\sqrt{2ml}}{\pi} \int_0^{\theta_0} \sqrt{E - 2mgl\sin^2\frac{\theta}{2}} \, d\theta \quad \text{答}$$

を得る．なお，

$$E = mgl(1 - \cos\theta_0) = 2mgl\sin^2\frac{\theta_0}{2}$$

なので，値としては

$$J = \frac{4m\sqrt{gl^3}}{\pi} \int_0^{\theta_0} \sqrt{\sin^2\frac{\theta_0}{2} - \sin^2\frac{\theta}{2}} \, d\theta$$

に等しい．

練習問題 11-8 （単振り子） 解答 p.220

問題 11-8において，振り子の周期を θ についての積分式で表せ．

ポテンシャルが $1/r$ 型の中心力による質点系を考える．運動が実現する平面上に極座標 (r, θ) を導入すれば，ハミルトニアンは

$$H(r, \theta, p_r, p_\theta) = \frac{1}{2m}\left(p_r{}^2 + \frac{p_\theta{}^2}{r^2}\right) - \frac{K}{r} \quad (K \text{ は定数})$$

となる（問題 9–⑤参照）．

この系に，ハミルトン・ヤコビの理論を適用して論ぜよ．

●考え方●

$p_\theta = \dfrac{\partial S(r, \theta)}{\partial \theta} = $ 一定 $\equiv \alpha_\theta$ なので，$S(r, \theta) = S_r(r) + \alpha_\theta\theta$ となる．

解答

$S(r, \theta) = S_r(r) + \alpha_\theta\theta$ ならば，

$$\frac{\partial S}{\partial r} = \frac{\mathrm{d}S}{\mathrm{d}r}$$

なので，ハミルトン・ヤコビの方程式は

$$\frac{1}{2m}\left\{\left(\frac{\mathrm{d}S_r}{\mathrm{d}r}\right)^2 + \frac{\alpha_\theta{}^2}{r^2}\right\} - \frac{K}{r} = E \quad (\text{一定})$$

となる．これより，

$$\frac{\mathrm{d}S_r}{\mathrm{d}r} = \sqrt{2m\left(E + \frac{K}{r}\right) - \frac{\alpha_\theta{}^2}{r^2}}$$

とすれば，$S(r)$ は E, α_θ をパラメタとして含む形で，積分

$$S_r(r, E, \alpha_\theta) = \int \sqrt{2m\left(E + \frac{K}{r}\right) - \frac{\alpha_\theta{}^2}{r^2}}\,\mathrm{d}r$$

により与えられる．これを用いて，特性関数は，

$$S(r, \theta, E, \alpha_\theta) = S_r(r, E, \alpha_\theta) + \alpha_\theta\theta$$

となる．

ポイント

θ は循環座標なので，p_θ は一定に保たれる．

練習問題　11–9　（中心力による平面運動）　　解答 p.221

問題 11–⑨において，t, θ をそれぞれ r の関数として与えよ．

問題 11-⑩▼中心力場の質点系の作用変数
問題11-⑨の系について，θ に対応する作用関数 J_θ を求めよ．

●考え方●
多自由度系の場合，作用変数は自由度ごとに

$$J_i = \frac{1}{2\pi} \oint p_i \, dq_i$$

により定義される．

解答
問題11-⑨で見たように特性関数は

$$S(r, \theta, p_r, p_\theta) = S_r(r, E, \alpha_\theta) + S_\theta(\theta, \alpha_\theta)$$

と変数分離できている．ここで，

$$S_r(r, E, \alpha_\theta) = \int \sqrt{2m\left(E + \frac{K}{r}\right) - \frac{\alpha_\theta{}^2}{r^2}} \, dr$$

$$S_\theta(\theta, \alpha_\theta) = \alpha_\theta \theta$$

である．

θ に対応する作用関数 J_θ は，

$$J_\theta = \frac{1}{2\pi} \oint p_\theta \, d\theta$$

により定義される．

$$p_\theta = \frac{\partial S}{\partial \theta} = \frac{\partial S_\theta}{\partial \theta} = \alpha_\theta$$

である．θ についての1周期積分は，積分区間の幅が 2π の任意の区間になるので，$\alpha_\theta > 0$ と仮定すれば，

$$J_\theta = \frac{1}{2\pi} \oint p_\theta \, d\theta = \frac{1}{2\pi} \int_0^{2\pi} \alpha_\theta \, d\theta = \alpha_\theta \quad \boxed{答}$$

となる．

ポイント

多自由度系においても，特性関数の変数分離ができていれば，各自由度ごとに作用変数を定義できる．

練習問題 11-10 （中心力場の質点系の作用変数） 解答 p.221
問題11-⑩の系について，r に対応する作用関数を求めよ．

　1900 年に提唱されたプランクの量子仮説を端緒として，20 世紀の初頭に，量子論と呼ばれる物理学の新しい基礎理論が確立していきました．

　高校で学ぶ，ボーア理論（1913 年）やド・ブロイ波長の理論（1924 年）は前期量子論と呼ばれる内容です．量子論が体系的な理論として確立するのは 1925 年のことでした．その理論は量子力学と呼ばれるまったく新しい理論です．今日では，自然界の正しい記述は古典力学（解析力学）ではなく，量子力学であると考えられています．

　量子力学の近似的な理論として古典力学を再現することは可能ですが，古典力学の延長として量子力学を導くことは不可能です．そこには論理的な飛躍が必要です．そのジャンプ台となったのが，ハミルトン・ヤコビの理論です．

　例えば，ボーアの量子化条件は，作用変数の量子化

$$J = n\hbar \quad \cdots ①$$

を意味します．ここで，$\hbar$ はプランク定数であり，高校物理に登場するプランク定数 h とは $\hbar = \dfrac{h}{2\pi}$ の関係にあります．①式を調和振動子に適用すれば，

$$\frac{E}{2\pi\nu} = n\frac{h}{2\pi} \qquad \therefore E = nh\nu$$

となり，プランクの量子仮説を再現します．

　量子力学の詳細な紹介は，量子力学の専門書に委ねますが，量子力学は，現代の物理学を学ぶ上では必須の理論です．そして，量子力学を理解するためにも，解析力学の理論を正しく理解しておくことが重要です．

練習問題解答

練習問題 1-1

(1) 問題1-①の結果にあてはめて，

$$\boldsymbol{a} \times \boldsymbol{b} = (5,\ 5,\ -5) \quad \cdots(\text{答})$$

(2) 外積の交換規則より，

$$\boldsymbol{b} \times \boldsymbol{a} = -(\boldsymbol{a} \times \boldsymbol{b}) = (-5,\ -5,\ 5) \quad \cdots(\text{答})$$

(3) $\boldsymbol{b}$ と $\boldsymbol{c}$ は1次従属（$\boldsymbol{b} \parallel \boldsymbol{c}$）なので，

$$\boldsymbol{b} \times \boldsymbol{c} = \boldsymbol{0} = (0,\ 0,\ 0) \quad \cdots(\text{答})$$

練習問題 1-2

(1) $AB = \begin{pmatrix} 1 & -4 \\ 1 & -6 \end{pmatrix}$ なので，

$$(AB)C = \begin{pmatrix} 1 & -4 \\ 1 & -6 \end{pmatrix}\begin{pmatrix} 0 & -1 \\ 2 & 5 \end{pmatrix}$$
$$= \begin{pmatrix} -8 & -21 \\ -12 & -31 \end{pmatrix} \quad \cdots(\text{答})$$

(2) まず，

$$BC = \begin{pmatrix} -1 & 2 \\ 1 & -3 \end{pmatrix}\begin{pmatrix} 0 & -1 \\ 2 & 5 \end{pmatrix}$$
$$= \begin{pmatrix} 4 & 11 \\ -6 & -16 \end{pmatrix}$$

なので，

$$A(BC) = \begin{pmatrix} 1 & 2 \\ 3 & 4 \end{pmatrix}\begin{pmatrix} 4 & 11 \\ -6 & -16 \end{pmatrix}$$
$$= \begin{pmatrix} -8 & -21 \\ -12 & -31 \end{pmatrix} \quad \cdots(\text{答})$$

上の結果についても，結合規則

$$(AB)C = A(BC)$$

が成り立っている．

練習問題 1-3

問題1-③で求めたように，z 軸まわりの角度 θ の回転変換は，行列

$$A = \begin{pmatrix} \cos\theta & \sin\theta & 0 \\ -\sin\theta & \cos\theta & 0 \\ 0 & 0 & 1 \end{pmatrix}$$

により表される．同様に，y 軸まわりの角度 ϕ の回転変換は，行列

$$B = \begin{pmatrix} \cos\phi & 0 & -\sin\phi \\ 0 & 1 & 0 \\ \sin\phi & 0 & \cos\phi \end{pmatrix}$$

により表される．よって，O-xyz系からO'-$x''y''z''$系への変換は，上の2つの回転の合成変換であり，行列

$$C = BA$$
$$= \begin{pmatrix} \cos\theta\cos\phi & \sin\theta\cos\phi & -\sin\phi \\ -\sin\theta & \cos\theta & 0 \\ \cos\theta\sin\phi & \sin\theta\sin\phi & \cos\phi \end{pmatrix}$$

により表される．したがって，

$$\begin{pmatrix} V_1'' \\ V_2'' \\ V_3'' \end{pmatrix} = C\begin{pmatrix} V_1 \\ V_2 \\ V_3 \end{pmatrix} =$$

$$\begin{pmatrix} \cos\theta\cos\phi \cdot V_1 + \sin\theta\cos\phi \cdot V_2 - \sin\phi \cdot V_3 \\ -\sin\theta \cdot V_1 + \cos\theta \cdot V_2 \\ \cos\theta\sin\phi \cdot V_1 + \sin\theta\sin\phi \cdot V_2 + \cos\phi \cdot V_3 \end{pmatrix}$$
$$\cdots(\text{答})$$

練習問題 1-4

(1) $\dfrac{\partial z}{\partial x} = (\sin x)' \cdot \cos y$

$$= \cos x \cdot \cos y \quad \cdots(\text{答})$$

(2) $\dfrac{\partial z}{\partial y} = \sin x \cdot (\cos y)'$

$$= -\sin x \cdot \sin y \quad \cdots(\text{答})$$

(3) $\dfrac{\partial}{\partial y}\left(\dfrac{\partial z}{\partial x}\right) = \dfrac{\partial}{\partial y}(\cos x \cdot \cos y)$

$$= -\cos x \cdot \sin y \quad \cdots(\text{答})$$

(4) $\dfrac{\partial}{\partial x}\left(\dfrac{\partial z}{\partial y}\right) = \dfrac{\partial}{\partial x}(-\sin \cdot \sin y)$

$$= -\cos x \cdot \sin y \quad \cdots(\text{答})$$

確かに，$\dfrac{\partial}{\partial y}\left(\dfrac{\partial z}{\partial x}\right) = \dfrac{\partial}{\partial x}\left(\dfrac{\partial z}{\partial y}\right)$ であることが確認できる．

練習問題 1–5

$z(\xi, \eta) = z(x(\xi, \eta), y(\xi, \eta))$ なので，

$$x = x(\xi, \eta), \ y = y(\xi, \eta)$$

$$x' = x(\xi+\Delta\xi, \eta), \ y' = y(\xi+\Delta\xi, \eta)$$

と記せば，

$$\frac{\Delta z}{\Delta\xi} = \frac{z(x', y') - z(x, y)}{\Delta\xi}$$

$$= \frac{z(x', y') - z(x, y')}{\Delta\xi}$$

$$+ \frac{z(x, y') - z(x, y)}{\Delta\xi}$$

$$= \frac{z(x', y') - z(x, y')}{x' - x}\frac{x' - x}{\Delta\xi}$$

$$+ \frac{z(x, y') - z(x, y)}{y' - y}\frac{y' - y}{\Delta\xi}$$

となる．$\Delta\xi \to 0$ の極限をとれば，

$$\frac{\partial z}{\partial\xi} = \frac{\partial z}{\partial x}\frac{\partial x}{\partial\xi} + \frac{\partial z}{\partial y}\frac{\partial y}{\partial\xi}$$

を得る．

$$\frac{\partial z}{\partial\eta} = \frac{\partial z}{\partial x}\frac{\partial x}{\partial\eta} + \frac{\partial z}{\partial y}\frac{\partial y}{\partial\eta}$$

についても同様である．

練習問題 1–6

$\phi = \dfrac{K}{r} = \dfrac{K}{\sqrt{x^2 + y^2 + z^2}}$ なので，

$$\frac{\partial\phi}{\partial x} = -\frac{Kx}{\left(\sqrt{x^2 + y^2 + z^2}\right)^3}$$

$$\frac{\partial\phi}{\partial y} = -\frac{Ky}{\left(\sqrt{x^2 + y^2 + z^2}\right)^3}$$

$$\frac{\partial\phi}{\partial z} = -\frac{Kz}{\left(\sqrt{x^2 + y^2 + z^2}\right)^3}$$

となる．したがって，

$$\mathrm{grad}\phi = -\frac{K}{r^2}\frac{\boldsymbol{r}}{r} \qquad \cdots(答)$$

練習問題 1–7

(1) $\displaystyle\int_0^1 x\,\mathrm{d}x = \lim_{\Delta x\to 0}\sum_{x=0}^{x=1} x\cdot\Delta x$

$$= \lim_{N\to 0}\sum_{k=1}^{N}\frac{k}{N}\cdot\frac{1}{N}$$

$$= \lim_{N\to 0}\frac{N+1}{2N} = \frac{1}{2} \qquad \cdots(答)$$

(2) $\displaystyle\int_0^1 x^2\,\mathrm{d}x = \lim_{\Delta x\to 0}\sum_{x=0}^{x=1} x^2\cdot\Delta x$

$$= \lim_{N\to 0}\sum_{k=1}^{N}\left(\frac{k}{N}\right)^2\cdot\frac{1}{N}$$

$$= \lim_{N\to 0}\frac{(N+1)(2N+1)}{6N^2}$$

$$= \frac{1}{3} \qquad \cdots(答)$$

高校で学ぶ「区分求積法」の考え方が，定積分の定義に近い．

練習問題 1–8

$$V = \int_B \mathrm{d}x\mathrm{d}y\mathrm{d}z = \lim\sum_B \Delta x\Delta y\Delta z$$

であるが（ただし，極限は $\Delta x \to 0$, $\Delta y \to 0$, $\Delta z \to 0$ を意味する），$\Delta x\Delta y\Delta z$ は，xyz 空間内の微小体積を表すので，

$$V = (B の体積) = \frac{4}{3}\pi \qquad \cdots(答)$$

練習問題 1–9

$x = r\cos\theta, \ y = r\sin\theta$ とおくと，領域 Γ は，

$$0 \leq r \leq 1, \ 0 \leq \theta \leq 2\pi$$

により与えられる．このとき，

$$\frac{\partial x}{\partial r} = \cos\theta, \ \frac{\partial x}{\partial\theta} = -r\sin\theta$$

$$\frac{\partial y}{\partial r} = \sin\theta, \ \frac{\partial y}{\partial\theta} = r\cos\theta$$

なので，変換のヤコビアンは，

$$\left|\frac{\partial(x,y)}{\partial(r,\theta)}\right| = r(\cos^2\theta + \sin^2\theta) = r$$

となる．したがって，

$$
\begin{aligned}
A &= \int_{\theta=0}^{\theta=2\pi} \int_{r=0}^{r=1} r\, \mathrm{d}r\mathrm{d}\theta \\
&= \int_{\theta=0}^{\theta=2\pi} \frac{1}{2}\, \mathrm{d}\theta \\
&= \pi \qquad\qquad \cdots(\text{答})
\end{aligned}
$$

練習問題 1–10

(1) $\dot{x} = 2x - 4 = \Longleftrightarrow \dfrac{\mathrm{d}x}{\mathrm{d}t} = -2(x-2)$
なので，$X = x - 2$ とおくと，

$$\frac{\mathrm{d}X}{\mathrm{d}t} = -2X$$

この微分方程式の一般解は，

$$X = Ae^{-2t} \quad (A \text{ は定数})$$

である．初期条件は，$X(0) = x(0) - 2 = -2$ なので，これより，$A = -2$ が導かれる．したがって，

$$x - 2 = -2e^{-2t}$$
$$\therefore\ x = 2\left(1 - e^{-2t}\right) \qquad \cdots(\text{答})$$

(2) $(1+t^2)\dot{x}+2tx = 0$ は，$x \neq 0$ の範囲で，

$$\frac{\mathrm{d}x}{x} = -\frac{2t}{1+t^2}\mathrm{d}t$$

と変形できる．したがって，

$$\int \frac{\mathrm{d}x}{x} = -\int \frac{2t}{1+t^2}\mathrm{d}t$$

積分を実行すれば，定数 C を用いて，

$$\log|x| = -\log(1+t^2) + C$$

$A \equiv \pm e^C$ として，

$$x = \frac{A}{1+t^2}$$

定数 A は，初期条件より，

$$1 = \frac{A}{1} \quad \therefore\ A = 1$$

と決定できるので，

$$x = \frac{1}{1+t^2} \qquad\qquad \cdots(\text{答})$$

となる．なお，この関数は任意の t に対して，$x \neq 0$ である．

練習問題 1–11

問題1–⑪の議論は，λ が虚数の場合にも有効である．微分方程式

$$\ddot{x} = -\omega^2 x \qquad \cdots①$$

に対して，

$$\lambda^2 = -\omega^2 \quad \therefore\ \lambda = \pm i\omega$$

となる．ここで，i は虚数単位である．したがって，微分方程式①の一般解は，定数 a, b を用いて，

$$x = ae^{i\omega t} + be^{-i\omega t}$$

と表される．ここで，オイラーの公式

$$e^{i\theta} = \cos\theta + i\sin\theta$$

を用いれば，

$$x = i(a-b)\sin\omega t + (a+b)\cos\omega t$$

となる．したがって，積分定数を $A = i(a-b)$, $B = a+b$ に取り替えることにより，微分方程式①の一般解は

$$x = A\sin\omega t + B\cos\omega t$$

と表される．

練習問題 1–12

問題1–⑫と同様に，

$$\xi = x + y, \quad \eta = x - y$$

と変数変換すれば，

$$\frac{\partial u}{\partial x} - \frac{\partial u}{\partial y} = 0 \iff \frac{\partial u}{\partial \eta} = 0$$

なので，求める一般解は，$\psi(\xi)$ を任意関数として，

$$u = \psi(\xi) = \psi(x+y) \qquad \cdots(\text{答})$$

練習問題 1–13

$\dfrac{\partial^2 u}{\partial x \partial y} = xy$ の一般解は，この方程式の特解の 1 つと，$\dfrac{\partial^2 u}{\partial x \partial y} = 0$ の一般解の和によって構成できる．$u = \dfrac{1}{4}x^2 y^2$ は，$\dfrac{\partial^2 u}{\partial x \partial y} = xy$ の特解であるので，問題 1–13の結論を用いれば，$\psi(x)$，$\varphi(y)$ を任意関数として，

$$u = \frac{1}{4}x^2 y^2 + \psi(x) + \varphi(y) \quad \cdots (答)$$

が求める一般解である．

Chapter 2　ニュートン力学の復習

練習問題 2–1

惑星の運動は束縛のない空間内での運動なので，基本的には運動の自由度は 3 である．しかし，中心力による運動であり，現実には一定の平面内で運動が実現する．これを考慮すれば実質的な運動の自由度は 2 となる．　　　　　　　　　　　　　　…(答)

その平面内での運動のみに注目するならば，座標変数は 2 つで足りる．例えば，平面上に直交座標を設定すれば (x, y) を座標変数として採用できる．あるいは，極座標 (r, θ) を座標変数として採用することもできる．　　　　　　　　　　　　　…(答)

練習問題 2–2

円周に沿った運動は平面内での運動であるが，さらに円軌道への束縛条件があるので，運動の自由度は 1 である．軌道円の中心を極とする極座標 (r, θ) を使うと，束縛条件は $r =$ 一定 と表される．θ が運動の自由度をカバーする座標変数となる．

問題 2–2と同様に直交座標系を使って速度 $\boldsymbol{v}$ を計算すれば，

$$\boldsymbol{v} = r\dot{\theta}\begin{pmatrix} -\sin\theta \\ \cos\theta \end{pmatrix}$$

となる．$v = r\dot{\theta}$ が符号付きの速さを表す．さらに，加速度 $\boldsymbol{a}$ を計算すると，

$$\boldsymbol{a} = r\dot{\theta}^2\begin{pmatrix} -\cos\theta \\ -\sin\theta \end{pmatrix} + r\ddot{\theta}\begin{pmatrix} -\sin\theta \\ \cos\theta \end{pmatrix}$$

となる．よって，この質点の加速度の半径方向成分は中心向きに

$$a_\parallel = r\dot{\theta}^2 = \frac{v^2}{r} \quad \cdots (答)$$

であり，接線方向成分は

$$a_\perp = r\ddot{\theta} = \frac{\mathrm{d}v}{\mathrm{d}t} \quad \cdots (答)$$

である．

練習問題 2–3

つり合いの位置におけるばねの伸び s は，

$$ks = mg \quad \therefore s = \frac{mg}{k}$$

である．その位置からの変位を下向きに x とすれば，運動方程式は

$$m\ddot{x} = mg + \left\{ -k\left(\frac{mg}{k} + x\right) \right\}$$

すなわち，

$$m\ddot{x} = -kx \quad \cdots (答)$$

となる．

練習問題 2–4

系の重心 $\boldsymbol{r}_C$ は，

$$\boldsymbol{r}_C \equiv \frac{\displaystyle\sum_{i=1}^N m_i \boldsymbol{r}_i}{\displaystyle\sum_{i=1}^N m_i}$$

により定義されるので，その速度は

$$\dot{\boldsymbol{r}}_C = \frac{\sum_{i=1}^N m_i \dot{\boldsymbol{r}}_i}{\sum_{i=1}^N m_i} = \frac{\boldsymbol{p}}{M}$$

となる．したがって，

$$\boldsymbol{p} = M\dot{\boldsymbol{r}}_C$$

であり，$\boldsymbol{p}$ は，系の受ける外力 $\boldsymbol{f}$ に対して，

$$\frac{\mathrm{d}\boldsymbol{p}}{\mathrm{d}t} = \boldsymbol{f}$$

を満たすので，

$$\frac{\mathrm{d}}{\mathrm{d}t}(M\dot{\boldsymbol{r}}_C) = \boldsymbol{f} \quad \therefore M\ddot{\boldsymbol{r}}_C = \boldsymbol{f}$$

が成立する．

練習問題 2–5

一方の物体の速度を $\boldsymbol{v}_1$，他方の物体の速度を $\boldsymbol{v}_2$ とする．作用・反作用の法則を反映させて，各物体の受ける相互作用の力を $\boldsymbol{F}$，$-\boldsymbol{F}$ とすれば，それぞれの仕事率の和は

$$P = \boldsymbol{F} \cdot \boldsymbol{v}_1 + (-\boldsymbol{F}) \cdot \boldsymbol{v}_2 = \boldsymbol{F} \cdot (\boldsymbol{v}_1 - \boldsymbol{v}_2)$$

となる．これが，2 体系への相互作用の仕事率である．

相互作用 $\boldsymbol{F}$ と 2 物体間の相対速度 $\boldsymbol{v}_1 - \boldsymbol{v}_2$ が直交するとき，相互作用の 2 体系に対する仕事率が

$$P = 0$$

となるので，系の力学的エネルギーの変化には影響しない．

練習問題 2–6

力のモーメント $\boldsymbol{N} = \boldsymbol{r} \times \boldsymbol{f}$ が $\boldsymbol{N} = \boldsymbol{0}$ である力を中心力と呼ぶ．中心力による運動では，角運動量 $\boldsymbol{l} = \boldsymbol{r} \times (m\dot{\boldsymbol{r}})$ は，

$$\frac{\mathrm{d}\boldsymbol{l}}{\mathrm{d}t} = \boldsymbol{0}$$

に従うので，

$$\boldsymbol{l} = \boldsymbol{r} \times (m\dot{\boldsymbol{r}}) = 一定 \equiv \boldsymbol{l}_0$$

となる．したがって，質点の運動は

$$\boldsymbol{r} \perp \boldsymbol{l}_0$$

を満たすことになり，運動は，原点を含み $\boldsymbol{l}_0$ に垂直な一定の平面内で実現する．

練習問題 2–7

系の重心を $\boldsymbol{r}_{\mathrm{C}}$，重心に対する各質点の位置を

$$\boldsymbol{R}_i \equiv \boldsymbol{r}_i - \boldsymbol{r}_{\mathrm{C}}$$

とすれば，

$$\boldsymbol{r}_i = \boldsymbol{r}_{\mathrm{C}} + \boldsymbol{R}_i，\quad \dot{\boldsymbol{r}}_i = \dot{\boldsymbol{r}}_{\mathrm{C}} + \dot{\boldsymbol{R}}_i$$

なので，

$$\boldsymbol{L} = \sum_{i=1}^{N} \{ \boldsymbol{r}_i \times (m_i \dot{\boldsymbol{r}}_i) \}$$

$$= \sum_{i=1}^{N} [(\boldsymbol{r}_{\mathrm{C}} + \boldsymbol{R}_i) \times \{ m_i(\dot{\boldsymbol{r}}_{\mathrm{C}} + \dot{\boldsymbol{R}}_i) \}]$$

となる．ここで，

$$\sum_{i=1}^{N} m_i \boldsymbol{R}_i = \boldsymbol{0}，\quad \sum_{i=1}^{N} m_i \dot{\boldsymbol{R}}_i = \boldsymbol{0}$$

であることに注意すれば，

$$\boldsymbol{L} = \boldsymbol{r}_{\mathrm{C}} \times (M\dot{\boldsymbol{r}}_{\mathrm{C}}) + \sum_{i=1}^{N} \{ \boldsymbol{R}_i \times (m_i \dot{\boldsymbol{R}}_i) \}$$

と整理できる．右辺の第 1 項

$$\boldsymbol{l}_{\mathrm{C}} \equiv \boldsymbol{r}_{\mathrm{C}} \times (M\dot{\boldsymbol{r}}_{\mathrm{C}})$$

は重心の角運動量であり，第 2 項

$$\boldsymbol{L}' \equiv \sum_{i=1}^{N} \{ \boldsymbol{R}_i \times (m_i \dot{\boldsymbol{R}}_i) \}$$

は重心まわりの系の角運動量である．

一方，外力の力のモーメントは，

$$\sum_{i=1}^{N} (\boldsymbol{r}_i \times \boldsymbol{s}_i) = \sum_{i=1}^{N} \{ (\boldsymbol{r}_{\mathrm{C}} + \boldsymbol{R}_i) \times \boldsymbol{s}_i \}$$

$$= \boldsymbol{r}_{\mathrm{C}} \times \boldsymbol{f} + \sum_{i=1}^{n} (\boldsymbol{R}_i \times \boldsymbol{s}_i)$$

となる．ここで，$\boldsymbol{f} \equiv \sum_{i=1}^{N} \boldsymbol{s}_i$ は，系に作用する外力の和である．

練習問題 2-4 で見たように，重心運動は

$$\frac{\mathrm{d}}{\mathrm{d}t}(M\dot{\boldsymbol{r}}_{\mathrm{C}}) = \boldsymbol{f}$$

に従う．これより，重心の角運動量についての運動方程式

$$\frac{\mathrm{d}\boldsymbol{l}_{\mathrm{C}}}{\mathrm{d}t} = \boldsymbol{r}_{\mathrm{C}} \times \boldsymbol{f}$$

が導かれる．これと

$$\frac{\mathrm{d}}{\mathrm{d}t}(\boldsymbol{l}_{\mathrm{C}} + \boldsymbol{L}') = \sum_{i=1}^{N} (\boldsymbol{r}_i \times \boldsymbol{s}_i)$$

より，重心まわりの系の角運動量 $\boldsymbol{L}'$ についての運動方程式

$$\frac{\mathrm{d}\boldsymbol{L}'}{\mathrm{d}t} = \sum_{i=1}^{n} (\boldsymbol{R}_i \times \boldsymbol{s}_i)$$

が導かれる．つまり，重心まわりの角運動量の変化は，重心まわりの外力のモーメントの和により説明される．

練習問題 2–8

$$\frac{1}{2}m\dot{x}^2 + \frac{1}{2}kx^2 = E \quad (\text{一定})$$

なので，

$$\frac{\dot{x}^2}{2E/m} + \frac{x^2}{2E/k} = 1$$

である．これより，ある関数 $\theta(t)$ を用いて，

$$\dot{x} = \sqrt{\frac{2E}{m}} \cos\theta, \quad x = \sqrt{\frac{2E}{k}} \sin\theta$$

と表すことができる．ここで，

$$\dot{x} = \frac{\mathrm{d}x}{\mathrm{d}t}$$

であるから，

$$\sqrt{\frac{2E}{m}} \cos\theta = \sqrt{\frac{2E}{k}} \cos\theta \cdot \frac{\mathrm{d}\theta}{\mathrm{d}t}$$

$$\therefore \frac{\mathrm{d}\theta}{\mathrm{d}t} = \sqrt{\frac{k}{m}} \quad (\text{一定})$$

したがって，定数 δ を用いて，

$$\theta = \sqrt{\frac{k}{m}}\, t + \delta$$

と表すことができる．

以上より，$A = \sqrt{\dfrac{2E}{k}}$ とおけば，

$$x(t) = A \sin\left(\sqrt{\frac{k}{m}}\, t + \delta\right)$$

$$\cdots (\text{答})$$

となる．これが，運動方程式

$$m\ddot{x} = -kx$$

の一般解である．A, δ は初期条件から決まる定数（積分定数）である．

練習問題 2–9

問題 2–⑨の結論

$$\ddot{\theta} = -\frac{g}{l} \sin\theta$$

において，$|\theta| \ll 1$ であるとすれば，

$$\sin\theta \approx \theta$$

と近似できるので，θ は近似的に，

$$\ddot{\theta} = -\frac{g}{l}\theta$$

に従う．これは，角振動数が $\omega = \sqrt{\dfrac{g}{l}}$ の単振動の方程式である．よって，振り子の周期は

$$\frac{2\pi}{\omega} = 2\pi\sqrt{\frac{l}{g}} \qquad \cdots (\text{答})$$

となる．

練習問題 2–10

重心系における各物体の運動方程式は，

$$m_1\ddot{\boldsymbol{r}}_1 = \boldsymbol{f}(\boldsymbol{r}_1 - \boldsymbol{r}_2)$$

$$m_2\ddot{\boldsymbol{r}}_2 = -\boldsymbol{f}(\boldsymbol{r}_1 - \boldsymbol{r}_2)$$

であり，対応するエネルギー保存は，

$$\frac{\mathrm{d}}{\mathrm{d}t}\left(\frac{1}{2}m_1\dot{\boldsymbol{r}}_1^2\right) = \boldsymbol{f}(\boldsymbol{r}_1 - \boldsymbol{r}_2) \cdot \dot{\boldsymbol{r}}_1$$

$$\frac{\mathrm{d}}{\mathrm{d}t}\left(\frac{1}{2}m_2\dot{\boldsymbol{r}}_2^2\right) = -\boldsymbol{f}(\boldsymbol{r}_1 - \boldsymbol{r}_2) \cdot \dot{\boldsymbol{r}}_2$$

となる．辺々加えると，

$$\frac{\mathrm{d}}{\mathrm{d}t}\left(\frac{1}{2}m_1\dot{\boldsymbol{r}}_1^2 + \frac{1}{2}m_2\dot{\boldsymbol{r}}_2^2\right) = \boldsymbol{f}(\boldsymbol{R}) \cdot \dot{\boldsymbol{R}}$$

となる．ここで，$\boldsymbol{R} = \boldsymbol{r}_1 - \boldsymbol{r}_2$ である．$\boldsymbol{f}$ のポテンシャルを U とすれば，

$$\boldsymbol{f}(\boldsymbol{R}) \cdot \dot{\boldsymbol{R}} = -\frac{\mathrm{d}U(\boldsymbol{R})}{\mathrm{d}t}$$

なので,

$$\frac{\mathrm{d}}{\mathrm{d}t}\left(\frac{1}{2}m_1\dot{\boldsymbol{r}}_1^2 + \frac{1}{2}m_2\dot{\boldsymbol{r}}_2^2\right) = -\frac{\mathrm{d}U(\boldsymbol{R})}{\mathrm{d}t}$$

すなわち,

$$\frac{\mathrm{d}}{\mathrm{d}t}\left(\frac{1}{2}m_1\dot{\boldsymbol{r}}_1^2 + \frac{1}{2}m_2\dot{\boldsymbol{r}}_2^2 + U(\boldsymbol{R})\right) = 0$$

$$\therefore \frac{1}{2}m_1\dot{\boldsymbol{r}}_1^2 + \frac{1}{2}m_2\dot{\boldsymbol{r}}_2^2 + U(\boldsymbol{R}) = \text{一定}$$

となる. これが, この系の力学的エネルギー保存則を表す.

練習問題2–11

惑星の運動方程式をベクトル表示すれば,

$$m\ddot{\boldsymbol{r}} = \frac{GmM}{r^2}\cdot\frac{(-\boldsymbol{r})}{r}$$

となる. 万有引力は中心力なので, 角運動量保存則が有効である. つまり,

$$\boldsymbol{r}\times(m\dot{\boldsymbol{r}}) = \text{一定} \equiv \boldsymbol{l}$$

である. したがって, 定ベクトル $\boldsymbol{l}$ に対して, 常に $\boldsymbol{r}\perp\boldsymbol{l}$ であり, 運動は極（太陽）を含み $\boldsymbol{l}$ に垂直な平面内で実現する（**練習問題 2-6 参照**）.

練習問題2–12

問題2-**11**, **問題**2-**12**で導いた2つの保存則を再掲すれば,

$$\begin{cases} \dfrac{1}{2}m\left\{\dot{r}^2 + (r\dot\theta)^2\right\} \\ \qquad - \dfrac{GmM}{r} = E\ (\text{一定}) \quad \cdots ③ \\ \dfrac{1}{2}r^2\dot\theta = s\ (\text{一定}) \quad \cdots ④ \end{cases}$$

である. E, s は初期条件から決まる一定値である.

2つの方程式に θ は現れていないことに注意しよう. したがって, θ の基準をどのように選ぶかは理論に影響しない.

さて, ④より,

$$r\dot\theta = \frac{2s}{r}$$

なので, これを③に代入すれば,

$$\frac{1}{2}m\dot{r}^2 + \left(\frac{2ms^2}{r^2} - \frac{GmM}{r}\right) = E \quad \cdots ⑤$$

となる. これは,

$$\dot{r}^2 + 4s^2\left(\frac{1}{r} - \frac{GM}{4s^2}\right)^2$$
$$= \frac{2}{m}\left(E + \frac{m(GM)^2}{8s^2}\right)$$

と変形できる. よって,

$$A \equiv \sqrt{\frac{2}{m}\left(E + \frac{m(GM)^2}{8s^2}\right)}$$

とすれば, 時刻 t の関数 $\psi = \psi(t)$ を用いて

$$\begin{cases} \dot{r} = A\sin\psi \\ 2s\left(\dfrac{1}{r} - \dfrac{GM}{4s^2}\right) = A\cos\psi \end{cases}$$

と表すことができる. 第2式より（両辺を時間微分する）,

$$-\frac{2s\dot{r}}{r^2} = -A\dot\psi\sin\psi$$

を得るので, ここに, 第1式および④を代入すれば,

$$A\dot\theta\sin\psi = A\dot\psi\sin\psi \quad \therefore \dot\psi = \dot\theta$$

となる. θ の基準は適当に変えることができるので,

$$\psi = \theta$$

とできる. したがって, 最終的に

$$2s\left(\frac{1}{r} - \frac{GM}{4s^2}\right) = A\cos\theta$$

を得る.

$$e \equiv \frac{2sA}{GM}, \quad e\lambda \equiv \frac{4s^2}{GM}$$

とすれば,

$$r = \frac{e\lambda}{1 + e\cos\theta}$$

となる. これは, 運動方程式①かつ②に従う運動の軌跡の極方程式であるが, 太陽を極として離心率が e の2次曲線を表す.

$$e = \frac{2sA}{GM} = \sqrt{1 + \frac{8s^2 E}{m(GM)^2}}$$

であるから,

$$E < 0 \text{ のとき, } e < 1 : \text{楕円}$$
$$E = 0 \text{ のとき, } e = 1 : \text{放物線}$$
$$E > 0 \text{ のとき, } e > 1 : \text{双曲線}$$

と軌道を分類できる. 惑星の場合は, 太陽の周りを周回運動するので楕円軌道になる. すなわち, ケプラーの第1法則が導かれた.

$e < 1$ で楕円軌道を描く場合, r の最小値 r_1, 最大値 r_2 は,

$$r_1 = \frac{e\lambda}{1+e}, \quad r_2 = \frac{e\lambda}{1-e}$$

となる. 楕円の幾何学的性質より, 長半径 a と短半径 b はそれぞれ

$$a = \frac{r_1 + r_2}{2} = \frac{e\lambda}{1-e^2}$$
$$b = \sqrt{r_1 r_2} = \frac{e\lambda}{\sqrt{1-e^2}}$$

である. 面積速度が一定であることに注目すれば, 公転周期は

$$T = \frac{\pi a b}{s}$$

で与えられるので,

$$\frac{T^2}{a^3} = \frac{\pi^2}{s^2} \cdot \frac{b^2}{a} = \frac{\pi^2}{s^2} \cdot e\lambda$$
$$= \frac{\pi^2}{s^2} \cdot \frac{4s^2}{GM} = \frac{4\pi^2}{GM}$$

となる. これは惑星の質量や運動状態に依存せず太陽の質量のみで決まる一定値である. つまり, ケプラーの第3法則が導かれた.

練習問題2–13

固定軸をもつ剛体の運動は, その軸のまわりの回転運動しかない. つまり, 運動の自由度は1となる.

棒が鉛直な状態からの回転角を θ とすれば, 剛体の回転の角速度は一様に $\dot\theta$ である.

固定軸から距離 x の位置の微小部分の角運動量は,

$$dL = \frac{M\,dx}{l} x^2 \dot\theta$$

となるので, 棒の全角運動量は,

$$L = \int_{x=1}^{x=l} dL = \frac{1}{3} M l^2 \dot\theta$$

となる.

力のモーメントをもつ外力は重力のみであり, その作用点は棒の重心(中心)であるから, 運動方程式は,

$$\frac{dL}{dt} = -\frac{l}{2}\sin\theta \cdot Mg$$

すなわち,

$$\frac{1}{3} M l^2 \ddot\theta = -\frac{l}{2}\sin\theta \cdot Mg$$

となる. $|\theta| \ll 1$ として, $\sin\theta \approx \theta$ と近似すれば,

$$\ddot\theta = -\frac{3g}{2l}\theta$$

となる. これは, 角振動数が $\omega = \sqrt{\frac{3g}{2l}}$ の単振動の方程式である. よって, 振り子運動の周期は

$$\frac{2\pi}{\omega} = 2\pi\sqrt{\frac{2l}{3g}} \qquad \cdots\text{(答)}$$

Chapter 3 解析力学の概観

練習問題3–1

系の運動エネルギーは $T = \frac{m}{2}\dot{x}^2$ であり, ポテンシャルが $U = U_o\cos(kx)$ であるから, ラグランジアン L は,

$$L = \frac{m}{2}\dot{x}^2 - U_0\cos(kx) \qquad \cdots\text{(答)}$$

である. このとき,

$$\frac{\partial L}{\partial \dot{x}} = m\dot{x}, \quad \frac{\partial L}{\partial x} = kU_0\sin(kx)$$

であるから，この系の運動についてのラグランジュ方程式は，

$$\frac{\mathrm{d}}{\mathrm{d}t}(m\dot{x}) - kU_0\sin(kx) = 0$$

すなわち，

$$m\ddot{x} = kU_0\sin(kx) \qquad \cdots (答)$$

となる．

練習問題 3-2

運動エネルギーは，

$$T = \frac{m}{2}(\dot{x}^2 + \dot{y}^2)$$

であり，ポテンシャルが，

$$U = k(x^2 + y^2)$$

なので，ラグランジアンは，

$$\begin{aligned}L(x, y, \dot{x}, \dot{y}) &= T - U \\ &= \frac{m}{2}(\dot{x}^2 + \dot{y}^2) \\ &\quad - k(x^2 + y^2) \quad \cdots (答)\end{aligned}$$

となる．これより，

$$\frac{\partial L}{\partial x} = -2kx \ , \quad \frac{\partial L}{\partial y} = -2kx$$

$$\frac{\partial L}{\partial \dot{x}} = m\dot{x} \ , \quad \frac{\partial L}{\partial \dot{y}} = m\dot{y}$$

である．したがって，オイラー・ラグランジュ方程式，

$$\frac{\mathrm{d}}{\mathrm{d}t}(m\dot{x}) - (-2kx) = 0$$

$$\frac{\mathrm{d}}{\mathrm{d}t}(m\dot{y}) - (-2ky) = 0$$

すなわち，

$$m\ddot{x} = -2kx \ , \quad m\ddot{y} = -2ky \quad \cdots (答)$$

となる．

練習問題 3-3

一般化座標 q_i に共役な一般化運動量は，

$$p_i = \frac{\partial L}{\partial q_i}$$

により与えられるので，問題3-3において，r に共役な一般化運動量は，

$$p_r = \frac{\partial L}{\partial r} = m\dot{r} \qquad \cdots (答)$$

また，θ に共役な一般化運動量は，

$$p_\theta = \frac{\partial L}{\partial \theta} = mr^2\dot{\theta} \qquad \cdots (答)$$

練習問題 3-4

運動エネルギーは，

$$T = \frac{m}{2}\left\{\dot{r}^2 + (r\dot{\theta})^2\right\}$$

であり，ポテンシャルが，

$$U = -G\frac{mM}{r}$$

なので，ラグランジアンは，

$$\begin{aligned}L(r, \theta, \dot{r}, \dot{\theta}) &= T - U \\ &= \frac{m}{2}\left\{\dot{r}^2 + (r\dot{\theta})^2\right\} \\ &\quad + G\frac{mM}{r} \quad \cdots (答)\end{aligned}$$

となる．これより，

$$\frac{\partial L}{\partial r} = mr\dot{\theta}^2 - \frac{GmM}{r^2} \ , \quad \frac{\partial L}{\partial \theta} = 0$$

$$\frac{\partial L}{\partial \dot{r}} = m\dot{r} \ , \quad \frac{\partial L}{\partial \dot{\theta}} = mr^2\dot{\theta}$$

である．したがって，オイラー・ラグランジュ方程式，

$$\frac{\mathrm{d}}{\mathrm{d}t}(m\dot{r}) - \left(mr\dot{\theta}^2 - \frac{GmM}{r^2}\right) = 0$$

$$\frac{\mathrm{d}}{\mathrm{d}t}(mr^2\dot{\theta}) - 0 = 0$$

すなわち，

$$m(\ddot{r} - r\dot{\theta}^2) = -\frac{GmM}{r^2}$$

$$\frac{\mathrm{d}}{\mathrm{d}t}(mr^2\dot{\theta}) = 0$$

となる． $\qquad \cdots (答)$

練習問題 3-5

エネルギー H は,

$$H = \sum_{i=1}^{n} \frac{\partial L}{\partial \dot{q}_i} \dot{q}_i - L$$

で与えられるので,

$$\frac{\mathrm{d}H}{\mathrm{d}t} = \sum_{i=1}^{n} \frac{\mathrm{d}}{\mathrm{d}t}\left(\frac{\partial L}{\partial \dot{q}_i}\dot{q}_i\right) - \frac{\mathrm{d}L}{\mathrm{d}t}$$

である. ここで,

$$\frac{\mathrm{d}}{\mathrm{d}t}\left(\frac{\partial L}{\partial \dot{q}_i}\dot{q}_i\right) = \frac{\mathrm{d}}{\mathrm{d}t}\left(\frac{\partial L}{\partial \dot{q}_i}\right)\dot{q}_i + \frac{\partial L}{\partial \dot{q}_i}\ddot{q}_i$$

また, 一般に,

$$\frac{\mathrm{d}L}{\mathrm{d}t} = \frac{\partial L}{\partial t} + \sum_{i=1}^{n}\left(\frac{\partial L}{\partial q_i}\dot{q}_i + \frac{\partial L}{\partial \dot{q}_i}\ddot{q}_i\right)$$

であるが, ラグランジアン L が時刻 t に陽に依存しない場合は,

$$\frac{\partial L}{\partial t} = 0$$

なので,

$$\frac{\mathrm{d}H}{\mathrm{d}t} = \sum_{i=1}^{n}\left\{\frac{\mathrm{d}}{\mathrm{d}t}\left(\frac{\partial L}{\partial \dot{q}_i}\right) - \frac{\partial L}{\partial q_i}\right\}\dot{q}_i$$

となり, オイラー・ラグランジュ方程式より,

$$\frac{\mathrm{d}}{\mathrm{d}t}\left(\frac{\partial L}{\partial \dot{q}_i}\right) - \frac{\partial L}{\partial q_i} = 0 \quad (i = 1, \cdots, n)$$

であるから,

$$\frac{\mathrm{d}H}{\mathrm{d}t} = 0 \quad \therefore H = \text{一定}$$

となる.

練習問題 3-6

ハミルトニアン $H = H(x, p)$ をもつ1自由度の系の正準方程式は,

$$\begin{cases} \dot{x} = \dfrac{\partial H}{\partial p} \\[2mm] \dot{p} = -\dfrac{\partial H}{\partial x} \end{cases}$$

である.

(1) $H = \dfrac{p^2}{2m} - mgx$ なので,

$$\frac{\partial H}{\partial x} = -mg, \quad \frac{\partial H}{\partial p} = \frac{p}{m}$$

である. よって, 正準方程式は,

$$\begin{cases} \dot{x} = \dfrac{p}{m} \\[2mm] \dot{p} = mg \end{cases}$$

となる.
2式より p を消去すれば,

$$m\ddot{x} = mg$$

となるが, これはラグランジアン

$$L = \frac{m}{2}\dot{x}^2 + mgx$$

から導かれるオイラー・ラグランジュの方程式と一致する.

(2) $H = \dfrac{p^2}{2m} + \dfrac{k}{2}x^2$ なので,

$$\frac{\partial H}{\partial x} = kx, \quad \frac{\partial H}{\partial p} = \frac{p}{m}$$

である. よって, 正準方程式は,

$$\begin{cases} \dot{x} = \dfrac{p}{m} \\[2mm] \dot{p} = -kx \end{cases}$$

となる. $\qquad$ …(答)
2式より p を消去すれば,

$$m\ddot{x} = -kx$$

となるが, これはラグランジアン

$$L = \frac{m}{2}\dot{x}^2 - \frac{k}{2}x^2$$

から導かれるオイラー・ラグランジュの方程式と一致する.

練習問題 3-7

練習問題 3-4 の系のラグランジアンは,

$$L(r, \theta, \dot{r}, \dot{\theta}) = \frac{m}{2}\left\{\dot{r}^2 + (r\dot{\theta})^2\right\} + \frac{GmM}{r}$$

である.

$$p_r \equiv \frac{\partial L}{\partial \dot{r}} = m\dot{r} \quad \cdots ①$$

$$p_\theta \equiv \frac{\partial L}{\partial \dot{\theta}} = mr^2\dot{\theta} \quad \cdots ②$$

なので，エネルギー関数は，

$$H = p_r\dot{r} + p_\theta\dot{\theta} - L$$
$$= \frac{m}{2}\left\{\dot{r}^2 + (r\dot{\theta})^2\right\} - \frac{GmM}{r}$$

となる．①，②を $\dot{r}$, $\dot{\theta}$ について解くと，

$$\dot{r} = \frac{p_r}{m} \ , \ \ \dot{\theta} = \frac{p_\theta}{mr^2}$$

となる．これを用いて，H を r, θ, p_r, p_θ の関数として与えれば，

$$H = \frac{1}{2m}\left\{p_r{}^2 + \left(\frac{p_\theta}{r}\right)^2\right\} - \frac{GmM}{r}$$
$$\cdots (答)$$

となる．これが，この系のハミルトニアンである．

$$\frac{\partial H}{\partial r} = -\frac{p_\theta{}^2}{mr^3} + \frac{GmM}{r^2}$$

$$\frac{\partial H}{\partial \theta} = 0$$

$$\frac{\partial H}{\partial p_r} = \frac{p_r}{m}$$

$$\frac{\partial H}{\partial p_\theta} = \frac{p_\theta}{mr^2}$$

であるから，正準方程式は，

$$\dot{r} = \frac{p_r}{m} \ , \ \ \dot{\theta} = \frac{p_\theta}{mr^2}$$

$$\dot{p}_r = \frac{p_\theta{}^2}{mr^3} - \frac{GmM}{r^2}$$

$$\dot{p}_\theta = 0$$

となる． $\cdots (答)$

この4式より，p_r, p_θ を消去して，r, θ の微分方程式を導けば，オイラー・ラグランジュの方程式を再現する．

練習問題 3–8

この系のラグランジアンは陽に t に依存しないので，時間発展に対して

$$H = 一定 = E$$

すなわち，

$$\frac{p^2}{2m} + \frac{k}{2}x^2 = E \ \ (一定) \ \ \cdots ①$$

となる（**練習問題** 3-5 参照）．

この系の相空間は x-p 平面であり，

$$① \iff \frac{p^2}{2E/m} + \frac{x^2}{2E/k} = 1$$

なので，軌道は，下図のような楕円軌道を与える．

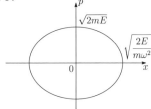

代表点 (x, p) は，時間発展に伴って，この楕円に沿って時計回りに周回する． $\cdots (答)$

Chapter 4   ラグランジュ形式

練習問題 4–1

(1) $f(x) = k$ のとき，$x = 0$ を基準として，ポテンシャルは

$$U(x) = \int_0^x (-k)\,\mathrm{d}x = -kx$$

となる．このとき，ラグランジアンは，

$$L(x, \dot{x}) = \frac{1}{2}m\dot{x}^2 - (-kx)$$
$$= \frac{1}{2}m\dot{x}^2 + kx \ \cdots (答)$$

である．

(2) $f(x) = kx$ のとき，$x = 0$ を基準として，ポテンシャルは

$$U(x) = \int_0^x (-kx)\,\mathrm{d}x = -\frac{1}{2}kx^2$$

となる．このとき，ラグランジアンは，

$$L(x, \dot{x}) = \frac{1}{2}m\dot{x}^2 - \left(-\frac{1}{2}kx^2\right)$$

$$= \frac{1}{2}m\dot{x}^2 + \frac{1}{2}kx^2 \quad \cdots (\text{答})$$

である．

(3) $f(x) = k$ のとき，$x = 0$ を基準として，ポテンシャルは

$$U(x) = \int_0^x (-kx^2)\,\mathrm{d}x = -\frac{1}{3}kx^3$$

となる．このとき，ラグランジアンは，

$$L(x, \dot{x}) = \frac{1}{2}m\dot{x}^2 - \left(-\frac{1}{3}kx^3\right)$$

$$= \frac{1}{2}m\dot{x}^2 + \frac{1}{3}kx^3 \quad \cdots (\text{答})$$

である．

練習問題 4–2

ラグランジアンが，

$$L(x, \dot{x}) = \frac{1}{2}m\dot{x}^2 + \frac{C}{|x|}$$

なので，

$$\frac{\partial L}{\partial \dot{x}} = m\dot{x}$$

一方，$x > 0$ のとき，

$$\frac{\partial L}{\partial x} = \frac{\partial}{\partial x}\left(\frac{C}{x}\right) = -\frac{C}{x^2} = -\frac{C}{x^2}\cdot\frac{x}{|x|}$$

$x < 0$ のとき，

$$\frac{\partial L}{\partial x} = \frac{\partial}{\partial x}\left(-\frac{C}{x}\right) = \frac{C}{x^2} = -\frac{C}{x^2}\cdot\frac{x}{|x|}$$

である．よって，この系のオイラー・ラグランジュ方程式は，

$$\frac{\mathrm{d}}{\mathrm{d}t}(m\dot{x}) - \left(-\frac{C}{x^2}\cdot\frac{x}{|x|}\right) = 0$$

すなわち，

$$m\ddot{x} = -\frac{C}{x^2}\cdot\frac{x}{|x|} \quad\quad \cdots (\text{答})$$

練習問題 4–3

原点 $O(0,\ 0)$ を基準としてポテンシャルは

$$U(x, y) = \int_{(0,0)}^{(x,y)} (-\vec{f})\cdot\mathrm{d}\vec{r}$$

$$= \int_{(0,0)}^{(x,y)} (-Ax\,\mathrm{d}x - By\,\mathrm{d}y)$$

$$= -\int_0^x Ax\,\mathrm{d}x - \int_0^y By\,\mathrm{d}y$$

$$= -\frac{1}{2}Ax^2 - \frac{1}{2}By^2$$

となる．このとき，ラグランジアンは，

$$L(x, y, \dot{x}, \dot{y}) = \frac{1}{2}m(\dot{x}^2 + \dot{y}^2)$$

$$- \left(-\frac{1}{2}Ax^2 - \frac{1}{2}By^2\right)$$

$$= \frac{1}{2}m(\dot{x}^2 + \dot{y}^2)$$

$$+ \frac{1}{2}Ax^2 + \frac{1}{2}By^2 \quad \cdots (\text{答})$$

である．

練習問題 4–4

(1) ラグランジアンが，

$$L(x, y, \dot{x}, \dot{y}) = \frac{1}{2}m(\dot{x}^2 + \dot{y}^2)$$

$$- \frac{1}{2}k(x^2 + y^2)$$

なので，

$$\frac{\partial L}{\partial \dot{x}} = m\dot{x}\ ,\quad \frac{\partial L}{\partial \dot{y}} = m\dot{y}$$

$$\frac{\partial L}{\partial x} = -kx\ ,\quad \frac{\partial L}{\partial y} = -ky$$

である．よって，この系のオイラー・ラグランジュ方程式は，

$$\frac{\mathrm{d}}{\mathrm{d}t}(m\dot{x}) - (-kx) = 0$$

$$\frac{\mathrm{d}}{\mathrm{d}t}(m\dot{y}) - (-ky) = 0$$

すなわち，

$$m\ddot{x} = -kx\ ,\quad m\ddot{y} = -ky \quad \cdots (\text{答})$$

(2) ラグランジアンが,

$$L(x, y, \dot{x}, \dot{y}) = \frac{1}{2}m(\dot{x}^2 + \dot{y}^2) + \frac{C}{\sqrt{x^2 + y^2}}$$

なので,

$$\frac{\partial L}{\partial \dot{x}} = m\dot{x} \ , \quad \frac{\partial L}{\partial \dot{y}} = m\dot{y}$$

$$\frac{\partial L}{\partial x} = -\frac{Cx}{(x^2 + y^2)^{3/2}} \ ,$$

$$\frac{\partial L}{\partial y} = -\frac{Cy}{(x^2 + y^2)^{3/2}}$$

である. よって, この系のオイラー・ラグランジュ方程式は,

$$\begin{cases} \dfrac{\mathrm{d}}{\mathrm{d}t}(m\dot{x}) - \left(-\dfrac{Cx}{(x^2 + y^2)^{3/2}}\right) = 0 \\[4mm] \dfrac{\mathrm{d}}{\mathrm{d}t}(m\dot{y}) - \left(-\dfrac{Cy}{(x^2 + y^2)^{3/2}}\right) = 0 \end{cases}$$

すなわち,

$$\begin{cases} m\ddot{x} = -\dfrac{Cx}{(x^2 + y^2)^{3/2}} \\[4mm] m\ddot{y} = -\dfrac{Cy}{(x^2 + y^2)^{3/2}} \end{cases} \quad \cdots \text{(答)}$$

練習問題 4–5

x, y は r, θ により, それぞれ

$$x = r\cos\theta \ , \quad y = r\sin\theta$$

と表され,

$$\dot{x} = \dot{r}\cos\theta - r\dot{\theta}\sin\theta$$
$$\dot{y} = \dot{r}\sin\theta + r\dot{\theta}\cos\theta$$

となる. よって,

$$\dot{x}^2 + \dot{y}^2 = (\dot{r}\cos\theta - r\dot{\theta}\sin\theta)^2$$
$$+ (\dot{r}\sin\theta + r\dot{\theta}\cos\theta)^2$$
$$= \dot{r}^2 + (r\dot{\theta})^2$$

となる. また, $x^2 + y^2 = r^2$ であるから, ラグランジアン L は

$$L = \frac{1}{2}m(\dot{x}^2 + \dot{y}^2) - \frac{1}{2}(x^2 + y^2)$$

$$= \frac{1}{2}m\left\{\dot{r}^2 + (r\dot{\theta})^2\right\} - \frac{1}{2}kr^2 \quad \cdots \text{(答)}$$

と, r, θ, $\dot{r}$, $\dot{\theta}$ の関数として表示できる. なお, θ は陽には現れない.

練習問題 4–6

ラグランジアンが

$$L(r, \theta, \dot{r}, \dot{\theta}) = \frac{1}{2}m\left\{\dot{r}^2 + (r\dot{\theta})^2\right\} - \frac{1}{2}kr^2$$

なので,

$$\frac{\partial L}{\partial \dot{r}} = m\dot{r} \ , \quad \frac{\partial L}{\partial \dot{\theta}} = mr^2\dot{\theta}$$

$$\frac{\partial L}{\partial r} = mr\dot{\theta}^2 - kr \ , \quad \frac{\partial L}{\partial \theta} = 0$$

である. よって, この系のオイラー・ラグランジュ方程式は,

$$\begin{cases} \dfrac{\mathrm{d}}{\mathrm{d}t}(m\dot{r}) - \left(mr\dot{\theta}^2 - kr\right) = 0 \\[4mm] \dfrac{\mathrm{d}}{\mathrm{d}t}(mr^2\dot{\theta}) - 0 = 0 \end{cases}$$

すなわち,

$$\begin{cases} m(\ddot{r} - r\dot{\theta}^2) = -kr \\[4mm] \dfrac{\mathrm{d}}{\mathrm{d}t}(mr^2\dot{\theta}) = 0 \end{cases} \quad \cdots \text{(答)}$$

練習問題 4–7

慣性系における質点の位置, 回転系における位置をそれぞれ

$$\boldsymbol{x} = \begin{pmatrix} x \\ y \\ z \end{pmatrix} \ , \quad \boldsymbol{X} = \begin{pmatrix} X \\ Y \\ Z \end{pmatrix}$$

とすれば (本問では, 表記の都合により, 列ベクトルを太字で表す), 回転の行列

$$R = \begin{pmatrix} \cos\omega t & -\sin\omega t & 0 \\ \sin\omega t & \cos\omega t & 0 \\ 0 & 0 & 1 \end{pmatrix}$$

を用いて,

$$\boldsymbol{x} = R\boldsymbol{X}$$

の関係を満たす. よって,

$$\dot{\boldsymbol{x}} = \dot{R}\boldsymbol{X} + R\dot{\boldsymbol{X}}$$

である. ここで,

$$\dot{R} = \begin{pmatrix} -\omega\sin\omega t & -\omega\cos\omega t & 0 \\ \omega\cos\omega t & -\omega\sin\omega t & 0 \\ 0 & 0 & 0 \end{pmatrix}$$

なので, 成分で表示すれば,

$$\begin{pmatrix} \dot{x} \\ \dot{y} \\ \dot{z} \end{pmatrix} = \begin{pmatrix} \dot{X}\cos\omega t - \dot{Y}\sin\omega t \\ \dot{X}\sin\omega t + \dot{Y}\cos\omega t \\ \dot{Z} \end{pmatrix}$$

$$+ \begin{pmatrix} -\omega X\sin\omega t - \omega Y\cos\omega t \\ \omega X\cos\omega t - \omega Y\sin\omega t \\ 0 \end{pmatrix}$$

となる. これを自由運動のラグランジアン

$$L = \frac{1}{2}m\dot{\boldsymbol{x}}^2$$

に代入すれば,

$$L = \frac{1}{2}m\left(\dot{X}^2 + \dot{Y}^2 + \dot{Z}^2\right)$$

$$+ \frac{1}{2}m\omega^2(X^2 + Y^2) + m\omega(X\dot{Y} - Y\dot{X})$$

となる. これに基づいて, X, Y, Z に対するオイラー・ラグランジュ方程式を書けば, それぞれ,

$$\frac{\mathrm{d}}{\mathrm{d}t}(m\dot{X} - m\omega Y) - (m\omega^2 X + m\omega\dot{Y}) = 0$$

$$\frac{\mathrm{d}}{\mathrm{d}t}(m\dot{Y} + m\omega X) - (m\omega^2 Y - m\omega\dot{X}) = 0$$

$$\frac{\mathrm{d}}{\mathrm{d}t}(m\dot{Z}) = 0$$

すなわち,

$$m\ddot{X} = m\omega^2 X + 2m\omega\dot{Y}$$

$$m\ddot{Y} = m\omega^2 Y - 2m\omega\dot{X}$$

$$m\ddot{Z} = 0$$

となる. X, Y についての方程式の右辺第 1 項は遠心力, 第 2 項はコリオリの力である.

Chapter 5　対称性と保存則

練習問題 5–1

座標変換

$$q_i \ \rightarrow \ q_i + \delta q_i \ , \ \ \dot{q}_i \ \rightarrow \ \dot{q}_i + \delta\dot{q}_i$$

によるラグランジアンの変分 δL は,

$$\delta L = L(q+\delta q, \dot{q}+\delta\dot{q}, t) - L(q, \dot{q}, t)$$

$$= \sum_i \left(\frac{\partial L}{\partial q_i}\delta q_i + \frac{\partial L}{\partial \dot{q}_i}\delta\dot{q}_i \right)$$

となる. ここで, オイラー・ラグランジュ方程式と, $\delta\dot{q}_i = \dfrac{\mathrm{d}}{\mathrm{d}t}(\delta q_i)$ であることを用いれば,

$$\delta L = \sum_i \left\{ \frac{\mathrm{d}}{\mathrm{d}t}\left(\frac{\partial L}{\partial \dot{q}_i} \right)\delta q_i \right.$$

$$\left. + \frac{\partial L}{\partial \dot{q}_i} \cdot \frac{\mathrm{d}}{\mathrm{d}t}(\delta q_i) \right\}$$

$$= \frac{\mathrm{d}}{\mathrm{d}t}\left(\sum_i \frac{\partial L}{\partial \dot{q}_i}\delta q_i \right)$$

となる.

練習問題 5–2

問題 5–2 で見たように, 座標変換 $q_i \rightarrow q_i + \varepsilon X_i(q, \dot{q}, t)$ によるラグランジアンの変分は

$$\delta L = \varepsilon\frac{\mathrm{d}}{\mathrm{d}t}\left(\sum_i \frac{\partial L}{\partial \dot{q}_i}X_i(q, \dot{q}, t) \right)$$

である. したがって,

$$\delta L = \varepsilon\frac{\mathrm{d}}{\mathrm{d}t}A(q, \dot{q}, t)$$

であるならば,

$$\varepsilon\frac{\mathrm{d}}{\mathrm{d}t}\left(\sum_i \frac{\partial L}{\partial \dot{q}_i}X_i(q, \dot{q}, t) \right)$$

$$= \varepsilon\frac{\mathrm{d}}{\mathrm{d}t}A(q, \dot{q}, t)$$

$$\therefore \frac{\mathrm{d}}{\mathrm{d}t}\left(\sum_i \frac{\partial L}{\partial \dot{q}^i} X_i(q,\dot{q},t) - A(q,\dot{q},t)\right) = 0$$

となる．よって，

$$Z(q,\dot{q},t) \equiv \sum_i \frac{\partial L}{\partial \dot{q}_i} X_i(q,\dot{q},t) - A(q,\dot{q},t)$$

は一定に保たれる．

練習問題 5–3

ε を微小な定数，$\boldsymbol{d}$ を任意の定ベクトルとして座標変換 $\boldsymbol{r}_i \to \boldsymbol{r}_i' = \boldsymbol{r}_i + \varepsilon \boldsymbol{d}$ $(i = 1,2,\cdot,N)$ を考える．このとき，

$$\dot{\boldsymbol{r}}_i' = \dot{\boldsymbol{r}}_i, \quad \boldsymbol{r}_i' - \boldsymbol{r}_j' = \boldsymbol{r}_i - \boldsymbol{r}_j$$

なので，問題 5–3 と同様に，この座標変換（空間並進）に関してラグランジアンは不変に保たれる．したがって，ネーターの定理より，

$$\left(\sum_{i=1}^{N} \frac{\partial L}{\partial \dot{\boldsymbol{r}}_i}\right) \cdot \boldsymbol{d} = \text{一定}$$

すなわち，

$$\left(\sum_{i=1}^{N} m\dot{\boldsymbol{r}}_i\right) \cdot \boldsymbol{d} = \text{一定} \quad \cdots(\text{答})$$

が導かれる．ここで，$\boldsymbol{d}$ は任意なので，結局，

$$\sum_{i=1}^{N} m\dot{\boldsymbol{r}}_i = \text{一定}$$

が導かれる．これは，運動量保存則である．

練習問題 5–4

時刻 t を陽に含まないラグランジアンは，時間並進（時刻の原点のずらし）に関して不変である．微小な時間並進 ε に伴う座標変換は

$$q_i(t) \to q_i(t+\varepsilon) = q_i(t) + \dot{q}_i\varepsilon$$

であるから，問題 5–2 において $X_i = \dot{q}_i$ の場合に相当し，

$$\delta q_i = \varepsilon \dot{q}_i, \quad \delta \dot{q}_i = \frac{\mathrm{d}}{\mathrm{d}t}\delta q_i = \varepsilon \ddot{q}_i$$

である．$\dfrac{\partial L}{\partial t} = 0$ なので，

$$\delta L = \sum_i \left(\frac{\partial L}{\partial q_i}\delta q_i + \frac{\partial L}{\partial \dot{q}_i}\delta \dot{q}_i\right)$$

$$= \varepsilon \sum_i \left(\frac{\partial L}{\partial q_i}\dot{q}_i + \frac{\partial L}{\partial \dot{q}_i}\delta \ddot{q}_i\right)$$

$$= \varepsilon \frac{\mathrm{d}}{\mathrm{d}t}L$$

となる．したがって，ネーターの定理より，

$$E = \sum_i \frac{\partial L}{\partial \dot{q}_i}\dot{q}_i - L$$

が一定に保たれることが導かれる．

1 質点系の場合には，

$$E = \sum_{i=1}^{3} \frac{\partial L}{\partial \dot{r}_i}\dot{r}_i - L = \frac{1}{2}m\dot{\boldsymbol{r}}^2 + U(\dot{x})$$

である．

練習問題 5–5

ライプニッツ則により，

$$\frac{\mathrm{d}}{\mathrm{d}t}(\boldsymbol{r} + \delta\boldsymbol{\varphi} \times \boldsymbol{r})$$

$$= \dot{\boldsymbol{r}} + \delta\dot{\boldsymbol{\varphi}} \times \boldsymbol{r} + \delta\boldsymbol{\varphi} \times \dot{\boldsymbol{r}}$$

である．ここで，$\delta\boldsymbol{\varphi}$ は一定であるので，

$$\delta\dot{\boldsymbol{\varphi}} = \boldsymbol{0}$$

である．よって，

$$\frac{\mathrm{d}}{\mathrm{d}t}(\boldsymbol{r} + \delta\boldsymbol{\varphi} \times \boldsymbol{r}) = \dot{\boldsymbol{r}} + \delta\boldsymbol{\varphi} \times \dot{\boldsymbol{r}}$$

となる．つまり，問題 5–5 の座標変換に伴う速度の変換は

$$\boldsymbol{r} \to \dot{\boldsymbol{r}} + \delta\boldsymbol{\varphi} \times \dot{\boldsymbol{r}} \quad \cdots(\text{答})$$

により与えられる．

変換後の速度

$$\dot{\boldsymbol{r}}' = \dot{\boldsymbol{r}} + \delta\boldsymbol{\varphi} \times \dot{\boldsymbol{r}}$$

について,

$$(\dot{\boldsymbol{r}}')^2 = (\dot{\boldsymbol{r}} + \delta\boldsymbol{\varphi} \times \dot{\boldsymbol{r}})^2$$
$$= \dot{\boldsymbol{r}}^2 + 2\dot{\boldsymbol{r}} \cdot (\delta\boldsymbol{\varphi} \times \dot{\boldsymbol{r}})$$

となる. ここで,

$$\dot{\boldsymbol{r}} \perp (\delta\boldsymbol{\varphi} \times \dot{\boldsymbol{r}}) \quad \therefore \dot{\boldsymbol{r}} \cdot (\delta\boldsymbol{\varphi} \times \dot{\boldsymbol{r}}) = 0$$

なので,

$$(\dot{\boldsymbol{r}}')^2 = \dot{\boldsymbol{r}}^2$$

となる.

練習問題 5-6

微小空間回転

$$\boldsymbol{r} \rightarrow \boldsymbol{r} + \delta\boldsymbol{\varphi} \times \boldsymbol{r}$$

に対する 1 質点系のラグランジアンの変分は 問題 5-6 より,

$$\delta L = \delta\boldsymbol{\varphi} \cdot \frac{\mathrm{d}}{\mathrm{d}t}\left(\boldsymbol{r} \times \frac{\partial L}{\partial \dot{\boldsymbol{r}}}\right)$$

である.

微小空間回転に対して $\dot{\boldsymbol{r}}^2$ と $r = |\boldsymbol{r}|$ は不変に保たれるので,

$$L(\boldsymbol{r}, \dot{\boldsymbol{r}}, t) = \frac{1}{2}m\dot{\boldsymbol{r}}^2 - U(r, t)$$

と与えられるラグランジアンも不変に保たれる. したがって,

$$\delta\boldsymbol{\varphi} \cdot \frac{\mathrm{d}}{\mathrm{d}t}\left(\boldsymbol{r} \times \frac{\partial L}{\partial \dot{\boldsymbol{r}}}\right) = 0$$

となる. ここで, $\delta\boldsymbol{\varphi}$ は任意の定角なので, 結局,

$$\frac{\mathrm{d}}{\mathrm{d}t}\left(\boldsymbol{r} \times \frac{\partial L}{\partial \dot{\boldsymbol{r}}}\right) = 0$$
$$\therefore \boldsymbol{M} \equiv \boldsymbol{r} \times \frac{\partial L}{\partial \dot{\boldsymbol{r}}} = \text{一定} \quad \cdots(\text{答})$$

が導かれる. ここで,

$$\boldsymbol{p} \equiv \frac{\partial L}{\partial \dot{\boldsymbol{r}}} = m\dot{\boldsymbol{r}} : \text{運動量}$$

であり,

$$\boldsymbol{M} = \boldsymbol{r} \times \boldsymbol{p}$$

は質点の角運動量である.

練習問題 5-7

問題 5-7 と同様に, ラグランジアンが空間並進, 時間並進, 空間回転に対する不変性を有するので, それぞれの不変性の反映として, 運動量保存則

$$\sum_{i=1}^{N} m_i \dot{\boldsymbol{r}}_i = \text{一定} \quad \cdots(\text{答})$$

エネルギー保存則

$$\sum_{i=1}^{N} \frac{1}{2}m_i\dot{\boldsymbol{r}}_i^2 + \sum_{i \neq j} \frac{1}{2}U_{ij}(|\boldsymbol{r}_i - \boldsymbol{r}_j|)$$
$$= \text{一定} \quad \cdots(\text{答})$$

角運動量保存則

$$\sum_{i=1}^{N} \{\boldsymbol{r}_i \times (m_i\dot{\boldsymbol{r}}_i)\} = \text{一定} \quad \cdots(\text{答})$$

が成立する.

練習問題 5-8

問題 5-8 の (1) で導いたラグランジアンの表記に基づけば,

$$\frac{\partial L}{\partial \dot{\boldsymbol{R}}} = \frac{m_1 m_2}{m_1 + m_2}\dot{\boldsymbol{R}}$$

なので, $\boldsymbol{R}$ についてのオイラー・ラグランジュ方程式

$$\frac{\mathrm{d}}{\mathrm{d}t}\left(\frac{\partial L}{\partial \dot{\boldsymbol{R}}}\right) - \frac{\partial L}{\partial \boldsymbol{R}} = 0$$

は,

$$\frac{m_1 m_2}{m_1 + m_2}\ddot{\boldsymbol{R}} = -\frac{\partial U(\boldsymbol{R}, t)}{\partial \boldsymbol{R}}$$
$$\cdots(\text{答})$$

となる. ここで, $\dfrac{m_1 m_2}{m_1 + m_2}$ は 2 質点の換算質量であり, この方程式は 2 質点間の相対運動の方程式である.

練習問題 5-9

θ, ϕ を用いて

$$\begin{cases} x = l\sin\theta\cos\phi \\ y = l\sin\theta\sin\phi \\ z = l\cos\theta \end{cases}$$

なので，微分の計算を実行することにより，

$$\begin{cases} \dot{x} = l(\dot{\theta}\cos\theta\cos\phi - \dot{\phi}\sin\theta\sin\phi) \\ \dot{y} = l(\dot{\theta}\cos\theta\sin\phi + \dot{\phi}\sin\theta\cos\phi) \\ \dot{z} = -l\dot{\theta}\sin\theta \end{cases}$$

となる．よって，

$$\dot{x}^2 + \dot{y}^2 + \dot{z}^2 = l^2\left\{\dot{\theta}^2 + (\dot{\phi}\sin\theta)^2\right\}$$

となる．したがって，運動エネルギーは

$$\begin{aligned} T &= \frac{1}{2}(\dot{x}^2 + \dot{y}^2 + \dot{z}^2) \\ &= \frac{1}{2}ml^2\left\{\dot{\theta}^2 + (\dot{\phi}\sin\theta)^2\right\} \end{aligned}$$

である．また，重力によるポテンシャルは，$\theta = \dfrac{\pi}{2}$ の状態を基準として

$$U = -mgl\cos\theta$$

と表される．ゆえに，系のラグランジアンは，θ, ϕ を座標変数として，

$$\begin{aligned} L(\theta, \phi, \dot{\theta}, \dot{\phi}) &= T - U \\ &= \frac{1}{2}ml^2\left\{\dot{\theta}^2 + (\dot{\phi}\sin\theta)^2\right\} \\ &\quad + mgl\cos\theta \quad \cdots\text{(答)} \end{aligned}$$

となる．これは，ϕ には陽に依存しないので，ϕ に共役な運動量

$$p_\phi \equiv \frac{\partial L}{\partial \dot{\phi}} = m(l\sin\theta)^2\dot{\phi}$$

が一定に保たれる．

$$p_\phi = m(x\dot{y} - y\dot{x})$$

であるから，これは角運動量 $\boldsymbol{x} \times (m\dot{\boldsymbol{x}})$ の z 成分である．

練習問題 5–10

系のラグランジアンは

$$L(r, \theta, \dot{r}, \dot{\theta}) = \frac{1}{2}m\left\{\dot{r}^2 + (r\dot{\theta})^2\right\} - U(r)$$

である．r についてのオイラー・ラグランジュ方程式

$$\frac{\mathrm{d}}{\mathrm{d}t}\left(\frac{\partial L}{\partial \dot{r}}\right) - \frac{\partial L}{\partial r} = 0$$

より，$U(r)$ の導関数を $U'(r)$ として，

$$m(\ddot{r} - r\dot{\theta}^2) + U'(r) = 0 \quad \cdots\text{①}$$

であり，θ についてのオイラー・ラグランジュ方程式

$$\frac{\mathrm{d}}{\mathrm{d}t}\left(\frac{\partial L}{\partial \dot{\theta}}\right) - \frac{\partial L}{\partial \theta} = 0$$

より，

$$\frac{\mathrm{d}}{\mathrm{d}t}(mr^2\dot{\theta}) = 0 \quad \cdots\text{②}$$

$$\therefore\ 2\dot{r}\dot{\theta} + r\ddot{\theta} = 0 \quad \cdots\text{③}$$

である．

(1) ラグランジアンは時刻 t に陽に依存しないので，エネルギー

$$\begin{aligned} E &= T + U \\ &= \frac{1}{2}m\left\{\dot{r}^2 + (r\dot{\theta})^2\right\} + U(r) \end{aligned}$$

が一定に保たれる．
実際，オイラー・ラグランジュ方程式①，③により，

$$\begin{aligned} \frac{\mathrm{d}E}{\mathrm{d}t} &= m\left\{\dot{r}\ddot{r} + r\dot{\theta}(\dot{r}\dot{\theta} + r\ddot{\theta})\right\} \\ &\quad + U'(r)\cdot\dot{r} \\ &= \dot{r}\left\{m(\ddot{r} - r\dot{\theta}^2) + U'(r)\right\} \\ &\quad + mr\dot{\theta}(2\dot{r}\dot{\theta} + r\ddot{\theta}) \\ &= 0 \end{aligned}$$

である．

(2) ラグランジアンは θ に陽に依存しないので，θ に共役な運動量

$$p_\theta \equiv \frac{\partial L}{\partial \dot{\theta}} = mr^2\dot{\theta}$$

が一定に保たれる．これは，原点まわりの角運動量である．
実際，オイラー・ラグランジュ方程式②により，

$$\frac{\mathrm{d}p_\theta}{\mathrm{d}t} = \frac{\mathrm{d}}{\mathrm{d}t}(mr^2\dot{\theta}) = 0$$

である．

Chapter 6　変分法

練習問題 6-1

$(q_1, q_2, \cdots, q_n)$ を q で代表する. ラグランジアン $L(q,\dot{q},t)$ に対して作用積分は

$$I[q(t)] = \int_{t_1}^{t_2} L(q(t),\dot{q}(t),t)\, \mathrm{d}t$$

である. $q^{(1)} = q(t_1)$, $q^{(2)} = q(t_2)$ は固定されているものとする. このとき,

$$\int_{t_1}^{t_2} \frac{\partial L}{\partial \dot{q}_i} \delta\dot{q}_i\, \mathrm{d}t$$
$$= \left[\frac{\partial L}{\partial \dot{q}_i} \delta q_i \right]_{t_1}^{t_2} - \int_{t_1}^{t_2} \delta q \frac{\mathrm{d}}{\mathrm{d}t}\left(\frac{\partial L}{\partial \dot{q}_i} \right) \mathrm{d}t$$
$$= - \int_{t_1}^{t_2} \delta q_i \frac{\mathrm{d}}{\mathrm{d}t}\left(\frac{\partial L}{\partial \dot{q}_i} \right) \mathrm{d}t$$

であることを用いれば, $q(t)$ の微小なずらし δq に対する作用積分の変分は

$$\delta I = \int_{t_1}^{t_2} \sum_{i=1}^{n} \left(\frac{\partial L}{\partial q_i} \delta q_i + \frac{\partial L}{\partial \dot{q}_i} \delta\dot{q}_i \right) \mathrm{d}t$$
$$= \int_{t_1}^{t_2} \sum_{i=1}^{n} \delta q_i \left(\frac{\partial L}{\partial q_i} - \frac{\mathrm{d}}{\mathrm{d}t}\left(\frac{\partial L}{\partial \dot{q}_i} \right) \right) \mathrm{d}t$$

となる.

$I[q(t)]$ が最小となるとき, 任意の $\delta q = (\delta q_1, \delta q_2, \cdots, \delta q_n)$ に対して $\delta I = 0$ となるので,

$$\frac{\partial L}{\partial q_i} - \frac{\mathrm{d}}{\mathrm{d}t}\left(\frac{\partial L}{\partial \dot{q}_i} \right) = 0 \quad (i = 1, 2, \cdots, n)$$

が要請され, オイラー・ラグランジュ方程式を導く.

練習問題 6-2

問題6-2の結論は

$$\frac{\mathrm{d}}{\mathrm{d}x}\left(\frac{\partial L}{\partial y'} \right) = \frac{\partial L}{\partial y} \quad \cdots ①$$

であった.

(1) L が y に依存しないとき, ①式の右辺が 0 なので,

$$\frac{\mathrm{d}}{\mathrm{d}x}\left(\frac{\partial L}{\partial y'} \right) = 0$$

これは, $\frac{\partial L}{\partial y'}$ が x の関数(y' を通しての x 依存性も含めて)としては定数であることを意味する. つまり,

$$\frac{\partial L}{\partial y'} = x によらない定数$$

(2) 一般に $L = L(y, y', x)$ の x についての全微分は,

$$\frac{\mathrm{d}L}{\mathrm{d}x} = \frac{\partial L}{\partial y}y' + \frac{\partial L}{\partial y'}y'' + \frac{\partial L}{\partial x}$$

である. L が陽には x に依存しないときには $\frac{\partial L}{\partial x} = 0$ なので,

$$\frac{\mathrm{d}L}{\mathrm{d}x} = \frac{\partial L}{\partial y}y' + \frac{\partial L}{\partial y'}y''$$

が成り立つ. したがって,

$$\frac{\mathrm{d}}{\mathrm{d}x}\left(\frac{\partial L}{\partial y'}y' - L \right)$$
$$= \frac{\mathrm{d}}{\mathrm{d}x}\left(\frac{\partial L}{\partial y'} \right)y' + \frac{\partial L}{\partial y'}y''$$
$$\quad - \frac{\partial L}{\partial y}y' - \frac{\partial L}{\partial y'}y''$$
$$= \left(\frac{\mathrm{d}}{\mathrm{d}x}\left(\frac{\partial L}{\partial y'} \right) - \frac{\partial L}{\partial y} \right)y'$$

となり, ①により,

$$\frac{\mathrm{d}}{\mathrm{d}x}\left(\frac{\partial L}{\partial y'}y' - L \right) = 0$$
$$\therefore \frac{\partial L}{\partial y'}y' - L = x によらない定数$$

練習問題 6-3

問題6-2において,

$$L = L(y, y') = y\sqrt{1 + y'^2}$$

の場合に相当する. L が陽には x に依存しないので, **練習問題6-2** の (2) の結論を用いることができる.

$$\frac{\partial L}{\partial y'} = \frac{yy'}{\sqrt{1 + y'^2}}$$

なので,

$$\frac{\partial L}{\partial y'}y' - L = -\frac{y}{\sqrt{1+y'^2}} = 定数$$

である. $y > 0$ なので, 正定数 A を用いて,

$$\frac{y}{\sqrt{1+y'^2}} = A$$

$$\therefore \left(\frac{y}{A}\right)^2 - y'^2 = 1$$

となる. したがって, 双曲線関数を用いて,

$$y = A\cosh\theta , \quad y' = \sinh\theta$$

となる関数 $\theta = \theta(x)$ が存在する. このとき, $\theta(x)$ は,

$$A\sinh\theta \cdot \frac{\mathrm{d}\theta}{\mathrm{d}x} = \sinh\theta \quad \therefore \frac{\mathrm{d}\theta}{\mathrm{d}x} = \frac{1}{A}$$

を満たす. よって, 定数 x_0 を用いて,

$$\theta = \frac{x - x_0}{A}$$

と表される. したがって,

$$y(x) = A\cosh\frac{x - x_0}{A} \qquad \cdots(答)$$

2つの定数 A, x_0 は, $y(x_1) = y_1$, $y(x_2) = y_2$ の条件から決定できる.

なお, 本問の積分は懸垂線の重力ポテンシャルを与える. したがって, 上の結論は懸垂線の方程式である.

練習問題 6–4

$L = L(y, y', s) = y\sqrt{1 - y'^2}$ の場合の変分問題である.

L は s を陽に含まないので,

$$\frac{\partial L}{\partial y'}y' - L = \frac{y(-y')}{\sqrt{1 - y'^2}}y' - y\sqrt{1 - y'^2}$$

$$= -\frac{y}{\sqrt{1 - y'^2}} = -C$$

$$(C は正定数)$$

$$\therefore \left(\frac{y}{C}\right)^2 + y'^2 = 1$$

よって, ある関数 $\theta = \theta(s)$ を用いて,

$$y = C\sin\theta , \quad y' = \cos\theta$$

と表すことができ, $\theta(s)$ は,

$$C\cos\theta \cdot \frac{\mathrm{d}\theta}{\mathrm{d}s} = \cos\theta$$

$$\therefore \frac{\mathrm{d}\theta}{\mathrm{d}s} = \frac{1}{C}$$

を満たす. よって, 定数 θ_0 を用いて,

$$\theta = \frac{s}{C} + \theta_0$$

したがって,

$$y = A\cos\left(\frac{s}{C} + \theta_0\right)$$

$x' = \sqrt{1 - y'^2}$ だったので,

$$\frac{\mathrm{d}x}{\mathrm{d}s} = \sqrt{1 - \cos^2\theta}$$

$$= \pm\sin\left(\frac{s}{C} + \theta_0\right)$$

$+$ の枝を選ぶことができ, 定数 x_0 を用いて,

$$x(s) = x_0 - C\cos\left(\frac{s}{C} + \theta_0\right)$$

と表すことができる.

$y(x = 0) = 0$, $y(x = a) = 0$ および, 曲線の全長が l であることなどより, 3つの定数 C, θ_0, x_0 を決定すれば,

$$x = \frac{l}{\pi}\left(1 - \cos\frac{\pi s}{l}\right) , \quad y = \frac{l}{\pi}\sin\frac{\pi s}{l}$$

$$\therefore y = \sqrt{\left(\frac{l}{\pi}\right)^2 - \left(x - \frac{l}{\pi}\right)^2} \cdots(答)$$

これは, 2点 $(0, 0)$, $(a, 0)$ を1つの直径の両端する半円である. なお, $a = \frac{2l}{\pi}$ である.

練習問題 6–5

問題 6-⑤の $T[y]$ は, 定数倍を除いて

$$L(y, y') = \sqrt{\frac{1 + y'^2}{y}}$$

をラグランジアンとする作用積分である.

$$\frac{\partial L}{\partial y} = -\frac{1}{2}\sqrt{\frac{1+y'^2}{y^3}}$$

$$\frac{\partial L}{\partial y'} = \frac{y'}{\sqrt{y(1+y'^2)}}$$

$$\frac{\mathrm{d}}{\mathrm{d}x}\left(\frac{\partial L}{\partial y'}\right) = \frac{1}{\sqrt{y(1+y'^2)}}$$
$$\times \left(\frac{y''}{1+y'^2} - \frac{y'^2}{2y}\right)$$

なので, オイラー・ラグランジュ方程式は,

$$\frac{1}{\sqrt{y(1+y'^2)}}\left(\frac{y''}{1+y'^2} - \frac{y'^2}{2y}\right)$$
$$+ \frac{1}{2}\sqrt{\frac{1+y'^2}{y^3}} = 0$$

すなわち,

$$\frac{y''}{1+y'^2} + \frac{1}{2y} = 0 \qquad \cdots(\text{答})$$

となる. これが, $y(x)$ の満たす微分方程式である.

練習問題 6–6

$y = A(1 - \cos\theta)$ とおくと,

$$\sqrt{\frac{2A}{y} - 1} = \sqrt{\frac{1+\cos\theta}{1-\cos\theta}}$$
$$= \sqrt{\frac{1}{\tan^2\dfrac{\theta}{2}}}$$

となるので, θ の変域を調整することにより, 問題6–⑥の結論

$$\frac{\mathrm{d}y}{\mathrm{d}x} = \pm\sqrt{\frac{2A}{y} - 1}$$

は,

$$\frac{\mathrm{d}y}{\mathrm{d}x} = \frac{1}{\tan\dfrac{\theta}{2}}$$

としてよい. 一方,

$$\mathrm{d}y = A\sin\theta\,\mathrm{d}\theta$$

$$= 2A\sin\frac{\theta}{2}\cos\frac{\theta}{2}\mathrm{d}\theta$$

であるから, 問題6–⑥で導いた方程式は

$$\mathrm{d}x = \mathrm{d}y \cdot \tan\frac{\theta}{2}$$
$$= 2A\sin^2\frac{\theta}{2}\,\mathrm{d}\theta$$
$$= A(1 - \cos\theta)\,\mathrm{d}\theta$$

となる. この解は, B を定数として

$$x = A(\theta - \sin\theta) + B$$

となるが, $y(x=0) = 0$ なので, $\theta = 0$ を $x = y = 0$ に対応させることにより, $B = 0$ とできる.

つまり, 問題6–⑥の方程式の解, すなわち, 問題6–⑤の $T[y]$ を最小とする曲線 (これを最速降下曲線と呼ぶ) は, パラメータ θ を用いて

$$x = A(\theta - \sin\theta), \quad y = A(1 - \cos\theta) \qquad \cdots(\text{答})$$

により, 与えられる. これは, サイクロイドである.

点A(a, b) に対応する θ を θ_0 とすれば,

$$T = \frac{1}{\sqrt{2g}}\int_{\theta=0}^{\theta=\theta_0}\sqrt{\frac{1+\dfrac{1}{\tan^2\dfrac{\theta}{2}}}{A(1-\cos\theta)}}$$
$$\times A(1-\cos\theta)\,\mathrm{d}\theta$$

$$= \sqrt{\frac{A}{g}}\int_0^{\theta_0}\mathrm{d}\theta = \theta_0\sqrt{\frac{A}{g}}$$

となる. $b = 0$ のとき, $1 - \cos\theta_0 = 0$ より $\theta_0 = 2\pi$, さらに, $a = A\theta_0$ より $A = a/\theta_0$ であるから,

$$T = 2\pi\sqrt{\frac{A}{g}} = \sqrt{\frac{2\pi a}{g}} \qquad \cdots(\text{答})$$

である.

練習問題 6–7

反射波は, 屈折率が一様な物質中のみの経路となるので, フェルマーの原理より, 単純に最短距離の経路が実現する. この経路が反射の法則を導くことは, ほぼ自明である.

練習問題7–1

ばねの伸びを x として，ラグランジアンは

$$L(x, \dot{x}) = \frac{1}{2}m\dot{x}^2 - \frac{1}{2}kx^2 \quad \cdots (答)$$

で与えられる．

$$\frac{\partial L}{\partial \dot{x}} = m\dot{x}, \quad \frac{\partial L}{\partial x} = -kx$$

なので，オイラー・ラグランジュ方程式は

$$\frac{\mathrm{d}}{\mathrm{d}t}(m\dot{x}) - (-kx) = 0$$

すなわち，

$$m\ddot{x} = -kx \quad \therefore \ddot{x} = -\frac{k}{m}x$$

となる．したがって，質点の運動は $x = 0$ である位置（ばねが自然長の位置）を中心とし，角振動数が $\omega = \sqrt{\dfrac{k}{m}}$ の単振動となる．

なお，大学では単振動を調和振動と呼ぶことが多い．

練習問題7–2

質点の速度の，動径成分および動径と垂直な成分は

$$\dot{r} = -\frac{2l\sin\theta \cdot \dot{\theta}}{(1 + \cos\theta)^2}$$

$$r\dot{\theta} = \frac{2l\dot{\theta}}{1 + \cos\theta}$$

であるから，系の運動エネルギーは

$$T = \frac{1}{2}m\left\{\dot{r}^2 + (r\dot{\theta})^2\right\}$$

$$= \frac{4m(l\dot{\theta})^2}{(1 + \cos\theta)^3}$$

一方，重力によるポテンシャルは $\theta = 0$ の位置（最下点）を基準として

$$U = mg(l - r\cos\theta)$$

$$= \frac{1 - \cos\theta}{1 + \cos\theta}mgl$$

したがって，系のラグランジアンは，

$$L(\theta, \dot{\theta}) = T - U$$

$$= \frac{4m(l\dot{\theta})^2}{(1 + \cos\theta)^3} - \frac{1 - \cos\theta}{1 + \cos\theta}mgl$$

となる． $\cdots (答)$

練習問題7–3

ラグランジアンが，

$$L(\theta, \dot{\theta}) = \frac{4m(l\dot{\theta})^2}{(1 + \cos\theta)^3} - \frac{1 - \cos\theta}{1 + \cos\theta}mgl$$

なので，

$$\frac{\partial L}{\partial \dot{\theta}} = \frac{8ml^2\dot{\theta}}{(1 + \cos\theta)^3}$$

$$\frac{\partial L}{\partial \theta} = -\frac{12m(l\dot{\theta})^2 \sin\theta}{(1 + \cos\theta)^4}$$
$$-\frac{2mgl\sin\theta}{(1 + \cos\theta)^2}$$

である．よって，この系のオイラー・ラグランジュ方程式は，

$$\frac{\mathrm{d}}{\mathrm{d}t}\left(\frac{8ml^2\dot{\theta}}{(1 + \cos\theta)^3}\right)$$
$$-\left(-\frac{12m(l\dot{\theta})^2\sin\theta}{(1 + \cos\theta)^4} - \frac{2mgl\sin\theta}{(1 + \cos\theta)^2}\right) = 0$$

となる． $\cdots (答)$

$|\theta| \ll 1$ のとき，θ について1次までの精度で近似すれば，

$$\frac{\mathrm{d}}{\mathrm{d}t}\left(ml^2\dot{\theta}\right) - \left(-\frac{1}{2}mgl\theta\right) = 0$$

$$\therefore \ddot{\theta} = -\frac{g}{2l}\theta$$

となるので，運動は角振動数が $\omega = \sqrt{\dfrac{g}{2l}}$ の単振動に近似できる．

練習問題7–4

ラグランジアンが

$$L(r, \theta, \dot{r}, \dot{\theta}) = \frac{1}{2}m\left\{\dot{r}^2 + (r\dot{\theta})^2\right\} + \frac{GmM}{r}$$

なので，

$$\frac{\partial L}{\partial \dot{r}} = m\dot{r} , \quad \frac{\partial L}{\partial \dot{\theta}} = mr^2\dot{\theta}$$

$$\frac{\partial L}{\partial r} = mr\dot{\theta}^2 - \frac{GmM}{r^2} , \quad \frac{\partial L}{\partial \theta} = 0$$

である．よって，この系のオイラー・ラグランジュ方程式は，

$$\begin{cases} \dfrac{\mathrm{d}}{\mathrm{d}t}(m\dot{r}) - \left(mr\dot{\theta}^2 - \dfrac{GmM}{r^2} \right) = 0 \\[3mm] \dfrac{\mathrm{d}}{\mathrm{d}t}(mr^2\dot{\theta}) - 0 = 0 \end{cases}$$

すなわち，

$$\begin{cases} m(\ddot{r} - r\dot{\theta}^2) = -\dfrac{GmM}{r^2} \\[3mm] \dfrac{\mathrm{d}}{\mathrm{d}t}(mr^2\dot{\theta}) = 0 \end{cases} \quad \cdots(答)$$

練習問題 7–5

ラグランジアンが

$$L(x_1, x_2, \dot{x_1}, \dot{x_2})$$
$$= \frac{1}{2}m_1\dot{x_1}^2 + \frac{1}{2}m_2\dot{x_2}^2$$
$$- \frac{1}{2}k_1x_1^2 - \frac{1}{2}k_2(x_2-x_1)^2 - \frac{1}{2}k_3x_2^2$$

なので，

$$\frac{\partial L}{\partial \dot{x_1}} = m_1\dot{x_1} , \quad \frac{\partial L}{\partial \dot{x_2}} = m_2\dot{x_2}$$

$$\frac{\partial L}{\partial x_1} = -k_1x_1 + k_2(x_2 - x_1)$$

$$\frac{\partial L}{\partial x_2} = -k_2(x_2 - x_1) - k_3x_2$$

である．よって，この系のオイラー・ラグランジュ方程式は，

$$\begin{cases} \dfrac{\mathrm{d}}{\mathrm{d}t}(m\dot{x_1}) - (-k_1x_1 + k_2(x_2 - x_1)) \\ \hspace{5cm} = 0 \\[2mm] \dfrac{\mathrm{d}}{\mathrm{d}t}(m\dot{x_2}) - (-k_2(x_2 - x_1) - k_3x_2) \\ \hspace{5cm} = 0 \end{cases}$$

すなわち，

$$\begin{cases} m\ddot{x_1} = -k_1x_1 + k_2(x_2 - x_1) \\ m\ddot{x_2} = -k_2(x_2 - x_1) - k_3x_2 \end{cases} \quad \cdots(答)$$

練習問題 7–6

問題7-6において，重力によるポテンシャルは重力加速の大きさを g として，

$$U = -m_1gl_1\cos\theta_1$$
$$-m_2g(l_1\cos\theta_1 + l_2\cos\theta_2)$$

と表せるので，ラグランジアンは，

$$L(\theta_1, \theta_2, \dot{\theta_1}, \dot{\theta_2}) = T - U$$
$$= \frac{1}{2}m_1(l_1\dot{\theta_1})^2 + \frac{1}{2}m_2\left\{ (l_1\dot{\theta_1})^2 + (l_2\dot{\theta_2})^2 \right.$$
$$\left. + 2l_1l_2\dot{\theta_1}\dot{\theta_2}\cos(\theta_1 - \theta_2) \right\}$$
$$+ m_1gl_1\cos\theta_1 + m_2g(l_1\cos\theta_1 + l_2\cos\theta_2)$$

となる．

$$\frac{\partial L}{\partial \dot{\theta_1}} = (m_1 + m_2)l_1{}^2\dot{\theta_1}$$
$$+ m_2l_1l_2\dot{\theta_2}\cos(\theta_1 - \theta_2)$$

$$\frac{\partial L}{\partial \dot{\theta_2}} = m_2l_2{}^2\dot{\theta_2} + m_2l_1l_2\dot{\theta_1}\cos(\theta_1 - \theta_2)$$

$$\frac{\partial L}{\partial \theta_1} = -m_2l_1l_2\dot{\theta_1}\dot{\theta_2}\sin(\theta_1 - \theta_2)$$
$$- (m_1 + m_2)gl_1\sin\theta_1$$

$$\frac{\partial L}{\partial \theta_2} = m_2l_1l_2\dot{\theta_1}\dot{\theta_2}\sin(\theta_1 - \theta_2)$$
$$- m_2gl_2\sin\theta_2$$

なので，オイラー・ラグランジュ方程式は，

$$\frac{\mathrm{d}}{\mathrm{d}t}\left((m_1 + m_2)l_1{}^2\dot{\theta_1} \right.$$
$$\left. + m_2l_1l_2\dot{\theta_2}\cos(\theta_1 - \theta_2) \right)$$
$$= -m_2l_1l_2\dot{\theta_1}\dot{\theta_2}\sin(\theta_1 - \theta_2)$$
$$- (m_1 + m_2)gl_1\sin\theta_1$$

$$\frac{\mathrm{d}}{\mathrm{d}t}\left(m_2l_2{}^2\dot{\theta_2} + m_2l_1l_2\dot{\theta_1}\cos(\theta_1 - \theta_2) \right)$$
$$= m_2l_1l_2\dot{\theta_1}\dot{\theta_2}\sin(\theta_1 - \theta_2) - m_2gl_2\sin\theta_2$$

となる．左辺の微分を実行して整理すれば，それぞれ

$$(m_1 + m_2)l_1{}^2\ddot{\theta_1} + m_2l_1l_2\ddot{\theta_2}\cos(\theta_1 - \theta_2)$$
$$+ m_2l_1l_2\dot{\theta_2}^2\sin(\theta_1 - \theta_2)$$
$$+ (m_1 + m_2)gl_1\sin\theta_1 = 0$$
$$m_2l_2{}^2\ddot{\theta_2} + m_2l_1l_2\ddot{\theta_1}\cos(\theta_1 - \theta_2)$$
$$- m_2l_1l_2\dot{\theta_1}^2\sin(\theta_1 - \theta_2)$$
$$+ m_2gl_2\sin\theta_2 = 0$$

となる． $\cdots(答)$

練習問題 7–7

$N = 2$ の場合の運動方程式は，

$$m\ddot{\xi}_1 = -2k\xi_1 + k\xi_2 \quad \cdots ①$$

$$m\ddot{\xi}_2 = k\xi_1 - 2k\xi_2 \quad \cdots ②$$

となる．①＋② と ①－② を作ると，

$$m(\xi_1 + \xi_2)^{\cdot\cdot} = -k(\xi_1 + \xi_2)$$

$$m(\xi_1 - \xi_2)^{\cdot\cdot} = -3k(\xi_1 - \xi_2)$$

を得る．それぞれ，角振動数が

$$\omega_1 = \sqrt{\frac{k}{m}} , \quad \omega_2 = \sqrt{\frac{3k}{m}}$$

の単振動の方程式であり，定数 A, B, α, β を用いて一般解は

$$\xi_1 + \xi_2 = 2A\sin(\omega_1 t + \alpha)$$

$$\xi_1 - \xi_2 = 2B\sin(\omega_2 t + \beta)$$

と表せる．したがって，ξ_1, ξ_2 の一般解は，

$$\xi_1 = A\sin(\omega_1 t + \alpha) + B\sin(\omega_2 t + \beta)$$

$$\xi_2 = A\sin(\omega_1 t + \alpha) - B\sin(\omega_2 t + \beta)$$

と表せる． $\cdots$（答）

練習問題 7–8

ラグランジアンが

$$L = \frac{1}{2}I\dot{\theta}^2 - U(\theta)$$

であるから，

$$\frac{\partial L}{\partial \theta} = -\frac{\mathrm{d}U}{\mathrm{d}\theta} , \quad \frac{\partial L}{\partial \dot{\theta}} = I\dot{\theta}$$

となる．よって，オイラー・ラグランジュ方程式は，

$$\frac{\mathrm{d}}{\mathrm{d}t}\left(I\dot{\theta}\right) - \left(-\frac{\mathrm{d}U}{\mathrm{d}\theta}\right) = 0$$

すなわち，

$$I\ddot{\theta} = -\frac{\mathrm{d}U}{\mathrm{d}\theta} \qquad \cdots（答）$$

となる．

練習問題 7–9

(1) 固定軸からの距離が x から $x + \mathrm{d}x$ の部分の質量は $\dfrac{M}{l}\,\mathrm{d}x$ なので，慣性モーメント I は，

$$I = \int_0^l x^2 \frac{M}{l}\,\mathrm{d}x = \frac{1}{3}Ml^2$$
$$\cdots（答）$$

(2) 固定軸固定軸からの距離が x から $x + \mathrm{d}x$ の部分の質量は

$$\frac{M}{\pi a^2} \cdot 2\pi x\,\mathrm{d}x = \frac{2M}{a^2}x\,\mathrm{d}x$$

なので，慣性モーメント I は，

$$I = \int_0^a x^2 \frac{2M}{a^2}x\,\mathrm{d}x = \frac{1}{2}Ma^2$$
$$\cdots（答）$$

(3) 問題7-⑨の結論に従って慣性モーメント I を求めれば，

$$I = Mb^2 + \frac{1}{2}Ma^2 = \frac{a^2 + 2b^2}{2}M$$
$$\cdots（答）$$

練習問題 7–10

練習問題 7-10(1) で求めたように慣性モーメントは $\frac{1}{3}Ml^2$ なので，ラグランジアンは，

$$L = \frac{1}{3}Ml^2\dot{\theta}^2 - \left(-Mg\frac{1}{2}l\cos\theta\right)$$

となる．

$$\frac{\partial L}{\partial \theta} = -\frac{1}{2}Mgl\sin\theta , \quad \frac{\partial L}{\partial \dot{\theta}} = \frac{2}{3}Mgl^2\dot{\theta}$$
$$\cdots（答）$$

となる．よって，オイラー・ラグランジュ方程式は，

$$\frac{\mathrm{d}}{\mathrm{d}t}\left(\frac{2}{3}Mgl^2\dot{\theta}\right) - \left(-\frac{1}{2}Mgl\sin\theta\right) = 0$$

すなわち，

$$\frac{2}{3}Ml^2\ddot{\theta} = -\frac{1}{2}Mgl\sin\theta \qquad \cdots（答）$$

となり，**練習問題** 2-13 で導いた方程式と一致する．

Chapter 8 ラグランジュの未定乗数法

練習問題 8–1

問題 8–1 で導いた

$$
\int_{t_1}^{t_2} \left[\left\{ \frac{\partial L}{\partial x} - \frac{\mathrm{d}}{\mathrm{d}t}\left(\frac{\partial L}{\partial \dot{x}} \right) + \lambda \frac{\partial C}{\partial x} \right\} \delta x \right.
$$
$$
\left. + \left\{ \frac{\partial L}{\partial y} - \frac{\mathrm{d}}{\mathrm{d}t}\left(\frac{\partial L}{\partial \dot{y}} \right) + \lambda \frac{\partial C}{\partial y} \right\} \delta y \right] \mathrm{d}t
$$
$$
= 0
$$

において, $\lambda(t)$ をうまく選ぶことにより,

$$
\frac{\partial L}{\partial x} - \frac{\mathrm{d}}{\mathrm{d}t}\left(\frac{\partial L}{\partial \dot{x}} \right) + \lambda \frac{\partial C}{\partial x} = 0
$$
$$
\frac{\partial L}{\partial y} - \frac{\mathrm{d}}{\mathrm{d}t}\left(\frac{\partial L}{\partial \dot{y}} \right) + \lambda \frac{\partial C}{\partial y} = 0
$$

すなわち,

$$
\frac{\mathrm{d}}{\mathrm{d}t}\left(\frac{\partial L}{\partial \dot{x}} \right) = \frac{\partial L}{\partial x} + \lambda \frac{\partial C}{\partial x}
$$
$$
\frac{\mathrm{d}}{\mathrm{d}t}\left(\frac{\partial L}{\partial \dot{y}} \right) = \frac{\partial L}{\partial y} + \lambda \frac{\partial C}{\partial y}
$$

を両立させることができる. これは, 質点の運動方程式を表し, 右辺は質点の受ける力である. そのうち, $\lambda \dfrac{\partial C}{\partial x}$ および $\lambda \dfrac{\partial C}{\partial y}$ は束縛力である.

練習問題 8–2

(1) 原点を基準とする高さは $-x\sin\theta + y\cos\theta$ なので,

$$
L(x, y, \dot{x}, \dot{y}) = \frac{1}{2}(\dot{x}^2 + \dot{y}^2)
$$
$$
- mg(-x\sin\theta + y\cos\theta) \quad \cdots\text{(答)}
$$

(2) 束縛条件

$$
C(x, y) = y = 0
$$

があるので, 運動方程式は未定乗数 λ を用いて,

$$
\frac{\mathrm{d}}{\mathrm{d}t}\left(\frac{\partial L}{\partial \dot{x}} \right) = \frac{\partial L}{\partial x} + \lambda \frac{\partial C}{\partial x}
$$

$$
\frac{\mathrm{d}}{\mathrm{d}t}\left(\frac{\partial L}{\partial \dot{y}} \right) = \frac{\partial L}{\partial y} + \lambda \frac{\partial C}{\partial y}
$$

と書くことができる. 具体的には,

$$
m\ddot{x} = mg\sin\theta
$$
$$
m\ddot{y} = -mg\cos\theta + \lambda
$$

となる. $\qquad\qquad\cdots\text{(答)}$

第 1 式より

$$
\ddot{x} = g\sin\theta
$$

が得られ, 第 2 式を束縛条件と連立することにより

$$
\ddot{y} = 0, \quad \lambda = mg\cos\theta
$$

となる. λ は束縛力（質点が斜面から受ける垂直抗力）を表す.

練習問題 8–3

(1) 極の位置を基準として質点の高さは $-r\cos\theta$ となるので,

$$
L = \frac{1}{2}m\left\{ \dot{r}^2 + (r\dot{\theta})^2 \right\}
$$
$$
- mg(-r\cos\theta)
$$
$$
= \frac{1}{2}m\left\{ \dot{r}^2 + (r\dot{\theta})^2 \right\} + mgr\cos\theta
$$
$$
\cdots\text{(答)}
$$

(2) 束縛条件

$$
C = r - a = 0
$$

があるので, λ を未定乗数法として, 運動方程式は

$$
\frac{\mathrm{d}}{\mathrm{d}t}\left(\frac{\partial L}{\partial \dot{r}} \right) = \frac{\partial L}{\partial r} + \lambda \frac{\partial C}{\partial r}
$$
$$
\frac{\mathrm{d}}{\mathrm{d}t}\left(\frac{\partial L}{\partial \dot{\theta}} \right) = \frac{\partial L}{\partial \theta} + \lambda \frac{\partial C}{\partial \theta}
$$

と書くことができる. 具体的には,

$$
m\ddot{r} = mr\dot{\theta}^2 + mg\cos\theta + \lambda
$$
$$
m(r^2\ddot{\theta} + 2r\dot{r}\dot{\theta}) = -mgr\sin\theta
$$

となる. $\qquad\qquad\cdots\text{(答)}$

束縛条件より,

$$r = a \,, \quad \dot{r} = 0 \,, \quad \ddot{r} = 0$$

であることを用いて整理すれば,

$$\lambda = -ma\dot{\theta}^2 - mg\cos\theta$$

$$\ddot{\theta} = -\frac{g}{a}\sin\theta$$

となる. $-\lambda$ は束縛力(円筒面からの垂直抗力)を表す.

練習問題 8–4

(1) 運動エネルギーは各質点の運動エネルギーの和, ポテンシャルはばねの弾性エネルギーと質点 M の受ける重力によるポテンシャルの和なので,

$$L(x, y, \dot{x}, \dot{y}) = \frac{1}{2}m\dot{x}^2 + \frac{1}{2}M\dot{y}^2$$

$$- \left\{ \frac{1}{2}kx^2 + Mg\cdot(-y) \right\}$$

$$\cdots(答)$$

(2) 糸がたるまないとき, 質点 m の変位と質点 M の変位は等しいので,

$$C(x, y) = x - y = 0 \quad \cdots(答)$$

(3) 未定乗数 λ を導入して運動方程式を書けば,

$$m\ddot{x} = -kx + \lambda$$

$$M\ddot{y} = Mg - \lambda$$

となる. $\cdots(答)$

束縛条件より,

$$\ddot{x} = \ddot{y}$$

となることと連立して解けば,

$$\ddot{x} = \ddot{y} = -\frac{k}{m+M}x + \frac{M}{m+M}g$$

$$\lambda = \frac{Mkx + mMg}{m+M}$$

を得る. λ は束縛力としてはたらく糸の張力を与える.

$$\ddot{x} = -\frac{k}{m+M}x + \frac{M}{m+M}g$$

は, 単振動の運動方程式であり, 初期条件が与えられれば具体的に解いて, 関数 $x(t)$ を求めることができる.

練習問題 8–5

未定乗数 λ を導入して運動方程式を書けば,

$$m\ddot{x} = mg\sin\phi - \lambda$$

$$ma^2\ddot{\theta} = \lambda a$$

となる. 束縛条件より,

$$a\ddot{\theta} - \ddot{x} = 0$$

となるので, 以上3式を連立して解けば,

$$\ddot{x} = a\ddot{\theta} = \frac{1}{2}g\sin\phi \,, \quad \lambda = \frac{1}{2}mg\sin\phi$$

$$\cdots(答)$$

を得る. λ が, 滑らずに転がるという束縛条件を維持するためにはたらく束縛力であり, これは, リングが斜面から受ける摩擦力を表す.

リングが斜面から受ける垂直抗力を求めるには, 斜面と垂直な方向の自由度も入れて, その方向の束縛条件に対応する(λ とは独立な)未定乗数を導入して議論する必要がある.

練習問題 8–6

束縛条件

$$C = h_1 \tan\theta_1 + h_2 \tan\theta_2 - l = 0$$

の下で,

$$\varGamma = \frac{h_1}{\cos\theta_1} + \frac{h_2}{\cos\theta_2}$$

が最小となる条件を求める.

未定乗数 λ を導入して

$$G = \varGamma + \lambda C$$

に停留値を与える条件を求めればよい. このとき,

$$0 = \delta G = \frac{\lambda - \sin\theta_1}{\cos^2\theta_1} h_1 \delta\theta_1$$

$$+\frac{\lambda-\sin\theta_2}{\cos^2\theta_2}h_2\delta\theta_2$$

なので，λ をうまく選ぶことにより，

$$\lambda-\sin\theta_1=\lambda-\sin\theta_2=0$$

$$\therefore\ \sin\theta_1=\sin\theta_2$$

となる．

　これは，反射の法則 $\theta_1=\theta_2$ を与える．

Chapter 9　ハミルトン形式

練習問題 9–1

　この系の一般化座標 q に共役な一般化運動量は

$$p=\frac{\partial L}{\partial\dot{q}}=m\dot{q}\qquad\cdots①$$

となるので，

$$H=p\dot{q}-L=\frac{1}{2}m\dot{q}^2+\frac{1}{2}kq^2$$

となる．①式は，一般化速度 $\dot{q}$ について解けて $\dot{q}=\dfrac{p}{m}$ となるので，H を $q,\ p$ の関数として与えることができ，

$$H(q,p)=\frac{1}{2}m\left(\frac{p}{m}\right)^2+\frac{1}{2}kq^2$$

$$=\frac{p^2}{2m}+\frac{1}{2}kq^2\qquad\cdots(\text{答})$$

となる．これが，この系のハミルトンである．

練習問題 9–2

　オイラー・ラグランジュ方程式は，

$$\frac{\mathrm{d}}{\mathrm{d}t}\left(\frac{\partial L}{\partial\dot{q}_i}\right)-\frac{\partial L}{\partial q_i}\qquad(i=1,2,\cdots,n)$$

すなわち，

$$m_i\ddot{q}_i=-\frac{\partial U}{\partial q_i}\qquad(i=1,2,\cdots,n)$$

である．

　一方，各 q_i に共役な運動量

$$p_i=\frac{\partial L}{\partial\dot{q}_i}=m\dot{q}_i$$

を導入してハミルトニアンを求めると，

$$H(q,p)=\sum_{i=1}^{n}\frac{p_i{}^2}{2m_i}+U(q)$$

$$\frac{\partial H}{\partial q_i}=\frac{\partial U}{\partial q_i}\qquad(i=1,2,\cdots,n)$$

$$\frac{\partial H}{\partial p_i}=\frac{p_i}{m_i}\qquad(i=1,2,\cdots,n)$$

となるので，正準方程式は，

$$\dot{q}_i=\frac{p_i}{m_i}\qquad(i=1,2,\cdots,n)$$

$$\dot{p}_i=-\frac{\partial U}{\partial q_i}\qquad(i=1,2,\cdots,n)$$

となる．p_i を消去すれば，，オイラー・ラグランジュ方程式を再現する．

練習問題 9–3

　ハミルトニアン H が q_k を含まなければ，

$$\frac{\partial H}{\partial q_k}=0$$

であるから，正準方程式より，

$$\dot{p}_k=0\qquad\therefore\ p_k=\text{一定}$$

となる．

　この結論と比べると 問題9–3 の結論は，時間変数 t を一般化座標とみなした場合に，ハミルトニアン（エネルギー）が，それに共役な運動量として振る舞うことを示唆している（問題10–10参照）．

　また，上の議論と同様に，ハミルトニアン H が p_k を含まないときは，q_k が一定に保たれる．

練習問題 9–4

　与えられたハミルトニアンより，

$$\frac{\partial H}{\partial q}=kq\ ,\quad\frac{\partial H}{\partial p}=\frac{p}{m}$$

であるから，正準方程式は，

$$\dot{q}=\frac{p}{m}\ ,\quad\dot{p}=-kq\qquad\cdots(\text{答})$$

となる．

ところで，この系のラグランジアンは，

$$L(q, \dot{q}) = \frac{1}{2}m\dot{q}^2 - \frac{1}{2}kq^2$$

であったので，オイラー・ラグランジュ方程式は，

$$\frac{\mathrm{d}}{\mathrm{d}t}\left(\frac{\partial L}{\partial \dot{q}}\right) - \frac{\partial L}{\partial q}$$

すなわち，

$$m\ddot{q} = -kq$$

である．正準方程式から，p を消去すれば，この方程式を再現する．

練習問題 9-5

直交座標 (x, y, z) と 3 次元極座標 (r, θ, ϕ) との関係は

$$\begin{pmatrix} x \\ y \\ z \end{pmatrix} = r \begin{pmatrix} \sin\theta\cos\phi \\ \sin\theta\sin\phi \\ \cos\theta \end{pmatrix}$$

であるので，時間微分を実行して，

$$\begin{pmatrix} \dot{x} \\ \dot{y} \\ \dot{z} \end{pmatrix} = \dot{r} \begin{pmatrix} \sin\theta\cos\phi \\ \sin\theta\sin\phi \\ \cos\theta \end{pmatrix}$$
$$+ r\dot{\theta} \begin{pmatrix} \cos\theta\cos\phi \\ \cos\theta\sin\phi \\ -\sin\theta \end{pmatrix}$$
$$+ r\dot{\phi} \begin{pmatrix} -\sin\theta\sin\phi \\ \sin\theta\cos\phi \\ 0 \end{pmatrix}$$

となる．したがって，ラグランジアンは，

$$L = \frac{1}{2}m(\dot{x}^2 + \dot{y}^2 + \dot{z}^2) - U(r)$$
$$= \frac{1}{2}m\left(\dot{r}^2 + r^2(\dot{\theta}^2 + (\dot{\phi}\sin\theta)^2)\right) - U(r)$$

となる．

r, θ, ϕ に共役な運動量は，それぞれ，

$$p_r = \frac{\partial L}{\partial \dot{r}} = m\dot{r}$$

$$p_\theta = \frac{\partial L}{\partial \dot{\theta}} = mr^2\dot{\theta}$$

$$p_\phi = \frac{\partial L}{\partial \dot{\phi}} = mr^2\dot{\phi}\sin^2\theta$$

となるので，ハミルトニアンは，

$$H = p_r\dot{r} + p_\theta\dot{\theta} + p_\phi\dot{\phi} - L$$
$$= \frac{1}{2m}\left\{p_r{}^2 + \frac{p_\theta{}^2}{r^2} + \frac{p_\phi{}^2}{(r\sin\theta)^2}\right\}$$
$$+ U(r)$$
$$\cdots(答)$$

となる．

練習問題 9-6

$$\frac{\partial H}{\partial r} = -\frac{1}{mr^3}\left\{p_\theta{}^2 + \left(\frac{p_\phi}{\sin\theta}\right)^2\right\} + \frac{\mathrm{d}U}{\mathrm{d}r}$$

$$\frac{\partial H}{\partial p_r} = \frac{p_r}{m}, \quad \frac{\partial H}{\partial \theta} = -\frac{p_\phi{}^2}{mr^2\sin^3\theta}$$

$$\frac{\partial H}{\partial p_\theta} = \frac{p_\theta}{mr^2}, \quad \frac{\partial H}{\partial \phi} = 0$$

$$\frac{\partial H}{\partial p_\phi} = \frac{p_\phi}{m(r\sin\theta)^2}$$

であるから，正準方程式は，

$$\dot{r} = \frac{p_r}{m}$$

$$\dot{p_r} = \frac{1}{mr^3}\left\{p_\theta{}^2 + \left(\frac{p_\phi}{\sin\theta}\right)^2\right\} - \frac{\mathrm{d}U}{\mathrm{d}r}$$

$$\dot{\theta} = \frac{p_\theta}{mr^2}, \quad \dot{p_\theta} = \frac{p_\phi{}^2}{mr^2\sin^3\theta}$$

$$\dot{\phi} = \frac{p_\phi}{m(r\sin\theta)^2}, \quad \dot{p_\phi} = 0$$

となる． $\cdots(答)$

練習問題 9-7

正準方程式

$$\dot{q} = \frac{p}{m}, \quad \dot{p} = -m\omega^2 q$$

より p を消去すれば，

$$\ddot{q} = -\omega^2 q$$

を得る．この微分方程式の一般解は，定数 A, B を用いて

$$q(t) = A\sin(\omega t) + B\cos(\omega t)$$

である. このとき,

$$p(t) = m\dot{q} = m\omega A\cos(\omega t)$$
$$-m\omega B\sin(\omega t)$$

となる. 初期条件を

$$q(0) = q_0 , \quad p(0) = p_0$$

とすれば,

$$q_0 = B , \quad \omega A = p_0$$

であるから,

$$q(t) = \frac{p_0}{m\omega}\sin(\omega t) + q_0\cos(\omega t) \quad \cdots(答)$$

を得る.

練習問題 9-8

正準方程式は,

$$\dot{q}_1 = \frac{p_1}{m} , \quad \dot{p}_1 = -2kq_1 + kq_2$$

$$\dot{q}_2 = \frac{p_2}{m} , \quad \dot{p}_2 = kq_1 - 2kq_2$$

なので, q_1, q_2 は, 微分方程式

$$\ddot{q}_1 = -\frac{2k}{m}q_1 + \frac{k}{m}q_2 \quad \cdots①$$

$$\ddot{q}_2 = \frac{k}{m}q_1 - \frac{2k}{m}q_2 \quad \cdots②$$

に従う. ①＋②, ①－②を作ると, それぞれ,

$$(q_1 + q_2)\ddot{} = -\frac{k}{m}(q_1 + q_2)$$

$$(q_1 - q_2)\ddot{} = -\frac{3k}{m}(q_1 - q_2)$$

を得る. これは, $q_1 + q_2$ の運動は角振動数が $\omega_1 = \sqrt{\dfrac{k}{m}}$ の調和振動, $q_1 - q_2$ の運動は角振動数が $\omega_2 = \sqrt{\dfrac{3k}{m}}$ の調和振動であることを示す. したがって, 初期条件により定まる定数 A_1, A_2, α_1, α_2 を用いて,

$$q_1 + q_2 = A_1\sin(\omega_1 t + \alpha_1)$$

$$q_1 - q_2 = A_2\sin(\omega_2 t + \alpha_2)$$

と表すことができ,

$$q_1 = \frac{A_1}{2}\sin(\omega_1 t + \alpha_1)$$
$$+\frac{A_2}{2}\sin(\omega_2 t + \alpha_2)$$

$$q_2 = \frac{A_1}{2}\sin(\omega_1 t + \alpha_1)$$
$$-\frac{A_2}{2}\sin(\omega_2 t + \alpha_2)$$

となる. $\cdots(答)$

練習問題 9-9

この系の正準方程式は,

$$\dot{q} = \frac{p}{m} , \quad \dot{p} = -mg$$

となる., 第2式より, $p(0) = p_0$ とすれば

$$p(t) = p_0 - mgt \quad \cdots①$$

である. これを第1式に代入すれば,

$$\dot{q} = \frac{p_0}{m} - gt$$

となるので, $q(0) = q_0$ とすれば,

$$q(t) = q_0 + \frac{p_0}{m}t - \frac{1}{2}gt^2 \quad \cdots②$$

である.

①, ②の2式より t を消去すれば,

$$q = q_0 + \frac{p_0{}^2}{2m^2 g} - \frac{1}{2m^2 g}p^2$$

が得られるので, 相空間における軌道は放物線である. $\cdots(答)$

練習問題 9-10

問題9-⑩の系のラグランジアンは, 陽に t を含まないので, ハミルトニアンの値はエネルギー E を表し一定に保たれる. すなわち,

$$\frac{p_\theta{}^2}{2ml^2} + mgl(1-\cos\theta) = E \quad \cdots(答)$$

となる. これが, 相空間における軌道の方程式である.

練習問題 9–11

微小な時間変化 δt に対して, $\Omega(\Gamma_{t+\delta t}) = \Omega(\Gamma_t)$ であることを示せばよい.

$q_1, q_2, \cdots, q_n$ を q, $p_1, p_2, \cdots, p_n$ を p で代表する. また, $q(t+\delta t)$, $p(t+\delta t)$ を q', p' で表せば,

$$\Omega(\Gamma_t) = \int_{\Gamma_t} \mathrm{d}q\mathrm{d}p$$

$$\Omega(\Gamma_{t+\delta t}) = \int_{\Gamma_{t+\delta t}} \mathrm{d}q'\mathrm{d}p'$$

である. $\Omega(\Gamma_{t+\delta t})$ は, ヤコビアン $\dfrac{\partial(q',p')}{\partial(q,p)}$ を用いて

$$\Omega(\Gamma_{t+\delta t}) = \int_{\Gamma_t} \frac{\partial(q',p')}{\partial(q,p)} \, \mathrm{d}q\mathrm{d}p$$

と変形できる. ここで, 正準方程式より,

$$q' = q + \dot{q}\delta t = q + \frac{\partial H}{\partial p}\delta t$$

$$p' = p + \dot{p}\delta t = p - \frac{\partial H}{\partial q}\delta t$$

ゆえに,

$$\frac{\partial q'}{\partial q} = 1 + \delta t \frac{\partial^2 H}{\partial q \partial p}$$

$$\frac{\partial q'}{\partial p} = \delta t \frac{\partial^2 H}{\partial p^2}, \ \frac{\partial p'}{\partial q} = \delta t \frac{\partial^2 H}{\partial q^2}$$

$$\frac{\partial p'}{\partial p} = 1 - \delta t \frac{\partial^2 H}{\partial q \partial p}$$

なので, $(\delta t)^2$ を無視して,

$$\frac{\partial(q',p')}{\partial(q,p)} = 1 + \sum_{i=1}^{n} \delta t \left\{ \frac{\partial}{\partial q_i}\left(\frac{\partial H}{\partial p_i}\right) \right.$$
$$\left. - \frac{\partial}{\partial p_i}\left(\frac{\partial H}{\partial q_i}\right) \right\}$$
$$= 1$$

となるので, $\Omega(\Gamma_{t+\delta t}) = \Omega(\Gamma_t)$ の成立が示された.

練習問題 9–12

(1) まず, ポアソン括弧の定義より,

$$\{u, v\} = -\{v, u\}$$

であることは明らかなので,

$$\{q_i, p_j\} = \delta_{ij}$$

を示せばよい.

$$\{q_i, p_j\} = \sum_{k=1}^{n} \left(\frac{\partial q_i}{\partial q_k}\frac{\partial p_j}{\partial p_k} - \frac{\partial q_i}{\partial p_k}\frac{\partial p_j}{\partial q_k} \right)$$

$$= \sum_{k=1}^{n} \delta_{ik}\delta_{jk} = \delta_{ij}$$

(2) ポアソン括弧の定義より,

$$\{q_i, q_j\} = \sum_{k=1}^{n} \left(\frac{\partial q_i}{\partial q_k}\frac{\partial q_j}{\partial p_k} - \frac{\partial q_i}{\partial p_k}\frac{\partial q_j}{\partial q_k} \right)$$

$$= \sum_{k=1}^{n} (\delta_{ik} \cdot 0 - 0 \cdot \delta_{jk}) = 0$$

また,

$$\{p_i, p_j\} = \sum_{k=1}^{n} \left(\frac{\partial p_i}{\partial q_k}\frac{\partial p_j}{\partial p_k} - \frac{\partial p_i}{\partial p_k}\frac{\partial p_j}{\partial q_k} \right)$$

$$= \sum_{k=1}^{n} (0 \cdot \delta_{jk} - \delta_{ik} \cdot 0) = 0$$

ここで示した関係式は正準変数についての重要な性質であり, 実は, 正準変数であることの必要十分条件になっている.

練習問題 9–13

問題 9–13 で示した関係式

$$\frac{\mathrm{d}F}{\mathrm{d}t} = \frac{\partial F}{\partial t} + \{F, H\}$$

より, F が陽には t に依存しないとき,

$$\frac{\mathrm{d}F}{\mathrm{d}t} = 0 \iff \{F, H\} = 0$$

なので, F が保存量である条件が

$$\{F, H\} = 0$$

であることが分かる.

$\{H, H\} = 0$ なので, ハミルトン H が陽には t に依存しないとき, H は保存量となり, 系のエネルギーを表す.

練習問題 9–14

ポアソン括弧の性質より,

$$\{M_i, H\} = \frac{1}{2m}\{M_i, \boldsymbol{p}^2\} + \{M_i, U(r)\}$$

である. さらに, ポアソン括弧の性質により,

$$\{M_i, \boldsymbol{p}^2\} = \sum_{j=1}^{3}\{M_i, p_j{}^2\}$$
$$= 2\sum_{j=1}^{3}\{M_i, p_j\}p_j$$

ここで,

$$\{M_i, p_j\} = \sum_{k=1}^{3}\epsilon_{ijk}p_k$$

となるので,

$$\{M_i, \boldsymbol{p}^2\} = 2\sum_{j=1}^{3}\left(\sum_{k=1}^{3}\epsilon_{ijk}p_k\right)p_j$$
$$= 2(\boldsymbol{p}\times\boldsymbol{p})_i = 0$$

である. また,

$$\{M_i, U(r)\} = 0$$

であるから, 結局,

$$\{\boldsymbol{M}, H\} = 0$$

であることが導かれる. したがって, 角運動量 $\boldsymbol{M}$ が保存量である.

Chapter 10　正準変換

練習問題 10–1

ラグランジアンを

$$L = \sum_{i=1}^{n}p_i\dot{q}_i - L(q, p, t)$$

と表せば, 作用積分は

$$I = \int_{t_1}^{t_2}\left\{\sum_{i=1}^{n}p_i\dot{q}_i - L(q, p, t)\right\}\,\mathrm{d}t$$

となり, 変分をとれば, 積分区間の始点と終点では $\delta q_i = 0$, $\delta p_i = 0$ $(n = 1, \cdots, n)$ であることを用いて,

$$\delta I = \int_{t_1}^{t_2}\sum_{i=1}^{n}\left\{\left(\dot{q}_i - \frac{\partial H}{\partial p_i}\right)\delta p_i\right.$$
$$\left. - \left(\dot{p}_i + \frac{\partial H}{\partial q_i}\right)\delta q_i\right\}$$

となる. したがって, $\delta I = 0$ の条件から, 積分内の各 δq_i, δp_i の係数が 0 となることが要請されるので, 正準方程式

$$\begin{cases} \dot{q}_i = \dfrac{\partial H}{\partial p_i} & (n = 1, \cdots, n) \\[2mm] \dot{p}_i = -\dfrac{\partial H}{\partial q_i} & (n = 1, \cdots, n) \end{cases}$$

が導かれる.

練習問題 10–2

$4n$ 個の変数 (q, p, Q, P) のうち, 独立なものは $2n$ 個なので, 独立変数の関数である W が, 新旧の変数間の関係を与えるためには, 以下の4種類のパターンを考えることができる.

① $W = W(q, Q, t)$
② $W = W(q, P, t)$
③ $W = W(p, Q, t)$
④ $W = W(p, P, t)$

$2n$ 個の独立変数の選び方としては, 原理的には, この他にも複雑な組み合わせが考えられるが, 基本的には上の4つのパターンを考えればよい.

練習問題 10–3

(1) 問題 10–③ の結果を用いる.

$$p = \frac{\partial W}{\partial q} = Q, \quad P = -\frac{\partial W}{\partial Q} = -q$$
$$\frac{\partial W}{\partial t} = 0$$

なので,

$$Q = p, \quad P = -q \qquad \cdots(\text{答})$$
$$K = H(q, p, t) + \frac{\partial W}{\partial t}$$
$$= H(-P, Q, t) \qquad \cdots(\text{答})$$

(2) (1) と同様に，問題 10-③の結果を用いる．

$$p = \frac{\partial W}{\partial q} = \phi Q, \ P = -\frac{\partial W}{\partial Q} = -\phi q$$

$$\frac{\partial W}{\partial t} = \dot{\phi} q Q$$

なので，

$$Q = \frac{1}{\phi} p, \quad P = -\phi q \qquad \cdots (答)$$

$$K = H(q, p, t) + \frac{\partial W}{\partial t}$$

$$= H(-P, Q, t) - \frac{\dot{\phi}}{\phi} Q P \quad \cdots (答)$$

練習問題 10-4

(1) 問題 10-④の結果を用いる．

$$p = \frac{\partial W}{\partial q} = P, \quad Q = \frac{\partial W}{\partial P} = q$$

$$\frac{\partial W}{\partial t} = 0$$

なので，

$$Q = q, \quad P = p, \quad K = H \quad \cdots (答)$$

結局，正準変数もハミルトニアンも，もとのままである．これを**恒等変換**と呼ぶ．

(2) 問題 10-④の結果を用いる．

$$p = \frac{\partial W}{\partial q} = \frac{\partial \phi}{\partial q} P, \quad Q = \frac{\partial W}{\partial P} = \phi$$

$$\frac{\partial W}{\partial t} = \frac{\partial \phi}{\partial t} P$$

なので，

$$Q = \phi(q, t), \quad P = \frac{1}{\partial \phi / \partial q} p \ \cdots (答)$$

Q は p に依存しないので，これは座標変換になっている．$Q = \phi(q, t)$ を q について解いたものを $q = q(Q, t)$ とすれば，

$$K = H(q, p, t) + \frac{\partial W}{\partial t}$$

$$= H\left(q(Q, t), \frac{\partial \phi}{\partial q}(q(Q, t), t) P, t\right)$$

$$+ \frac{\partial \phi}{\partial t}(q(Q, t), t) P \quad \cdots (答)$$

練習問題 10-5

問題 10-⑤で扱った母関数を $W_1(q, Q, t)$ とする．これに対して，

$$W(p, Q, t) = W_1(q, Q, t) + QP$$

とおくと，

$$\mathrm{d}W = \mathrm{d}W_1 + \mathrm{d}(QP)$$

$$= (-q)\mathrm{d}p + (-P)\mathrm{d}Q + \frac{\partial W_1}{\partial t}\mathrm{d}t$$

$$+ P\mathrm{d}Q + Q\mathrm{d}P$$

$$= (-q)\mathrm{d}p + Q\mathrm{d}P + (K - H)\mathrm{d}t$$

となるので，

$$q = -\frac{\partial W}{\partial p}, \quad Q = \frac{\partial W}{\partial P}, \quad K = H + \frac{\partial W}{\partial t}$$

により正準変換が与えられる． $\cdots (答)$

練習問題 10-6

ハミルトニアン

$$K(Q.P) = \omega P$$

に対して，

$$\frac{\partial K}{\partial Q} = 0, \quad \frac{\partial K}{\partial P} = \omega$$

であるから，Q, P の正準方程式は，

$$\dot{Q} = \omega, \quad \dot{P} = 0$$

である．第 1 式より，

$$Q(t) = \omega t + \alpha \qquad (\alpha は定数)$$

となる．一方，第 2 式より，

$$P(t) = 一定$$

であるが，$H = \omega P$ なので，

$$H = 一定 = E \ (系のエネルギー)$$

となり，この E を用いて，

$$P = \frac{E}{\omega}$$

と表せる．したがって，もとの $q(t)$ の一般解として

$$q(t) = \sqrt{\frac{2E}{m\omega^2}} \sin(\omega t + \alpha) \quad \cdots\text{(答)}$$

を得る．これは，よく知られた調和振動（単振動）の一般形である．

練習問題 10–7

$K = 0$ なので，正準方程式は，

$$\dot{Q} = 0 \ , \quad \dot{P} = 0$$

となる．

ところで，$\dot{Q} = 0$，$\dot{P} = 0$ ならば，相空間において代表点は静止していることになる．このような系を静止系と呼ぶ．

練習問題 10–8

問題10-8の正準変換により導かれた

$$\delta q = \varepsilon \frac{\partial G(q, P, t)}{\partial p}$$

$$\delta p = -\varepsilon \frac{\partial G(q, P, t)}{\partial q}$$

において，$\varepsilon = \delta t$ とすれば，

$$\dot{q} = \frac{\partial G(q, P, t)}{\partial p}$$

$$\dot{p} = -\frac{\partial G(q, P, t)}{\partial q}$$

となる．$G(q, p, t)$ を $H(q, p, t)$ に置き換えれば，これは正準方程式である．

つまり，正準方程式は，母関数

$$W(q, P, t) = qP + \delta t H(q, P, t) \quad \cdots\text{(答)}$$

による正準変換であるということができる．

練習問題 10–9

問題10-9では，相空間の体積が正準変換に対して不変に保たれることを確認した．

また，練習問題10-8では，正準方程式が正準変換の一種であることを確認した．したがって，相空間の体積は，正準方程式に従った時間発展に対して一定に保たれる．これがリウビルの定理である．

本問では，これを，既に一般解を求めてある1次元調和振動子について具体的に確認する．角周波数 ω の調和振動子の座標 q は初期条件により定まる定数 a, b を用いて，

$$q(t) = a \cos\omega t + b \sin\omega t$$

と表される．このとき，運動量は

$$p(t) = m\dot{q} = -m\omega a \sin\omega t + m\omega b \cos\omega t$$

となる．次元を調整するために $p' = \dfrac{p}{m\omega}$ として，(q, p') の空間を考えると，正準方程式に従った時間発展は

$$\begin{pmatrix} q(t) \\ p'(t) \end{pmatrix} = \begin{pmatrix} \cos\omega t & \sin\omega t \\ -\sin\omega t & \cos\omega t \end{pmatrix} \begin{pmatrix} a \\ b \end{pmatrix}$$

と表すことができる．これは，行列

$$T = \begin{pmatrix} \cos\omega t & \sin\omega t \\ -\sin\omega t & \cos\omega t \end{pmatrix}$$

の表す1次変換なので，体積（面積）は，その行列式の絶対値

$$|\det T| = 1 \text{ 倍}$$

に変換される．すなわち，相空間の体積は，正準方程式に従った時間発展に対して一定に保たれる．

練習問題 10–10

パラメタ τ を導入して，q, t を τ の関数 $q = q(\tau)$, $t = t(\tau)$ と見る．このとき，作用積分は，

$$I = \int_{\tau_1}^{\tau_2} \left(p \frac{dq}{d\tau} + (-E) \frac{dt}{d\tau} \right) d\tau$$

と書ける．$\tau = \tau_1$, τ_2 では $\delta q = 0$, $\delta t = 0$ である．

上の式は，t が q と同様に座標に相当し，$-E$ が p と同様に運動量に相当することを示している．実際，変分をとれば，

$$\delta I = \int_{\tau_1}^{\tau_2} \left\{ \left(\frac{dq}{d\tau} - \frac{\partial H}{\partial p} \frac{dt}{d\tau} \right) \delta p \right.$$

$$-\left(\frac{\mathrm{d}p}{\mathrm{d}\tau} + \frac{\partial H}{\partial q}\frac{\mathrm{d}t}{\mathrm{d}\tau}\right)\delta q$$

$$+\left(\frac{\mathrm{d}E}{\mathrm{d}\tau} - \frac{\partial H}{\partial t}\frac{\mathrm{d}t}{\mathrm{d}\tau}\right)\delta t\bigg\}\,\mathrm{d}\tau$$

となる. ここで,

$$\delta E = \frac{\partial H}{\partial q}\delta q + \frac{\partial H}{\partial p}\delta p + \frac{\partial H}{\partial t}\delta t$$

であることを用い, また, 部分積分を実行した.

さて, $\delta I = 0$ を要請すれば,

$$\frac{\mathrm{d}q}{\mathrm{d}\tau} - \frac{\partial H}{\partial p}\frac{\mathrm{d}t}{\mathrm{d}\tau} = 0$$

$$\frac{\mathrm{d}p}{\mathrm{d}\tau} + \frac{\partial H}{\partial q}\frac{\mathrm{d}t}{\mathrm{d}\tau} = 0$$

$$\frac{\mathrm{d}E}{\mathrm{d}\tau} - \frac{\partial H}{\partial t}\frac{\mathrm{d}t}{\mathrm{d}\tau} = 0$$

すなわち,

$$\frac{\mathrm{d}q}{\mathrm{d}t} = \frac{\partial H}{\partial p}\ ,\ \ \frac{\mathrm{d}p}{\mathrm{d}t} = -\frac{\partial H}{\partial q}$$

$$\frac{\mathrm{d}(-E)}{\mathrm{d}t} = -\frac{\partial H}{\partial t}$$

が導かれる. 第3式は, $-E$ が t を座標と見たときに, それと共役な運動量であることを示す.

問題10-10と, この練習問題で見たように, E と $-t$, あるいは, t と $-E$ を互いに共役な正準変数と扱うことができる.

Chapter 11　ハミルトン・ヤコビの理論

練習問題11–1

$W = W(q, P, t)$ に対するハミルトン・ヤコビの方程式

$$\frac{\partial W}{\partial t} + H\left(q, \frac{\partial W}{\partial q}, t\right) = 0$$

は, $q_1, \cdots, q_n$ と t の $n+1$ 個の独立変数に関する1階の偏微分方程式なので, その解は $n+1$ 個の積分定数 (自由度) をもつ. そのうちの1つは, W に (q, t) に依らない量を

$$W \ \rightarrow \ W + 定数$$

として付加する自明な自由度である. 残りの n 個の自由度として $\alpha_1, \cdots, \alpha_n$ を導入して, ハミルトン・ヤコビの方程式を $W(q, \alpha, t)$ についての方程式と見る. その解が得られれば,

$$\beta_i = \frac{\partial W(q, \alpha, t)}{\partial \alpha_i} \quad (i = 1, \cdots, n)$$

を q_i について解くことにより t の関数として,

$$q_i = q_i(\beta, \alpha, t) \quad (i = 1, \cdots, n)$$

が得られる. また, t の関数として p_i は,

$$p_i = \frac{\partial W(q, \alpha, t)}{\partial q_i}\bigg|_{q=q(\beta,\alpha,t)}$$

$$(i = 1, \cdots, n)$$

として得られる.

練習問題11–2

$$\frac{\partial w}{\partial x} + \frac{\partial w}{\partial y} = x + y$$

が成り立つとき, 任意定数 a を用いて,

$$\frac{\partial w}{\partial x} - x = -\frac{\partial w}{\partial y} + y = a$$

とおけば,

$$\mathrm{d}w = \frac{\partial w}{\partial x}\mathrm{d}x + \frac{\partial w}{\partial y}\mathrm{d}y$$

$$= (x + a)\,\mathrm{d}x + (y - a)\,\mathrm{d}y$$

であるから,

$$w = \int (x + a)\,\mathrm{d}x + \int (y - a)\,\mathrm{d}y$$

$$= \frac{1}{2}(x^2 + y^2) + a(x - y) + b$$

$$\cdots(答)$$

これは, 2つの任意定数 a, b をもつ解であり, 与えられた偏微分方程式の完全解である.

練習問題11–3

簡略化されたハミルトン・ヤコビの方程式

$$H\left(q, \frac{\partial S}{\partial q}\right) = E$$

は, $q_1, \cdots, q_n$ の n 個の独立変数に関する 1 階の偏微分方程式なので, その解は n 個の積分定数（自由度）をもつ. そのうちの 1 つとして, $\alpha_1 = E$ を採用することができ, 残りの $n-1$ 個の自由度として $\alpha_2, \cdots, \alpha_n$ を導入して $S(q, \alpha, E)$ と表すことにする. このハミルトンの特性関数が求まれば, **練習問題** 11-1 で調べた処方箋に従って,

$$\beta_i = \frac{\partial W}{\partial \alpha_i} = \frac{\partial S}{\partial \alpha_i} - \frac{\partial \alpha_1}{\partial \alpha_i} t$$

となるので,

$$t + \beta_1 = \frac{\partial S(q, \alpha, E)}{\partial E}$$

$$\beta_i = \frac{\partial S(q, \alpha, E)}{\partial \alpha_i} \quad (i = 2, \cdots, n)$$

として, これら n 個の方程式を連立して q_i について解くことにより $q_i(t)$ が得られる. また, $p_i(t)$ は,

$$p_i(t) = \left.\frac{\partial W(q, \alpha, t)}{\partial q_i}\right|_{q=q(t)}$$

$$= \left.\frac{\partial S(q, \alpha, E)}{\partial q_i}\right|_{q=q(t)}$$

$$(i = 1, \cdots, n)$$

として得られる.

練習問題 11–4

1 自由度の系なので, **練習問題** 11-3 における β_1 を β とする.

この系の簡略化されたハミルトン・ヤコビの方程式は,

$$\frac{1}{2m}\left(\frac{\mathrm{d}S}{\mathrm{d}q}\right)^2 + \frac{1}{2}m(\omega q)^2 = E$$

となる. よって,

$$\frac{\mathrm{d}S}{\mathrm{d}q} = m\omega\sqrt{\frac{2E}{m\omega^2} - q^2}$$

$$\therefore S(q, E) = m\omega\int\sqrt{\frac{2E}{m\omega^2} - q^2}\ \mathrm{d}q$$

したがって,

$$t + \beta = \frac{\partial S}{\partial E}$$

$$= m\omega\int\frac{\partial}{\partial E}\left(\sqrt{\frac{2E}{m\omega^2} - q^2}\right)\mathrm{d}q$$

$$= \frac{1}{\omega}\int\frac{1}{\sqrt{(2E/m\omega^2) - q^2}}\ \mathrm{d}q$$

$q = \sqrt{\dfrac{2E}{m\omega^2}}\sin\theta$ と置換して積分を実行すれば,

$$t + \beta = \frac{1}{\omega}\theta$$

$$= \frac{1}{\omega}\arcsin\left(\sqrt{\frac{m\omega^2}{2E}}q\right)$$

$$\therefore q(t) = \sqrt{\frac{2E}{m\omega^2}}\sin(\omega(t + \beta))$$

$$\cdots (答)$$

を得る. これは単振動の関数である. また,

$$p(t) = \left.\frac{\partial S}{\partial q}\right|_{q=q(t)}$$

$$= m\omega\sqrt{\frac{2E}{m\omega^2} - q(t)^2}$$

$$= \sqrt{2mE}\cos(\omega(t + \beta)) \quad \cdots (答)$$

となる.

練習問題 11–5

作用変数 $J = \dfrac{E}{\omega}$ は, **問題** 10-⑥で行った正準変換による新しい運動量と一致する. したがって,

$$W(q, Q) = \frac{1}{2}m\omega q^2\cot Q$$

を母関数とする正準変換 $(q, p) \to (Q, P)$ を行えばよい. この P を J, Q を w で表すことにする.

練習問題10-6で見たように，このとき，新しい一般化座標は t の関数として

$$w = \omega t + \text{定数} \qquad \cdots (\text{答})$$

となる．w は t の関数として一様に変化し，1周期ごとに 2π ずつ変化する．

なお，もとの $q(t)$ は w を用いて，

$$q(t) = \sqrt{\frac{2E}{m\omega^2}} \sin(w)$$

と表される．

練習問題 11−6

(w, J) は正準変数である．正準方程式より，

$$\frac{\mathrm{d}w}{\mathrm{d}t} = \frac{\partial E}{\partial J} = \frac{1}{\partial J/\partial E} = \frac{2\pi}{T}$$

となる．

練習問題 11−7

質点の運動は，糸の張力 F に対して，

$$m\frac{v^2}{a} = F$$

を満たしている．a が，系の状態を攪乱することなく微小量 $-\delta a$ だけ短くなるとき，質点は

$$F \cdot (-\delta a) = -\frac{mv^2}{a}\delta a$$

の仕事をされるので，

$$\delta\left(\frac{1}{2}mv^2\right) = -\frac{mv^2}{a}\delta a$$

$$\therefore \ a\delta v + v\delta a = 0$$

となる．これは，パラメタ a の変化に対して

$$\delta(va) = 0 \quad \therefore \ va = \text{一定}$$

となることを意味する．

この系の作用変数は，

$$J = \frac{1}{2\pi} \cdot mv \cdot 2\pi a = mva$$

なので，外部パラメタ a のゆるやかな変化に対して，$J = $ 一定 であり，確かに断熱定理が成立している．

練習問題 11−8

問題11−⑥で求めたように，周期 T は，

$$T = 2\pi \frac{\mathrm{d}J}{\mathrm{d}E}$$

である．いま，

$$J = \frac{2\sqrt{2ml}}{\pi} \int_0^{\theta_0} \sqrt{E - 2mgl\sin^2\frac{\theta}{2}} \, \mathrm{d}\theta$$

なので，

$$\frac{\mathrm{d}J}{\mathrm{d}E} = \frac{2\sqrt{2ml}}{\pi}$$

$$\times \int_0^{\theta_0} \frac{1}{2\sqrt{E - 2mgl\sin^2\frac{\theta}{2}}} \, \mathrm{d}\theta$$

$$= \frac{1}{\pi}\sqrt{\frac{l}{g}} \int_0^{\theta_0} \frac{\mathrm{d}\theta}{\sqrt{\frac{E}{2mgl} - \sin^2\frac{\theta}{2}}}$$

したがって，

$$T = 2\sqrt{\frac{l}{g}} \int_0^{\theta_0} \frac{\mathrm{d}\theta}{\sqrt{\frac{E}{2mgl} - \sin^2\frac{\theta}{2}}}$$

$$= 2\sqrt{\frac{l}{g}} \int_0^{\theta_0} \frac{\mathrm{d}\theta}{\sqrt{\sin^2\frac{\theta_0}{2} - \sin^2\frac{\theta}{2}}}$$

である．　　　　　　　　　　　　$\cdots (\text{答})$

特に，振り子の振れ角が十分に小さいとき，すなわち，$|\theta_0| \ll 1$ のとき，

$$\sin\frac{\theta_0}{2} \approx \frac{\theta_0}{2}, \quad \sin\frac{\theta}{2} \approx \frac{\theta}{2}$$

と近似できるので，

$$T \approx 4\sqrt{\frac{l}{g}} \int_0^{\theta_0} \frac{\mathrm{d}\theta}{\sqrt{(\theta_0)^2 - (\theta)^2}}$$

ここで，$\theta = \theta_0\sin\phi$ と置換すれば，

$$\int_0^{\theta_0} \frac{\mathrm{d}\theta}{\sqrt{\theta_0{}^2 - \theta^2}} = \int_{\phi=0}^{\phi=\frac{\pi}{2}} \mathrm{d}\phi = \frac{\pi}{2}$$

したがって，

$$T \approx 2\pi\sqrt{\frac{l}{g}}$$

となる．

練習問題 11–9

練習問題 11-3 で調べたように,

$$t + \beta_1 = \frac{\partial S(r, \theta, E, \alpha_\theta)}{\partial E}$$

$$\beta_\theta = \frac{\partial S(r, \theta, E, \alpha_\theta)}{\partial \alpha_\theta}$$

となる. いま,

$$S(r, \theta, E, \alpha_\theta) = S_r(r, E, \alpha_\theta) + \alpha_\theta \theta$$

$$S_r(r, E, \alpha_\theta)$$

$$= \int \sqrt{2m\left(E + \frac{K}{r}\right) - \frac{\alpha_\theta^2}{r^2}} \, dr$$

であるから,

$$t + \beta_1 = \frac{\partial S_r(r, E, \alpha_\theta)}{\partial E}$$

$$= \int \frac{\partial}{\partial E} \left(\left\{ 2m\left(E + \frac{K}{r}\right) - \frac{\alpha_\theta^2}{r^2} \right\}^{\frac{1}{2}} \right) dr$$

$$= m \int \left\{ 2m\left(E + \frac{K}{r}\right) - \frac{\alpha_\theta^2}{r^2} \right\}^{-\frac{1}{2}} dr$$

また,

$$\beta_\theta = \frac{\partial S_r(r, E, \alpha_\theta)}{\partial \alpha_\theta} + \theta$$

より,

$$\theta - \beta_\theta = -\frac{\partial S_r(r, E, \alpha_\theta)}{\partial \alpha_\theta}$$

$$= \alpha_\theta \int \frac{1}{r^2} \left\{ 2m\left(E + \frac{K}{r}\right) - \frac{\alpha_\theta^2}{r^2} \right\}^{-\frac{1}{2}} dr$$

を得る.　　　　　　　　　　　　 …(答)

練習問題 11–10

r に対応する作用変数 J_r は,

$$J_r = \frac{1}{2\pi} \oint p_r \, dr$$

により定義される.

$$p_r = \frac{\partial S}{\partial r} = \frac{\partial S_r}{\partial r}$$

$$= \sqrt{2m\left(E + \frac{K}{r}\right) - \frac{\alpha_\theta^2}{r^2}}$$

である. $p_r = 0$ となる r を r_1, r_2 $(r_1 < r_2)$ とすれば,

$$J_r = \frac{1}{\pi} \int_{r_1}^{r_2} \sqrt{2m\left(E + \frac{K}{r}\right) - \frac{\alpha_\theta^2}{r^2}} \, dr$$

$$= \frac{\sqrt{2m(-E)}}{\pi}$$

$$\times \int_{r_1}^{r_2} \frac{\sqrt{(r - r_1)(r_2 - r)}}{r} \, dr$$

$x = \dfrac{r - r_1}{r_2 - r_1}$, $A = \dfrac{r_1}{r_2 - r_1}$ とおけば,

$$\int_{r_1}^{r_2} \frac{\sqrt{(r - r_1)(r_2 - r)}}{r} \, dr$$

$$= (r_2 - r_1) \int_0^1 \frac{\sqrt{x(1 - x)}}{x + A} \, dx$$

やや手間はかかるが, 積分計算を実行すれば,

$$\int_0^1 \frac{\sqrt{x(1 - x)}}{x + A} \, dx$$

$$= \pi \left(A + \frac{1}{2} - \sqrt{A(1 + A)} \right)$$

となるので, 結局,

$$J_r = \sqrt{\frac{m(-E)}{2}} (r_1 + r_2 - 2\sqrt{r_1 r_2})$$

とまとめることができる. $r_!$, r_2 は, r の 2 次方程式

$$r^2 - \frac{K}{(-E)} r + \frac{\alpha_\theta^2}{2m(-E)} = 0$$

の 2 解なので,

$$r_1 + r_2 = \frac{K}{(-E)} \ , \quad r_1 r_2 = \frac{\alpha_\theta^2}{2m(-E)}$$

であり, これを代入すれば,

$$J_r = K \sqrt{\frac{m}{2(-E)}} - \alpha_\theta \quad \cdots \text{(答)}$$

となる.

参考図書＆お勧め書籍

本書は，解析力学をはじめて学ぶ学生が1冊目に読むことを想定して執筆した．以下に示すのは，さらに解析力学の理解を深めるために次に読むべき書籍である．まずは，理論の詳細を体系的に学びたい人のための書籍である．

■前野昌弘『よくわかる解析力学』東京図書

解析力学の理論の基本的な考え方が，途中過程も省略することなく丁寧に説明されている．図も豊富で，感覚的にも理解しやすく書かれている．

■畑 浩之『解析力学』東京図書

解析力学の理論の基礎が，コンパクトに整理されている．初学者でも学習しやすいように，ポイントが整理されている．概略のみではあるが，発展的な内容も紹介されている．解析力学の，微分形式を用いた記述についても触れている．また，解析力学を介して，古典力学から量子力学への移行がどのように行われたかについても，簡潔に解説されている．

■山本義隆，中村孔一『解析力学 I・II』朝倉書店

初学者向けではないが紹介しておく．微分形式を用いた解析力学の記述が詳細に解説されている．現代的な物理学の理論形式に触れることができる．物理学を専門とする読者であれば，是非チャレンジしてもらいたい．

■ L. Landau, E. Lifshitz『力学』（増訂第3版）東京図書

初版の出版は1957年とかなり古い本であるが，内容は今日でも輝きを失うことのない名著である．少し難しく感じるかもしれないが，初学者にも馴染みのある形式で書かれており，自分の手で計算を再現しながら丁寧に読み進めていけば，解析力学の理解をより一層深めることができる．

最後に演習書を1つ紹介する．

■畑 浩之『弱点克服 大学生の解析力学』東京図書

上で紹介した『解析力学』と同一の著者による演習書である．110題の演習問題を解くことにより，解析力学の理解を深めることができる．本書では扱えなかった，やや複雑な運動も採り上げられている．本書の次に学ぶ演習書として最適である．

解析力学の教科書や演習書は，ここで紹介したものの他にもたくさん出版されている．図書館や書店でページを開いてみて，自分の感性に合うものを読んでみるのもよいだろう．

索 引

■著者紹介

吉田 弘幸
（よしだ ひろゆき）

1963年　東京都生まれ

現在　SEG 物理科講師，SEG 数学科講師

経歴　早稲田大学物理学科卒業，同大学大学院理工学研究科修士課程修了
　　　元駿台予備学校数学科講師，元河合塾物理科講師

著書　『はじめて学ぶ物理学（上）・（下）』（日本評論社）
　　　『道具としての高校数学』（日本評論社）
　　　『東大の入試問題で学ぶ高校物理』（日本評論社）
　　　『京大の入試問題で深める高校物理』（日本評論社）

大学 1・2 年生のためのすぐわかる解析力学
（だいがく いち に ねんせい）（かいせきりきがく）
© Horoyuki Yoshida 2024

2024年 5 月 25 日　第 1 刷発行　　Printed in Japan

著者　吉田弘幸
発行所　東京図書株式会社
〒102-0072 東京都千代田区飯田橋 3-11-19
振替 00140-4-13803 電話 03(3288)9461
http://www.tokyo-tosho.co.jp

ISBN 978-4-489-02413-9